城市与区域韧性

构建网络化的韧性都市圈

彭 翀 张梦洁 陈 驰 等 著

国家社会科学基金重点项目（21AZD048）、
国家社会科学基金重大项目（24ZDA047）、
中央高校基本科研业务费专项资金项目（2023WKFZZX115）
资助出版

科学出版社
北京

内 容 简 介

本书首先对都市圈韧性网络的科学内涵进行解析，开创性地从韧性城市（韧性网络节点）和韧性结构（韧性网络体系）形成现代化都市圈韧性网络构建的理论框架。进一步，从"常态发展"和"突发事件"两方面展开情景设计，包括自然灾害、金融危机等现实情景在内的"平危灾疫战"多情景模拟，并从设施、产业、空间三大核心领域构建现代化都市圈韧性网络。本书基于现代化都市圈韧性网络构建的理论框架，提出典型都市圈网络韧性的量化评估方法，通过多个典型案例的评估分析，认知各都市圈韧性网络发展的差异化现状与特征，从中归纳与提炼得到设施、产业和空间领域的协同发展问题，分别提出具体的建设路径。在产业建设路径方面，从产业体系协同创新、重要集群多元集聚和产业园区整合优化展开探索；在设施建设路径方面，重点围绕交通设施高效坚韧、保障设施多元均衡和新型设施智慧创新提出实现路径；在空间建设路径方面，构建现代化都市圈的城乡体系、圈层组织和韧性空间三个层面在内的路径体系。

本书适合城市规划师、规划管理者、景观设计师及城市规划、景观设计、公共管理等专业的师生阅读和参考。

审图号：鄂 S（2025）006 号

图书在版编目（CIP）数据

城市与区域韧性. 构建网络化的韧性都市圈 /彭翀等著. -- 北京：科学出版社, 2025. 3. -- ISBN 978-7-03-080888-2

I. TU984

中国国家版本馆 CIP 数据核字第 2024NH2873 号

责任编辑：孙寓明　刘　畅/责任校对：高　嵘
责任印制：彭　超/封面设计：苏　波

科学出版社 出版
北京东黄城根北街 16 号
邮政编码：100717
http://www.sciencep.com

武汉精一佳印刷有限公司印刷
科学出版社发行　各地新华书店经销

*

开本：787×1092　1/16
2025 年 3 月第 一 版　印张：13 3/4
2025 年 3 月第一次印刷　字数：324 000
定价：168.00 元
（如有印装质量问题，我社负责调换）

作者简介

彭翀（1980—），湖北武汉人，华中科技大学建筑与城市规划学院教授、博士研究生导师，国家注册城乡规划师，湖北省城镇化工程技术研究中心副主任。主要研究方向为可持续规划与设计。近年来，发表学术论文 80 余篇，著作 4 部，主编住房和城乡建设部"十三五"规划教材、高等学校城乡规划学科专业指导委员会推荐教材《城市地理学》；主持国家社会科学基金重大和重点项目、国家自然科学基金面上项目等各类纵横向项目 20 余项；获湖北省社会科学优秀成果奖三等奖、湖北省发展研究奖二等奖、国家级和省级规划设计奖等，入选自然资源部"科技创新工程领军人才"。

张梦洁（1988—），湖北十堰人，华中科技大学建筑与城市规划学院讲师，硕士研究生导师，国家注册城乡规划师，兼任教育部"国土空间规划基础课程群"重点领域虚拟教研室副秘书长、湖北省国土空间规划学会总体规划专委会副秘书长。研究领域聚焦于城市与区域可持续发展、国土空间规划技术及方法。主持国家重点研发计划项目子课题、教育部人文社会科学青年基金项目、湖北省自然科学项目、社会科学基金项目等科研课题，出版著作 4 部，获湖北省发展研究奖、湖北省优秀城市规划设计奖等十余项。

陈驰（1987—），湖南益阳人，华中科技大学建筑与城市规划学院博士研究生，规划工程师，主要研究方向为城乡空间及文化韧性。发表多篇核心论文，授权作品著作权 6 项，主持省部级科学研究项目 2 项、国家及省部级重点实验室项目 2 项，参与完成国家级科学研究项目 3 项、省部级科学研究项目 6 项。

序

进入高质量发展时期，城市面临越来越多的不确定性风险，应对灾害冲击的韧性理论及其空间规划应对成为城乡规划领域重要的探索方向。"Resilience"这个词刚传入时，还需要在许多场合发言时校对，说明这个词不是中文中的"弹性"，而是特指受冲击后的恢复能力，所以翻译成"韧性"才是本意。这几年还是有这样的场所需要矫正，但需要的频率越来越低了。所以能够有三本系列书专门写"韧性"这个关键词性，是时代的需要。

"韧性"是过去 20 年在联合国各类会议讨论的高频词，也是城市规划学界认真对待的，关乎城市百姓生命财产安全根本问题的关键词。城市韧性是指城市系统能够准备、响应各类多种冲击威胁并从中尽快恢复，并将其对公共安全健康和经济的影响降至最低的能力。

"韧性城市"这一概念历经多年发展，时至今日其内涵已超越了单个城市到多城镇群落，从微观到宏观的多空间尺度特征，从被动应对到主动提前规划设计，从硬件储备应对逐步发展到全面治理政策体系。

要实现城市与区域空间的韧性发展，首先，需要系统梳理城市与区域发展中各种可能受到的冲击，包含冲击类型的强度、频次等风险规律，以及城市与区域空间韧性的相关理论与基本规律；其次，可以汲取历史经验，总结、借鉴和转化用于现代城市的方案；第三，与人工智能和信息化方法结合，面向空间规划管理需求，探索自主感知、自我判断、自动反应的城市，实现智慧韧性。

华中科技大学彭翀教授团队十年来对韧性理论与实践工作进行持续研究与探索，取得了一些成果。"城市与区域韧性三部曲"基于团队前期研究进行梳理总结，结合城乡规划学、区域经济学、经济地理学等多学科理论，针对空间规划领域开展韧性的理论、方法与路径探索。在对象上，三本书分别围绕当前我国城市区域中三类主要的空间形态"城市群—都市圈—城市"展开了差异化分析，尝试捕捉不同尺度类型城市区域发展中的复杂性，形成了"以高质重发展为导向的韧性城市群""以网络化为目标的韧性都市圈""以多风险响应为诉求的韧性城市"有机组合的三本成果。在内容上，三本书遵循"理论—方法—实践"的组织逻辑，重点探讨不同尺度对象的韧性理论基础与框架、韧性测度与分析方法、韧性路径与实践应用，有助于为韧性理论研究和实践提供参考。

城市与区域韧性的研究仍有广阔空间，面向未来的城乡规划建设、运营中对于韧性理念、韧性手段的实践性过程仍大有可为，例如，对于韧性机制、多风险耦合等方面的探索亟待深化，案例的丰富性和多样性仍可持续拓展与迭代，大数据与人工智能方法的综合应用需要不断加强等。

期待在未来的研究中，中国的城市规划军团能够持续扎根韧性规划与实践，创造世界级的新理论、新方法、新技术和新体系，开展创新研究服务本土实践，并服务于更多全球南方发展中的城乡，不断推进世界韧性城乡空间规划发展。

我特此推荐此系列书，也期待这套书会有其他语言版本的出现。就像我突然发现我的智慧城市规划的书已经被翻成了越南文一样的惊喜。

期待。

吴志强

同济大学教授

中国工程院院士

瑞典皇家工程院院士

德国国家工程科学院院士

前　言

当今世界的城市与区域面临诸多风险与挑战，"城市与区域韧性"多卷本尝试初步探讨空间发展的韧性问题，在空间尺度上选取了从宏观至微观的典型形态——城市群、都市圈和城市，形成三部曲：《城市与区域韧性：迈向高质量的韧性城市群》《城市与区域韧性：构建网络化的韧性都市圈》和《城市与区域韧性：应对多风险的韧性城市》。成果较为系统地阐述了城市与区域韧性的理论框架、方法技术和实践应用。在内容上，这三本书在共同的理论来源基础上，探讨了不同空间尺度下韧性理论框架、适用性、提升路径等。在结构上，三本书都遵循以下逻辑组织：理论基础与理论框架—测度与分析方法—实践应用与实施路径。

本书构思源于作者团队对我国都市圈韧性的研究及近年来在长江经济带都市圈工程实践中的思考。当前，中国城镇化已迈向"群圈引领"大中小城市高质量协调发展的新阶段，都市圈作为连接城市群与中心城市之间的重要中介，逐渐成为经济和人口集聚的主体空间形式，区域影响力显著提升。在新的发展背景下，各类突发性和长期性风险成为直接或潜在威胁，如在以新冠疫情为代表的重大突发事件中，超大特大城市、大都市区、都市圈等要素密集地域首当其冲，突发事件应对及常态化治理与能力面临严峻挑战。对此，习近平总书记多次强调"城市发展不能只考虑规模经济效益，必须把生态和安全放在更加突出的位置"。推动都市圈现代化发展、增强其安全稳定性是推进新型城镇化空间层级完善、空间治理效能升级的重要抓手，是坚持统筹发展与安全、建设"平安中国"的坚实保障，也是在空间维度推进国家治理体系和治理能力现代化的重要基石。都市圈韧性不同于城市内部，具有多层次和体系性特征。城市间要素高频流动和紧密关联放大了负面级联效应，行政壁垒形塑的空间区隔、都市圈应对突发风险事件的建设滞后等问题，使得都市圈安全韧性挑战不仅威胁单个城市发展安全，还会加剧城市网络体系的不稳定性和脆弱性，甚至引发系统性危机与灾难性后果。都市圈不仅是一个地理空间地域，更是一个经济区域，蕴含着中国经济未来最大的结构性潜能，因此都市圈韧性要统筹安全与发展、质量与效率，不应局限于突发性事件应对，还需要探究面向高效可持续发展的常态化风险及应对策略。

在此背景下，本书的研究聚焦于都市圈韧性发展中的"功能性"而非"建设性"问题，通过都市圈韧性网络理论构建、都市圈网络韧性测度、都市圈韧性提升路径三部分探讨都市圈韧性发展理论与实践。其中，第1篇（第1~2章）详细阐释了都市圈韧性网络的理论基础，包括都市圈理论、韧性区域与城市网络和都市圈韧性网络的概念内涵与研究进展。在此基础上，从互联坚韧的设施网络、多元创新的产业网络、稳定安全的空间网络三方面构建都市圈韧性网络的理论框架。第2篇（第3~5章）基于都市圈韧性网络研究的理论基础，从如何让都市圈具备应对"常态情景"与"突发情景"的综合韧性出发，以武汉都市圈为研究对象，开展都市圈产业、设施与空间网络的韧性评估，并依据韧性评估结果诊断网络建设过程中存在的问题，具体过程包括都市圈网络韧性评估方法、常态情景下的都市圈网络韧性评估与问题诊断、突发情景下的都市圈网络韧性评估与问题诊断。第 3 篇（第 6~8 章）分别从"设施-产业-空间"三个角度详细阐释都市圈韧性的规划提升路径，涉及交通设施、保障设施与新型设施，产业体系、重要集群与产业园区，城乡体系、圈层组织与韧性空间等多个方面。在此基础上，第 9 章针对武汉都市圈，从交通网络、产业网络、空间韧性三个角度讨论其韧性提升策略。本书主要特色为：第一，构建都市圈韧性网络的理论框架，开创性地从韧性城市（韧性网络节点）和韧性结构（韧性网络体系）形成都市圈韧性网络构建的理论框架；第二，提出"常态-突发"情景下都市圈网络韧性的量化评估方法，本书提出的都市圈韧性识别的多情景设计框架，从常态发展和突发事件两方面设计情景模拟，有助于形成多情景风险防控的理论范式和科学预警；第三，进行典型都市圈应用示范，本书将所构建的理论框架和评估体系应用于实践中，围绕都市圈韧性网络构建的设施、产业和空间三大核心领域，提出具体的建设路径，有利于未来形成本土化、适用性、可实施、可推广的都市圈韧性识别技术方案。

本书撰稿具体分工如下：全书由彭翀策划；全书统稿、校对、定稿由彭翀、张梦洁、陈驰共同完成；分章节校对由陈驰、张梦洁、吴宇彤完成；前言由彭翀、陈驰、张梦洁撰写；第 1 章由林樱子、伍岳、彭翀、王佳俊、张志琛、吴宇彤撰写；第 2 章由林樱子，彭翀、张志琛、王佳俊、伍岳撰写；第 3 章由吴宇彤、化星琳撰写；第 4 章~第 5 章由吴宇彤、化星琳、伍岳、彭翀、张梦洁撰写；第 6 章由化星琳、张梦洁撰写；第 7 章由陈梦雨、伍岳、彭翀、林樱子、张梦洁撰写；第 8 章由左沛文、杨娇娜、熊梓洋、陈驰、朱晓宇、陈浩然、彭翀撰写；第 9 章由化星琳、陈梦雨、杨娇娜、熊梓洋、伍岳、彭翀、张梦洁撰写。

本书依托国家社会科学基金重点项目（21AZD048）、国家社会科学基金重大项目（24ZDA047）、中央高校基本科研业务费专项资金项目（2023WKFZZX115）的支持，感谢华中科技大学建筑与城市规划学院黄亚平院长带领的研究团队多年在武汉都市圈研究中的团结协作与研究支持；感谢在研究和出版过程中沈体雁、秦尊文、段学军、颜文涛、马彦琳、胡忆东等多位专家学者的无私帮助；感谢湖北省发展和改革委员会、湖北省社会科学院、北京大学、武汉理工大学、中国科学院南京地理与湖泊研究所、中国城市规划设计研究院、武汉市规划编审中心、武汉市规划研究院等为本书编写提供的丰富素材与指导！感谢科学出版社为本书出版的辛勤付出与大力支持！

由于不同地域不同发展阶段的都市圈要素禀赋状况有着巨大差别，各层次交织嵌套并相互影响，本书在研究对象地域、尺度、发展阶段的多样性上探索还存在不足。恳请读者不吝赐教，编写团队将不断改进和完善。

彭　翀

2024 年元旦于武汉喻家山

目 录

第1篇 都市圈韧性网络理论构建

第1章 都市圈韧性网络理论基础 ········ 3
- 1.1 都市圈理论 ········ 3
  - 1.1.1 都市圈的内涵界定 ········ 3
  - 1.1.2 都市圈的发展建设 ········ 4
  - 1.1.3 都市圈的政策演进 ········ 9
- 1.2 韧性区域与城市网络 ········ 12
  - 1.2.1 韧性区域的理论与实践概述 ········ 12
  - 1.2.2 城市网络结构的概念与构成 ········ 13
- 1.3 都市圈韧性网络 ········ 14
  - 1.3.1 都市圈韧性网络的概念 ········ 14
  - 1.3.2 都市圈韧性网络的领域 ········ 14
  - 1.3.3 都市圈韧性网络的评估 ········ 15
  - 1.3.4 韧性网络的多情景设计 ········ 16

第2章 都市圈韧性网络构建 ········ 18
- 2.1 互联坚韧的设施网络 ········ 18
  - 2.1.1 交通设施高效韧性 ········ 18
  - 2.1.2 保障设施多元均衡 ········ 19
  - 2.1.3 新型设施智慧创新 ········ 19
- 2.2 多元创新的产业网络 ········ 21
  - 2.2.1 产业体系协同创新 ········ 21
  - 2.2.2 重要集群多元集聚 ········ 22
  - 2.2.3 产业园区整合优化 ········ 23
- 2.3 稳定安全的空间网络 ········ 24
  - 2.3.1 城乡体系功能互补 ········ 24
  - 2.3.2 圈层组织嵌套协作 ········ 24
  - 2.3.3 韧性空间构筑底线 ········ 25

第2篇　都市圈网络韧性评估

第3章 都市圈网络韧性评估方法 ……………………………………………………… 29
  3.1　都市圈网络建立 …………………………………………………………………… 29
      3.1.1　设施网络构建方法 ………………………………………………………… 30
      3.1.2　产业网络构建方法 ………………………………………………………… 30
      3.1.3　空间网络构建方法 ………………………………………………………… 31
  3.2　常态情景下的都市圈网络韧性评估 ……………………………………………… 32
      3.2.1　网络韧性评估维度 ………………………………………………………… 32
      3.2.2　网络韧性评估指标 ………………………………………………………… 33
  3.3　突发情景下的都市圈网络韧性评估 ……………………………………………… 34
      3.3.1　理论突发情景 ……………………………………………………………… 35
      3.3.2　现实突发情景 ……………………………………………………………… 36
      3.3.3　网络韧性评估指标 ………………………………………………………… 38
  3.4　典型都市圈概况与网络基本特征 ………………………………………………… 39
      3.4.1　武汉都市圈概况 …………………………………………………………… 39
      3.4.2　都市圈网络基本特征 ……………………………………………………… 40

第4章 常态情景下的都市圈网络韧性评估与问题诊断 …………………………… 44
  4.1　都市圈网络韧性评估结果 ………………………………………………………… 44
      4.1.1　网络层级性 ………………………………………………………………… 44
      4.1.2　网络匹配性 ………………………………………………………………… 49
      4.1.3　网络传输性 ………………………………………………………………… 51
      4.1.4　网络集聚性 ………………………………………………………………… 51
  4.2　都市圈网络建设问题诊断 ………………………………………………………… 54
      4.2.1　设施网络建设问题 ………………………………………………………… 54
      4.2.2　产业网络建设问题 ………………………………………………………… 55
      4.2.3　空间网络建设问题 ………………………………………………………… 56

第5章 突发情景下的都市圈网络韧性评估与问题诊断 …………………………… 57
  5.1　理论突发情景下的网络韧性变化 ………………………………………………… 57
      5.1.1　随机扰动下的网络节点与路径失效 ……………………………………… 57
      5.1.2　蓄意攻击下的网络节点与路径失效 ……………………………………… 61
  5.2　现实突发情景对网络影响的模拟 ………………………………………………… 65

目　录

  5.2.1　现实突发情景对网络的直接影响 ························· 65
  5.2.2　现实突发情景对网络的间接影响 ························· 70
  5.2.3　都市圈网络韧性评估结果 ······························ 71
 5.3　都市圈网络建设问题诊断 ···································· 72
  5.3.1　设施网络建设问题 ··································· 72
  5.3.2　产业网络建设问题 ··································· 72
  5.3.3　空间网络建设问题 ··································· 73

第 3 篇　都市圈韧性提升路径

第 6 章　设施提升路径 ·· 77
 6.1　交通设施高效韧性 ··· 78
  6.1.1　构建交通韧性网络体系 ································ 78
  6.1.2　常态情景下的交通韧性 ································ 80
  6.1.3　突发情景下的交通韧性 ································ 82
 6.2　保障设施多元均衡 ··· 84
  6.2.1　医疗卫生设施 ······································· 84
  6.2.2　应急服务设施 ······································· 87
 6.3　新型设施智慧创新 ··· 92
  6.3.1　信息基础设施 ······································· 93
  6.3.2　融合基础设施 ······································· 94
  6.3.3　创新基础设施 ······································· 97

第 7 章　产业提升路径 ·· 100
 7.1　产业体系协同创新 ··· 101
  7.1.1　现代农业体系 ······································· 101
  7.1.2　现代制造业体系 ····································· 103
  7.1.3　现代服务业体系 ····································· 105
 7.2　重要集群多元集聚 ··· 107
  7.2.1　优势集群 ··· 107
  7.2.2　创新集群 ··· 109
  7.2.3　应急集群 ··· 111
 7.3　产业园区整合优化 ··· 112
  7.3.1　产业定位 ··· 112

7.3.2　产业结构 ··· 114
　　7.3.3　产业布局 ··· 116

第 8 章　空间提升路径 ·· 118
8.1　城乡体系优化路径 ·· 118
　　8.1.1　层级体系 ··· 118
　　8.1.2　职能体系 ··· 122
　　8.1.3　传导体系 ··· 126
8.2　圈层组织优化路径 ·· 131
　　8.2.1　通勤圈 ·· 131
　　8.2.2　核心圈 ·· 133
　　8.2.3　社区生活圈 ·· 135
8.3　韧性空间优化路径 ·· 141
　　8.3.1　生态空间 ··· 141
　　8.3.2　农业空间 ··· 148
　　8.3.3　应急空间 ··· 154

第 9 章　武汉都市圈韧性提升策略 ··· 160
9.1　交通网络韧性提升策略 ··· 160
　　9.1.1　交通网络韧性评估 ··· 160
　　9.1.2　交通网络韧性特征 ··· 162
　　9.1.3　交通网络韧性优化 ··· 167
9.2　产业网络韧性提升策略 ··· 168
　　9.2.1　制造业网络结构优化 ·· 168
　　9.2.2　制造业网络片区优化 ·· 171
　　9.2.3　制造业网络节点优化 ·· 173
9.3　空间韧性提升策略 ·· 175
　　9.3.1　空间韧性评估 ··· 175
　　9.3.2　空间韧性特征 ··· 180
　　9.3.3　空间韧性优化 ··· 184

参考文献 ··· 190

第 1 篇

都市圈韧性网络理论构建

本篇阐释都市圈韧性网络的理论基础，包括都市圈理论、韧性区域与城市网络和都市圈韧性网络的概念内涵与研究进展。在此基础上，从互联坚韧的设施网络、多元创新的产业网络、稳定安全的空间网络三方面构建都市圈韧性网络的理论框架。

第 1 章 都市圈韧性网络理论基础

本章介绍都市圈与城市网络的基本内涵，并从都市圈韧性网络的概念、领域、评估及常态和突发情景的设计等方面构建都市圈韧性网络理论基础。本章部分内容来源于作者团队近年来的研究成果（彭翀等，2023；林樱子等，2022）。

1.1 都市圈理论

1.1.1 都市圈的内涵界定

1. 概念界定

我国城镇化和工业化进程催生了都市圈的形成。城市地域空间组织由单核发展逐渐向核心城市与邻近腹地的一体化发展转变，并衍生出学者们对都市区、都市圈、都市连绵区、大都市圈等各类空间形式的探讨。关于都市圈，其概念最早源于日本，日本学者木内信藏于 1951 年提出"三地带学说"成为都市圈理念的发源，之后日本政府对都市圈理念给予了高度重视，并认为都市圈是以 10 万人口以上的核心城市为中心，以一日为周期进行功能辐射的区域（谢守红，2008）。而日本《地理学词典》将都市圈定义为因中心城市向周边地域辐射职能而形成的结节地域（张京祥 等，2001）。

20 世纪 80 年代后，国内学者开始对都市圈概念及其相关问题研究，并从日本经验出发、结合中国国情对都市圈概念进行解读。中国人民大学周起业等（1989）较早对都市圈进行界定，提出大都市圈是以大城市为依托结合周围小城市形成具有紧密联系的经济网络。高汝熹等（1998）在著作《城市圈域经济论》中将都市圈定义为中心城市辐射力能够达到并促进相应地区经济社会发展的最大区域。张京祥等（2001）认为都市圈是具有一体化倾向的圈层结构，由一个或若干核心城市向周边辐射并形成紧密联系区域。张伟（2003）在其基础上对都市圈概念进行了延伸，认为都市圈是以中心城市为核心，以廊道为依托，通过吸引辐射周边市镇，从而促进城市间相互联系，带动整体快速发展并实施有效管理的区域。谢守红（2008）认为都市圈作为一个一体化特征明显的城市功能区，能够凭借其综合功能强大的特大城市，辐射并推动周边中小城市的发展。刘枭等（2014）提出都市圈是城市化发展到一定阶段的产物，作为一个以中心城市和若干达到一定规模的次中心城市共同构成的圈层结构，能够依托中心城市在各领域的辐射带动促使圈域内发生频繁经济社会联系并最终达到一体化和高城市化水平。随着城镇化水平的不断提高，马燕坤等（2020）对都市圈的定义是：以超大、特大或具有较强带动力的城市

为中心,以其辐射距离为边界,构建起的一个功能互补、分工合作且联系紧密的区域。

关于都市圈的定义,虽然经济、社会、规划、管理等不同领域的研究视角有所差异,但学者普遍认为都市圈是以核心城市(一个或多个)为中心,依托完善的交通设施网络,与周边城镇形成紧密的经济社会联系和合理功能分工的一体化地区(黄亚平等,2021;张京祥等,2001)。在空间特性上,学界共识主要包括:核心城市与周边城镇相互依赖,共同发展;核心城市的辐射距离和基础设施完善程度影响都市圈空间范围;都市圈整体呈现经济、社会、交通、生态等方面紧密联系的圈层式空间结构。从发展历程来看,都市圈大致经历向心发育、快速发展、集聚发展和网络成熟四个阶段,每个阶段都有其特定的特征和发展重点。在向心发育阶段,要素向核心城市聚集;在快速发展阶段,核心城市扩张并增强辐射能力,同时伴随生态环境压力;在集聚发展阶段,基础设施成熟,城镇快速发展,形成合理分工和双向互动的结构体系;在网络成熟阶段,都市圈形成成熟的网络化结构特征,各方面协作机制趋于完善。

2. 空间界定

国内关于都市圈空间界定也未形成统一标准,目前学者们多通过人口规模、城市化程度、交通联系、圈域面积、经济联系等方面对其进行界定。郭爱君等(2009)结合距离衰减规律、万有引力定律,结合生活质量指标的引入对兰州都市圈空间范围进行界定。程云龙等(2011)从经济距离、引力、场强散发面对成都都市圈进行界定,并形成三种圈层划分,结合城市首位度和中心—外围引力场强大小认为成都都市圈为初级都市圈。闫广华(2016)则借助断裂点和经济隶属度模型进行计算,并利用分形理论,借助集聚维数、容量维数、信息维数和关系维数四个指标对沈阳都市圈进行界定。姚永玲等(2020)则结合人口规模和密度、距离空间、交融可达性、通勤率、行政空间等多个方面,通过定性定量相结合的方式提出都市圈多维界定的框架,并对京津冀都市圈进行了空间识别与空间匹配。

综上,都市圈作为我国城镇人口和资源的重要承载空间,涉及经济、社会等多个方面,因此都市圈空间范围的界定需要从多个方面进行考量,并且借助定性与定量相结合的方法进行综合测度,最终形成准确高效的都市圈空间范围,为都市圈建设、区域城镇化高质量发展及经济转型升级提供发展基础。

1.1.2 都市圈的发展建设

1. 都市圈设施建设

1)都市圈设施建设现状问题

交通是都市圈要素流动的重要基础,学者们从不同领域、不同层面对其进行了大量研究,普遍认为都市圈在交通的运输能力、空间结构、转运衔接及制度保障等方面存在不足。景国胜(2017)认为广佛都市圈轨道交通在枢纽方面存在规模严重不足、布局过

于集中、联系不够紧密等问题，线路方面的问题集中于两地的衔接通道不足，此外，在交通运营方面，两地票务分离使得线路相连而换乘不便。万晶晶等（2020）以南昌市下辖南昌县为研究对象，指出南昌都市圈存在区域性交通设施利用效率较低、基础设施衔接不畅等问题。孙久文等（2020）认为城市与城乡之间存在较割裂，部门之间、政府与市场之间存在矛盾，这些体制机制问题造成轨道交通建设不充分、不平衡，受到严重的制约。

都市圈医疗设施存在的问题首先在于不均衡。邢荔函等（2019）通过京津冀地区医疗资源配置公平性研究发现，虽然河北地区占据了京津冀地区超过一半的人口数量，但其按人口配置的卫生资源占有率却明显低于北京和天津。这种情况导致了河北地区本地卫生服务供给不足，难以满足当地居民的就医需求，因此许多患者不得不选择前往外地就医。都市圈医疗设施存在的问题其次在于不协调。郑明海（2017）分析了跨区域医疗联合体存在的问题，体制因素造成了不同层级医院之间的断层，"人、财、物"的独立运行导致跨区域医疗服务存在利益冲突，不同区域医院之间文化理念差异导致合作稳定性不足。

公用供应设施的核心问题在于供应难以匹配需求的时空异质性。张正德等（2018）指出乡村用水供应的总量、品质及稳定性得不到保障。而村镇零散的供水设施对资金的利用效益低下、对生态的破坏较为严重。学术界对都市圈应急体系存在的问题进行深入分析，普遍认为应急救援体系存在不足。滕五晓等（2010）指出都市圈在应急资源配置上面临城际资源共享程度低、资源调度不及时等困境。付德强等（2019）认为我国应急储备库囿于受属地管理，在受灾点发生严重灾害时实行的均匀配置会使应急系统面临效率低下、资源浪费等问题。

2）都市圈设施韧性

对于都市圈交通设施的建设路径，学者多从体系优化、方式衔接、空间利用、模式选择等方面展开论述（王成金 等，2020；杨涛 等，2010）。禹丹丹等（2019）通过梳理国外都市圈轨道交通运营特征，提出构建由圈层、廊道、节点为支撑的轨道交通网络体系，灵活选择运输模式、技术与组织方式。万晶晶等（2020）提出通过客运枢纽统筹各类交通方式，通过货运通道和枢纽优化多式联运，衔接区域性轨道交通与城市内公共交通等多项策略。

学者们主要从加大投入、整合资源、统筹调度、建立机制四个方面提出医疗设施协同路径。王炜等（2010）基于马尔可夫链研究了突发公共事件下应急资源调度方案的动态优化，尝试发现不同场景中的最优应急方案。任飞（2016）提出以区域纵向医联体为单元重塑基本医疗服务供给体系，通过医联体来整合区域医疗资源。张明等（2014）从卫生行政部门、医保平台、医疗机构三方提出了建立医疗服务共享模型及建议。

公用供应设施的差异化规划是解决都市圈设施韧性问题的有效途径。对此，一方面，需要基于资源本底和供应需要进行合理的分区（韩建军 等，2020），另一方面，则需要建立共建共享机制，保障设施的持续运营（李香云，2019；张正德 等，2018）。根据国

内学者的观点，都市圈应急救援体系需要形成各个应急主体信息互通、行动协同、组织柔性的框架。王兴鹏等（2016）提出了应对突发事件的跨区域协作框架，该框架包括作为组织形式的知识协同网、作为技术支撑的知识协同平台及作为"软环境"的保障机制。

2. 都市圈产业发展

1) 都市圈产业结构与类型

关于产业结构，部分学者认为中国目前城市的产业结构存在同构化、协同差等问题，陈鸿宇等（2006）认为，"都市圈"的形成是"经济圈"形成过程中必然产生的地理现象，而"经济圈"的发育和发展，则是区域产业结构整合变动的结果。袁志刚等（2010）和安景文等（2018）都认为，我国目前大部分城市结构呈现产业协同差及产业结构同构的失衡状况，阻碍了城市的经济发展。但也有一部分学者认为产业结构的同构性评判标准仍然需要进一步完善，单纯产业同构并不是阻碍都市圈产业发展的根本问题。

产业结构演化与影响因素。产业结构演化受都市圈的地理位置、经济发展、空间结构等多种因素影响，产业结构与空间结构、经济结构、社会结构都存在紧密的联系。陈利等（2016）采用偏离-份额法及基尼系数，从产业结构演变的角度深入分析了云南省县域经济差异。研究发现，第二产业对云南省县域经济差异的影响尤为显著。产业结构的优化有助于缩小云南省县域经济差异，而产业集中度的提升则加剧了这种差异。王应贵等（2018）从主导产业、第二产业和第三产业效率差距、创新产业、社会人口年龄结构等方面提出东京都市圈产业发展面临的问题。

对于都市圈内产业结构的优化策略，虽然都市圈的类型、发展阶段和范围有所不同，但多数学者还是从低端产业外移、产业结构调整、扩大三产比重的角度提出优化策略（李青 等，2015）。关于服务产业，一部分学者从文化旅游产业的角度出发，研究都市圈内的集聚发展与协同合作，还有一部分学者针对都市圈内体育产业的发展方式及产业结构进行研究（李丽 等，2020；李帅帅 等，2020）。关于农业，有学者从都市圈农业的发展及空间格局的角度进行研究，也有一部分学者提出都市圈应当发展都市农业。关于制造业，都市圈的产业研究中，对制造业的研究较多，部分学者从都市圈制造业的分布、特征、集聚度进行研究。毛琦梁等（2014a）对首都圈制造业产业分布及其变化的地域与行业特征进行实证分析，得出2001～2009年多数制造业空间集聚程度不断加强，认为工业发展呈现出一种由中心向周边扩散的态势，靠近中心城市的外围郊县区域逐渐成为工业集聚和发展的重要焦点。对于战略性新兴产业，大部分学者从与都市圈传统产业协调发展的角度进行探讨，也有部分学者借鉴国内外战略性新兴产业的发展经验对其发展路径提出优化策略。

2) 都市圈产业韧性

部分学者从韧性规划的角度对产业韧性进行了深入研究。其中，有学者认为通过韧性规划构建的产业空间应具备稳定的发展框架，同时保留灵活变化的弹性空间（徐江 等，

2015）；此外，还有学者通过明确创新型产业韧性规划中的刚性表现与弹性技术手段，构建了一个包含结构韧性、控制韧性和过程韧性的韧性规划控制体系，从而为产业韧性的提升提供了更为全面和系统的指导（张惠璇 等，2017）。

对于产业集群韧性，有学者以区域韧性角度研究，还有一部分学者提出针对高度专业化集群的另一种分析框架与模型。从组织间关系协同治理视角，如研究从应对冲击的"吸收—适应—恢复"过程提升产业集群韧性问题（罗黎平，2018）。有学者指出，集群作为产业专业化的高度体现，行为主体间联系紧密且拥有较为完善的制度体系，其本质与区域韧性方法所寻求解释的机制并不一致。因此，集群应依赖技术创新、关系治理及市场多元化等手段来应对冲击并实现新的发展，而不必完全遵循区域韧性方法所强调的通过提升集群知识异质性来增强韧性的策略（俞国军 等，2020）。

多数学者认为产业链韧性在一定程度上代表着产业韧性，产业链韧性多从概念、影响因素、脆弱性、产业多样性及优化措施的角度进行研究。对于脆弱性，陈亮等（2019）在研究产业接收地承接产业转移能力时，提出了将产业韧性脆弱性作为一个重要的单项能力进行测算的观点。关于影响因素，曹德等（2020）指出产业链在面对不同风险和冲击时展现出的应对能力，由多因素、因素之间的相互关系及产业链对风险的应对能力共同构成。通过实证分析，他们发现企业规模、技术密集度、交通成本及对外开放程度四个关键指标对轨道交通产业全产业链的韧性具有显著影响。关于产业多样性，区域经济韧性并不要求一个区域将产业结构的多样性作为追求目标，而应当在保持一定的产业结构无关多样性的基础上，追求产业结构的相关多样性（胡树光，2019）。

3. 都市圈空间发展

1）都市圈空间建设现状问题

都市圈整体结构方面存在城镇空间体系不完善，城乡发展不平衡，圈层发展各自为政等问题。成熟的都市圈首先应该具有一个重量级、强辐射能力的中心城市，同时周边配有多个中小城市，在中心城市带动与周边城市积极配合下，共同形成分工协作、一体化发展的局面。但目前我国都市圈普遍存在空间结构体系不完善的情况，部分都市圈"一极独大"的发展态势较为明显，并体现出中间城市断层、小城市扁平发展的特征（葛春晖 等，2018；钮心毅 等，2018）。同时一些都市圈表现出核心—外围互动较差的特征，外围圈层主要分布了大量的中小城镇（李国英，2019），中小城镇与核心城市在资本支持方面差距较大（安树伟 等，2020），且存在服务设施供给缺位失衡等问题（傅娟 等，2020），因此外围辐射带发展与核心层存在明显差异（王明 等，2019；闫广华，2016），城乡差距逐步拉大。而对多数培育型都市圈而言，在整体城镇体系结构方面还有待完善（刘希宇 等，2020）。除城镇体系结构外，都市圈圈层间存在核心圈层功能疏解困难、外围圈层经济发展受限等问题，圈层间交互协作有待增强（黄亚平 等，2021）。因此城镇体系结构、圈层耦合交互等成为当前我国都市圈需要重视的问题。

都市圈内部圈域组织有待健全，存在主要核心城市空间结构体系失衡、社区生活单元薄弱等问题。都市圈核心区是城镇空间最为密集的区域，其承载了金融、娱乐、商务、文创等各种专业化和高消费的功能，也是成为都市圈功能的核心（郑德高 等，2017）。但是功能的过度集中使得人口虹吸效应明显，人口膨胀和功能集聚为都市圈核心区层带来了交通拥堵、环境污染等一系列问题，也直接暴露了作为功能载体的城市空间缺乏完善的体系结构来对人口和功能进行合理布局有效疏导等问题（胡波 等，2015）；而社区作为城市空间配置的基础单元，由于人口的过度拥挤、邻里层级设施的薄弱，基层生活单元无法满足居民需求。因此城市空间结构体系失衡、应急空间短缺、社区生活单元薄弱成为都市圈核心圈层空间韧性建设中的主要问题。

都市圈韧性空间体系有待完善，主要存在生态环境受损、弹性空间短缺等问题。随着核心城市的不断发展，空间分散、无序的现象也随之凸显，分散的格局限制了城镇密集区域整体优势的发展，出现了土地浪费、基础设施配套不完善等问题（王智勇 等，2018）。同时基于目前部分都市圈核心城市功能疏解、分工协同等问题的存在，外围圈层中小城市恶性竞争、职能同构等现象比比皆是，资源环境压力急剧上升，资源环境问题已成为制约都市圈发展的主要因素（李世冉 等，2020；蔡浩 等，2014；贺艳华 等，2014）。

由于土地的过度使用及地租效应的驱使，都市圈核心区对不确定事件缺乏应急空间来进行紧急情况的处理，疫情的发生更加印证了目前多数城市在建设过程中对不可预期重大事件和重大项目未给予相应的关注，缺乏应对危机的留白空间，弹性留白空间的短缺使得城市在面对突发事件时束手无措（车冠琼 等，2020）。

2）都市圈空间韧性

针对目前都市圈城镇体系失衡的问题，不同学者从不同视角探讨。首先，李琪（2020）从高质量发展阶段的城镇化出发，认为中心城市与外围城市发展失衡需要以区域一体化为原则，将区域内大城市或特大城市作为中心城市，通过不同层级间的良性互动和协调发展，从而实现大中小城市间的发展协调。马交国等（2020）从优化空间结构的角度提出强化核心城市，明确其更大范围内的辐射带动作用，并以水陆交通为纽带形成圈层放射一体化的都市圈发展格局。孙斌栋等（2015）从大都市区空间结构经济绩效角度得出多中心结构体系具有更高的经济绩效。总体而言，都市圈整体层面的空间韧性建设需要从城镇体系、多中心结构、多层级联动出发，强化中心城市辐射带动功能，明确中小城市发展定位，通过不同层级城市间的耦合交互和良性互动，最终形成大中小城市与小城镇协调发展的城镇格局。

针对城市圈的生态问题，有学者从城镇化与生态建设耦合角度提出从严控生态红线、提供生态用地等方面出发来提升都市圈生态空间韧性建设（李世冉 等，2020），另有部分学者基于生态安全格局提出构建绿化系统空间布局来提升都市圈生态空间韧性（刘小钊 等，2018；范晨璟 等，2018；申世广 等，2018）。生态安全体系格局构建对都市圈空间韧性建设具有重要意义，可以从划定生态红线、确定生态保育区等策略出发进行生态空间建设。

都市圈作为城镇密集区域，在发展过程中出现了城镇空间蔓延、土地粗放利用等问题（陈建华，2018；张宇硕 等，2018），因此针对这些问题学者们提出以下策略。首先，面对城镇空间无序蔓延，划定城市开发边界可以引导城市空间有序拓展，转变扩张型城市规划方式（张磊，2019；林群 等，2017）。其次，城镇空间战略留白被学者们广泛认同，战略留白用地能够为城市长期发展提供战略机遇（欧阳慧 等，2020；陈小卉 等，2019），与此同时面对外来冲击干扰，战略留白用地还能够为城市安全抗灾留白，形成应急空间为灾时抗灾和灾后恢复提供缓冲空间。最后，部分学者认为提升生活空间品质，打造舒适优质生活圈对都市圈发展具有重要意义（王丽艳 等，2020）。结合以上观点，目前都市圈城镇空间韧性建设主要涉及划定城市开发边界、留有战略留白用地、构建舒适优质生活圈等方面。

农业农村现代化是国家现代化建设的短板，同样在都市圈建设中也成为重点建设内容（李琪，2020）。首先，目前都市圈存在严重城乡发展不平衡情况，针对此类问题学者从优化资源配置、疏解产业职能、引导农业人口转移等方面促进城乡空间融合（李爱民，2019；郭先登，2017）；其次，根据都市圈中小城市邻近农业区域的特点，学者们提出以发展特色农业和生态旅游业来促进经济发展，同时担负起农业空间保护使命（贠兆恒 等，2016）；最后，部分学者针对乡村生活空间提出构建乡村生活圈，以乡村社区化来实现公共服务、基础设施、社会服务的均衡配置（曾鹏 等，2019）。据此，都市圈农业空间韧性建设可从城乡空间融合、特色农业空间构建、乡村社区生活圈构建等角度出发，以缩小城乡发展差距、平衡资源配置、优化乡村生活等作为目标。

1.1.3 都市圈的政策演进

1. 都市圈政策演进分析

1）政策阶段特征

过去二十余年，中国的都市圈政策历经三个阶段的变迁与发展（图1.1）。2000～2014年为初期探索阶段，各地以试点方式逐渐推行区域政策，探讨和尝试构建如上海大都市区等城市群体系，但期间缺乏明确的"都市圈"定义。2014～2019年为改革重塑阶段，《国家新型城镇化规划（2014—2020年）》的颁布带来战略转折，倡导以一小时通勤圈为核心的都市圈发展。2019年后的深化推进阶段则见证了都市圈政策的明确和细化，都市圈的角色被正式确认，并在相关政策中体现为城镇化重要空间形态，政府层面对都市圈的制度建设和政策支撑逐步增强。这一发展历程反映了中国在都市圈规划与实践方面逐步走向成熟，同时凸显了网络化都市圈建设的重要性（彭翀 等，2023）。

2）政策工具特征

都市圈政策工具经历了由初期探索、改革重塑到深化推进的发展历程，体现了政策工具从环境型向供给型、再到需求型的转变。在初期探索阶段，政策以环境型工具为主，

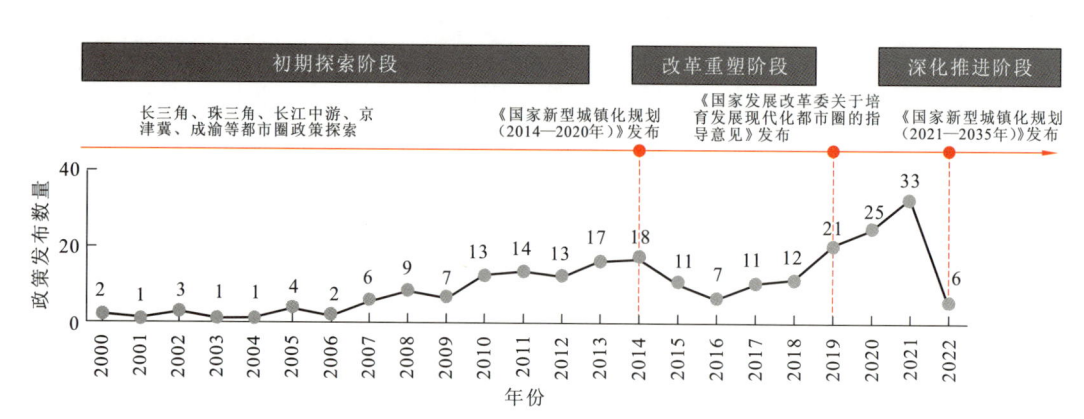

图 1.1 都市圈政策发布数量时间序列图

资料来源：彭翀等（2023）

占比达 61.55%，侧重于通过法律法规、机制体制建设等手段为都市圈的早期发展提供基础。进入改革重塑阶段，供给型政策工具的使用增多，占比上升至 34.27%，反映出政府通过资金支持、基础设施建设、人才培养等手段直接推动都市圈发展的决心。至深化推进阶段，尽管需求型政策工具占比最低，仅为 3.88%，但其角色逐渐增强，指向通过刺激市场需求、调整供需关系来促进都市圈的进一步发展。这一转变不仅体现了政策聚焦的演进，也映射了政府在不同发展阶段根据都市圈成长的需求和面临的挑战，灵活调整和运用政策工具的策略，旨在推动都市圈向更加成熟、协调、网络化的方向发展（彭翀 等，2023）。

3）政策目标特征

政策目标的演进从初期的引导培育到多领域协同的转变，逐步深化并响应复杂的全球形势和挑战。在早期阶段，政策重点放在机制体制、公共服务、产业分工等领域，旨在建立都市圈的基础架构。随着新型城镇化规划的发布和地区探索，政策目标转向市场开放、基础设施建设及生态环境保护，强调市场一体化与高端产业与服务业的发展。政策还加强了对生态环境的监管和保护，特别在 2019 年《国家发展改革委关于培育发展现代化都市圈的指导意见》发布后，更加关注区域间、城乡间的协同及基础设施体系的协同构建。都市圈作为重要产业空间载体，政策更着重于产业链、供应链和创新链的韧性协调发展，以适应国际政治经济形势的不确定性（彭翀 等，2023）。

政策目标的演变还体现在不同领域的关注上，基础设施一体化关注城乡设施和城市设施的智能化。在产业分工协作方面，政策重视传统和新兴产业的发展，特别是健康和环保产业。在市场开放方面，政策重视建设用地和金融市场，特别强调数据要素市场的重要性。公共服务则集中于社保和医疗服务的完善，养老服务和区域服务日益成为关注重点。生态保护政策从生态系统保护转向生态空间建设和创新生态目标的精细化管理。同时，健全体制机制的目标关注加强监管和激励机制，并重视创新机制和联治机制（彭翀 等，2023）。

2. 都市圈政策演进特征

1）政策工具-政策目标二维耦合

在前面的分析中，已考虑阶段维度的演进特征，本小节对政策工具维度和政策目标维度进行分类耦合构建，研究结果表明，政府偏好使用策略措施和要素设施工具，但在公共服务共建共享方面的政策工具应用不平衡，侧重于供给型政策。环境型政策的基建法规管制和监测工具相对薄弱，且供给型政策工具在支持产业发展和市场开放方面的应用不足。需求型政策工具使用极为有限，凸显政策在应对具体需求方面的不足。尽管政策文件具有强规范性和指导性，需求型工具与政策目标的低耦合度反映出政策更侧重于规划而非具体应对措施。这一现象提示需优化政策工具与目标的结合，以更有效应对都市圈发展中的复杂挑战，促进其协调和网络化进展（彭翀 等，2023）。

2）政策阶段-工具-目标三维耦合

都市圈政策在不同发展阶段展现了政策工具与政策目标之间的多维耦合。在初期探索阶段，政策主要聚焦于使用环境型工具进行机制体制的试验和探索，尽管此时对生态环境目标和需求型政策工具的关注不足。进入改革重塑阶段，环境型政策工具的比重有所下降，而供给型政策工具的应用得到加强，但公共服务的目标相对边缘化。到了深化推进阶段，需求型政策工具的使用增加，标志着生态环境目标的重要性上升。整体上，政策目标从最初集中于机制体制向包括开放市场、基础设施建设、生态环境保护及机制体制改革的复合平衡转变。这一转变反映了政策工具与目标之间的逐步优化和调整，旨在应对都市圈发展中的复杂挑战，并促进其更加协调和网络化的进展（彭翀 等，2023）。

3）政策空间分布特征

各省份都市圈政策在数量和内容上的差异显著，导致其在政策目标和工具选择上存在地域性偏向。通过对政策工具与目标占比的分析，发现产业分工、生态共保、基础设施一体化、机制体制改革及开放市场政策目标在不同地区的重视程度不同。例如，产业分工目标在西南及长三角区域较为突出，而生态共保目标在东北和两广地区更受重视。基础设施一体化目标在西北地区占比高，机制体制改革则在西北及中部地区成为焦点，开放市场政策目标在中部和西南部区域更为重要。在政策工具的空间分布上，中部地区偏好环境型工具，东北和西北地区更倾向于使用供给型工具，而需求型工具在中部和南部沿海地区更为普遍（彭翀 等，2023）。

这些区域间的政策倾向和选择差异揭示了地方政策制定的多样性和针对性，强调了在未来政策规划和实施过程中需要深入考虑地区特性，以实现更有效的政策应对和资源配置，进而促进各地区都市圈的均衡与协调发展。这种政策目标与工具的动态适应和调整，展示了应对复杂都市挑战时的灵活性和创新性。

1.2 韧性区域与城市网络

1.2.1 韧性区域的理论与实践概述

"韧性"理念起源于经济危机的潜伏、社会矛盾的加剧及气候变化的剧烈挑战之中。其核心意义在于，当系统面临危机时，能够化解冲击、保持主要功能的运转，并借助资源和机遇不断改善和提升自身的能力（彭翀等，2015；蔡建明等，2012；Alberti et al.，2005）。当"韧性"理念与城市和区域结合时，便具备了空间特征。"韧性区域"即区域在遭受金融危机、自然灾害、突发公共卫生事件、重大基础设施瘫痪等冲击后做出响应、调整恢复至原有状态，甚至在危机中超越原有状态并得到创新发展的能力，具有鲁棒性、应变力、恢复力和自学习的重要属性特征（Maclean et al.，2013；钟琪等，2010；Pendall et al.，2010）。韧性区域强调城市体系及其关系，通过构建高水平的创新体系、提供多元化的支撑保障及建设现代化的基础设施，以推动城市体系或城市网络的完善与发展（Crespo et al.，2014；Simmie et al.，2010）。学者们主要从属性、过程和能力的角度对韧性区域的构成要素进行识别。从属性视角来看，研究者认为区域的韧性属性可视为区域体系的基础能力，其资源可用性和系统易损性是决定区域是否具有韧性的决定因素。区域韧性的提升本质上是系统易损性的降低和资源可用性的提升。从过程视角来看，多数研究强调通过韧性过程来实现韧性区域，即冲击（shock）—能力（capacity）—影响（impact）—轨迹（trajectory）—结果（outcome）—新能力（new capacity）的循环韧性框架（Martin，2012）。从能力视角来看，一般认为韧性能力是区域系统对外部冲击的最大承受值，主要由反抗力、恢复力和创造力三种能力构成。在此基础上，另有学者将过程和能力结合，对区域受到冲击后的三种能力的适应性变化及关系进行探索和研究，形成了区域韧性受损后的韧性能力范围值认知框架（Maguire et al.，2007）。

韧性区域评估是在内涵解析的基础上量化韧性水平的基本途径。部分学者对此进行了有益探索，主要围绕单维评估、综合评估和过程评估展开。一是单维评估，主要着眼于区域经济、社会、工程或生态等领域进行属性识别、指标选取、水平评估和影响因素分析。例如，谭俊涛等（2020）从维持性和恢复性的视角切入，探讨全球金融危机影响下的中国区域经济韧性特征及其影响因素。二是综合评估，主要基于多元化韧性领域和系统化的指标体系来评估。例如，张岩等（2012）基于数据包络分析（data envelopment analysis，DEA）理论构建韧性评估模型测度我国 31 个省份的韧性指数，指出经济结构与经济发展方式的转型、科技研发创新的推动，以及生态资源的保护，均为提升韧性的有效举措。Bruneau 等（2003）以鲁棒性、速度、创新、冗余作为切入点构建承载模型以实现韧性的定量评估和判断。三是过程评估，一般是将时间作为危机事件冲击前、冲击时和冲击后的刻度，从动态过程来理解和测度外部冲击如何塑造韧性（Vugrin et al.，2010；Reed et al.，2009）。例如，钟琪等（2010）从内部、外部和时间基准面构建基于态势管理的韧性评估体系，提出抵抗力、恢复力和创新力是韧性区域的内在属性并进行

实证评估；Henry 等（2012）提出"时间-韧性"的指标来测度韧性恢复比损失，并以此作为提出针对性优化策略的依据。

在实践方面，韧性区域正逐渐从一个理念变成全球性的城市规划和治理行动。联合国开发署和减灾署分别在 2010 年和 2012 年发布了旨在提升气候变化韧性的倡议。同时，欧美规划院校联盟、国际中国城市规划学会等也围绕"韧性""韧性城市和韧性区域"进行了深入探讨。近年来，韧性区域相关的空间规划逐渐成为研究热点。以美国伯克利大学为核心的研究网络，通过定量定性分析，评估了多个美国都市区的韧性水平，并重点关注了韧性理念与区域经济、政府治理、社会矛盾及工程建设等领域的融合。美国洛克菲勒基金会倡导城市韧性行动（urban resilience movement）并提出"一百个韧性城市"（100 Resilient Cities）项目，认为灵活性、冗余性、鲁棒性、智谋性、反思性、包容性和综合性是城市和区域在经历慢性压力和急性冲击下得以具备韧性的主要特性。该项目致力于通过韧性方案、城市行动、地方领导和全球影响等策略来促进城市和区域韧性发展（徐耀阳 等，2018）。英国奥雅纳公司构建了城市韧性水平评估框架，由领导和策略、健康和福利、经济和社会、工程和环境四个维度构成，具体细化为 12 个目标和 52 个指标，为韧性区域评估和实践开展提供基础和依据。

1.2.2 城市网络结构的概念与构成

随着全球化、信息化和后工业化的不断推进，城市体系内研究交通流、技术流、信息流、资金流等大尺度与长距离的"网络联系（network relations）"理论、"流动空间（space of flow）"理论等进入了研究视野（赵渺希 等，2010；顾朝林 等，2008；于涛方 等，2007），促使城市网络（city network）作为新的空间组织形式，在不同空间尺度下的区域结构与城市体系中发挥重要影响作用（王姣娥 等，2017；吴志强 等，2015）。

"城市网络"的基本概念已从不同的研究视角、内涵理解等进行探讨（罗震东 等，2011；Turok et al.，2004；张尚武，1999；Batten，1995），可进一步归纳为：在特定区域内，节点城市通过经济、信息、交通等多种要素的流动形成联系路径，进而紧密交织成一个城市群体。在这种由流动要素构成的网络空间组织形式中，城市之间的物质交互逐渐挣脱地域邻近的束缚（彭翀 等，2015；Batten，1995）。此后，有的研究从城市网络的划分类型、空间结构、基本特征等视角做进一步解析（汪明峰 等，2007）。总体来看，城市网络的关键特征在于其网络化的空间结构、双向互动的功能联系及具备韧性的交互环境，这些特点使其与其他城市体系有所区别。

城市网络结构是其构成要素：节点与路径直接反映在空间上的状态，结构特征体现在节点城市的规模、数量、区位、密度及联系路径的长度、强度、聚集度等（朱查松 等，2014；熊丽芳 等，2013；周春山 等，2013）。从构成要素来看，已有研究多关注节点城市是否参与网络构建、在网络中占据的等级地位、发挥的城市功能与作用等；分析联系路径的传输类型、联系强度差异等（李哲睿 等；2019；唐子来 等，2014）。从研究领域来看，已有研究主要关注城市网络结构的集群风险、网络拓扑形态、复杂性特征等方面

（赵渺希 等，2016；吴康 等，2015；孟祥芳 等，2014；蔡宁 等，2006），提出节点位置、节点等级分布、网络异质性和多样性、网络连通性、网络聚集程度等影响城市网络结构的重要因素，并将直接影响区域整体发展水平，这是由网络本身的属性所决定的（Crespo et al., 2014；Newman, 2003；Granovetter, 1973）。换言之，城市网络结构成为表征城市网络的空间格局特征、影响区域整体发展质量的重要因素，以及理解城市网络发育规律及动力机制的切入点。

1.3 都市圈韧性网络

1.3.1 都市圈韧性网络的概念

网络由节点及其间的连线组成，这些节点和连线共同构成网络的基本结构。网络的韧性直接受到节点和结构韧性的影响，这是由网络固有属性所决定的（李志刚，2007）。因此，构建韧性网络的关键在于打造具有韧性的节点城市和网络结构。随着全球化和信息化的深入发展，城市发展不再局限于单体城市的规模，而是更加注重城市在区域体系中的地位、职能分工和功能联系。城市间的联系在时空距离的压缩下形成了网络型的空间结构。都市圈网络以超大特大城市或具有强辐射带动功能的大城市为中心，各节点城市通过经济、交通、人口等要素的流动紧密协作。网络化的空间结构、互补的功能关系和扁平化的活动联系是城市网络的重要特点。

都市圈韧性网络超越了传统韧性城市的认知，既强调单体城市的韧性，也重视城市间联系的韧性。构建高水平的创新体系、夯实高质量的经济基础、提供多元化的支撑保障及建设现代化的基础设施，旨在提升都市圈应对风险的能力（刘青霞 等，2021；彭翀 等，2018）。

1.3.2 都市圈韧性网络的领域

各类要素的流动，包括经济、社会、交通和信息等，共同构成了都市圈网络。这些流动网络的具象化表征是评估和识别都市圈韧性网络的基础（表1.1），也是构建都市圈网络的重要依据。从目标导向看，现有发展报告、研究和规划行动多从基础设施的互联互通、公共服务的保障供给、产业协作的错位互补和城乡空间的融合发展等方面提出战略路径（姜长云，2020；王政 等，2020；翟国方，2019）。而从问题导向看，当前都市圈建设在基础设施、产业发展和城乡空间等核心领域仍存在明显的发展短板和瓶颈（肖金成，2021；汪光焘 等，2019）。产业网络、设施网络和空间网络是构建都市圈韧性网络的关键领域（陈恺勤，2021；郑德高 等，2017；刘丙章 等，2016；张超 等，2016；张宝建 等，2015；刘承良 等，2009）。其中，产业网络体现城市间的产业集群合作，关注都市圈经济产业的分工与协作，是推动都市圈建设的核心动力；设施网络反映城市间的道路交通联系和设施共享，是支撑都市圈要素流动的物理基础，对提升资源配置效率至关重要；空间网络则展现各城市的等级体系、功能联系和城乡关系，是支撑都市圈韧性发展的重要载体（林樱子 等，2022）。因此，要构建具有韧性的都市圈网络，需重点关注这三个核心领域的发展，通过优化产业协作、加强设施连接和提升空间布局合理性，推动都市圈实现更高质量的发展。

表 1.1　都市圈网络构建的数据类型及方法技术汇总

网络领域	来源文献	网络类型	研究区域	网络数据类型	网络构建方法
产业网络	张宝健等（2015）	创业企业网络	中国	问卷调查数据	提名生成法
	刘丙章等（2016）	复杂产业网络	中原经济区	年鉴统计数据	连锁网络模型
设施网络	刘承良等（2009）	区域交通网络	武汉都市圈	公路里程数据	空间句法模型
	张超等（2016）	基础设施网络	—	仿真网络模型	随机网络生成
空间网络	郑德高等（2017）	功能联系网络	上海都市圈	企业平台数据	总部分支法
	陈恺勤（2021）	流动联系网络	杭州都市圈	新兴网络数据	网络联系矩阵

资料来源：林樱子等（2022）。

1.3.3　都市圈韧性网络的评估

部分学者专注于城市体系的风险管理与防范，运用量化评估手段研究都市圈空间网络及其结构韧性，深入探讨韧性网络与区域抗扰动能力的关系。研究主要围绕网络格局特征和网络评估展开。早期研究多结合定性与定量方法，侧重于经济联系分析，利用传统统计数据、物流数据等静态数据，深入剖析都市圈或城市群的经济一体化、多级协同与空间组织。例如，刘承良等（2007）从节点中心性、通道网络性和范围系统性三个方面量化分析武汉都市圈经济联系的空间结构。唐子来等（2014）则基于企业区位数据，构建并测度长三角和长江中游地区的城市间关联网络，从多个空间层次揭示关联网络的组织与结构特点，以及不同城市在协作网络中的角色差异。近年来，研究更侧重于定量分析与实证研究，采用搜索指数、流动客货、企业关联、协同创新等动态、多元、复合数据探索都市圈网络（王垚 等，2021；田深圳 等，2020；王姣娥 等，2019；李阳 等，2013）。例如，许劼等（2021）利用手机信令数据分析了长三角核心区内四个都市圈的人流空间网络特征。付晓宁等（2021）则基于专利与论文合作数据，运用社会网络分析法，深入剖析南京都市圈的创新合作网络结构。在网络驱动机制方面，研究者常将城市体系间的联系网络视为拓扑结构，从复杂网络视角分析网络结构的属性及影响因素。例如，孙春晓等（2021）通过挖掘物流专利数据，构建了以物流专利转移为核心的创新网络，并运用复杂网络指标评估了中国城市物流创新的空间网络特性。这些研究为深入理解都市圈网络的韧性及优化提供了有力支持。

1.3.4 韧性网络的多情景设计

从韧性的本质内涵来看,"韧性"的基本含义是系统在危机出现时化解冲击、维持其主要功能运转,并利用资源和机遇改善与提升自身的能力。因此,韧性网络构建需要兼顾"常态发展"和"突发事件"的多情景模拟,并挖掘不同情景下影响网络韧性能力的属性因素。

1. 常态情景

在全球化背景下,都市圈内部城市之间的网络联系日益紧密,并随着都市圈网络的不断发展,城市节点、路径数量和权重的增加,网络的复杂性和脆弱性也在增加。为提高都市圈网络韧性,首先需要重点关注常态时期的都市圈网络建设状况,评估其是否具有韧性能力,即能够保障其在面对冲击干扰时具备一定的适应和恢复能力。

都市圈网络发展水平在很大程度上将直接影响网络韧性,具体体现在网络的层级性、匹配性、传输性与集聚性,这四类关键属性能够展现网络中节点城市之间的层级差异、城市间联系的异质程度、城市间联系的路径长度和城市之间的集聚程度。通过研究都市圈网络的层级性、匹配性、传输性与集聚性等特征,探讨各城市间的关联关系与相互依赖性,即各城市间是否倾向于跨行政区合作、开展产业集群协作、形成重要设施廊道等;同时,通过要素流动特征分析企业流、人流、物流等传输的及时性和多样性,从而分析各城市之间在设施、产业与空间的合作是否高效互通、多样活跃,是否有助于都市圈催生出更为频繁的要素流动,上述特征都将反映常态情景下都市圈网络的韧性水平。

2. 突发情景

尽管都市圈网络建设强化了城市间要素协同发展的正向反馈作用(Meijers,2005),但这种相互依赖性也促使各类突发灾害造成的负面影响在网络中传递和蔓延(Li et al.,2021;Helbing,2013):暴雪灾害、洪水灾害、强烈地震等导致节点城市、城市间联系路径产生不同程度、不同规模的持续性变化,并在网络的协同效应下进一步传递与扩散,特别是高开发强度、高度互相关联的都市圈地区,在上述网络化风险面前显得更加脆弱。将这类突发情景作为外部扰动因素纳入都市圈网络建设的考虑范畴,更能体现韧性的本质内涵,即面临不确定冲击时能够适应并利用资源和机遇改善与提升自身的能力。

为了更好地了解突发情景下都市圈网络的韧性特征,需要对其进行中断模拟研究,本小节提出理论突发情景与现实突发情景,为后续开展都市圈网络韧性评估提供理论思路。

1)理论突发情景

外来冲击对都市圈网络的负面影响主要作用于网络的基本构成要素:节点与路径。从理论角度来看,网络受灾可能出现以下情景:①随机扰动事件导致某个节点城市失效

或某个联系路径中断，这类事件具有高频、低损特征，各种不确定因素或灾害导致网络中的城市遭受严重损毁而瘫痪、路段无法通行与联系，这样的影响被转化为网络中的节点或路径失效；②蓄意攻击事件导致重要的节点城市失效或联系路径中断，这类事件具有低频、高损特征，在都市圈网络中，存在拥有更高流通量、更多关联关系的节点城市和联系路径，这类节点和路径往往具有更多的资源和更高的地位，路径中的城市联系较为紧密，特别是低层级城市往往是由高层级城市直接或间接控制的。当其出现断联，可能会导致层级较低的城市无法正常运作，从而影响都市圈网络整体的稳定性。

2）现实突发情景

现实中对城市与区域发展影响较大的突发灾害主要为各类自然灾害，比如地震、台风、洪水等，这类灾害多由自然因素而引发、破坏性较大，不仅对城市内部的居民生命和财产安全造成威胁，同时也会对城市之间的网络联系造成严重影响。自然灾害对城市网络影响存在以下较为常见的情景：①交通运输中断，外部扰动导致道路、桥梁、铁路、机场等交通运输设施受损，使得物流和运输受到影响甚至中断；②资源供应中断，外部扰动致使城市大型电力、燃气、水等能源供应设施失效，从而使得生产设备无法正常运行，城市间能源交换中断；③产业供应中断，外部扰动可能导致原材料的供应链中断，从而影响生产进程；④空间联系中断，外部扰动可能导致通信设施被破坏，使得城市间无法进行信息交流，从而影响城市协作。

第 2 章 都市圈韧性网络构建

本章主要从设施、产业、空间三个关键领域探讨都市圈韧性网络的建设路径(图 2.1)，部分内容来源于作者团队近年来的研究成果（林樱子 等，2022）。

图 2.1 基于多领域的都市圈韧性网络构建路径
图片来源：林樱子等（2022）

2.1 互联坚韧的设施网络

2.1.1 交通设施高效韧性

推进交通设施高效韧性的主要逻辑为：首先，构建交通韧性网络体系，从物流交通设施韧性和通勤交通设施韧性展开。其中，物流交通设施应重点围绕都市圈物流交通规

划、网络化覆盖与布局、都市圈多式联运展开；通勤交通设施的建设以构建高效通勤网络和优化通勤通道为核心。从职住分布的角度出发，深入分析都市圈的职住关系及起点-终点（origin-destination，OD）分布，进而整合各类交通方式和线路，构建完善的通勤交通网络。借助大数据技术，精准识别都市圈的主要通勤路径，并规划轨道交通、快速公交系统（bus rapid transit，BRT）等多种交通方式，采用放射式、环状等多种布局形式，确保覆盖都市圈各圈层。通过这些措施，形成多样化、高效且具备韧性的快速通勤通道，提升都市圈通勤交通的整体效率和质量。其次，促进常态情景下的交通韧性。常态情景提出要提升交通设施互联互通、优化交通网络规划布局和促进网络信息共享合作。最后，提高突发情景下的交通韧性。

2.1.2 保障设施多元均衡

为实现保障设施的多元均衡发展，可以从医疗卫生设施和应急救援设施两个维度进行分类施策。一是医疗卫生设施作为都市圈稳定运行的基石和抵御风险的关键防线，具有不可替代的重要性。通过加强医疗卫生设施建设，能够提升都市圈的卫生服务水平，增强应对突发公共卫生事件的能力，为居民的健康安全提供有力保障。然而当前我国都市圈医疗卫生资源仍然面临数量不足、质量不高、布局不平衡、体系不健全等一系列问题，具体表现为医师及床位的人均数量较低，外围城市及乡镇医疗服务能力不足、专科医院服务能力比较薄弱。因此，应围绕都市圈医疗联合体、都市圈医疗大数据平台、都市圈医疗卫生服务体系优化、都市圈医疗服务设施评估模型、都市圈医疗服务协作平台等方面展开研究，从而识别都市圈医疗资源洼地，促进医疗服务多元化建设，破除各个区域之间医疗人员、物资、知识的流动屏障。二是应急救援设施应着眼于提高应急物资运输保障能力。首先，充分厘清当前都市圈面临的主要灾害，基于此构建风险评估模型，作为应急设施选址的基础；其次，构建高效坚韧的应急设施体系，结合现有的资源和设施，推进应急物流中心与应急集散节点建设，逐步形成层级分明、职权清晰的应急设施体系；再次，建立资源配置与调度模型，优化应急资源调度，在应急物资面临总量有限、时空受限的情况下，实现各个受灾点的物资充分调配；最后，建立都市圈联防联控机制，通过定量模型测度都市圈应急机制，在此基础上，对信息、调配、指挥平台等协作平台进行优化提升，进而构建起高效、及时的都市圈联防联控体系。

2.1.3 新型设施智慧创新

新型设施主要从信息基础设施、融合基础设施和创新基础设施三方面进行路径探索。
信息基础设施的重点领域为网络通信基础设施、新技术基础设施及算力基础设施，其既能驱动新兴产业快速发展，也能促进传统产业提质升级，是实现我国数字强国、科技强国战略目标的基础构架。首先，针对网络通信基础设施的体系构建、空间布局、建设模式提出策略。网络通信基础设施主要指 5G 基站、工业互联网、物联网及卫星互联网，其中 5G 基站被誉为信息传输的"高速铁路"，依靠 5G 技术更大范围的网络覆盖、更加稳定的网络连接和更加快速的网络传输，一方面能为人民群众的日常生活提供良好的体验，另一方面能为融合基础设施乃至智慧政务、智慧城市等治理平台提供技术支撑。工业互联网是制造业实现信息化、数字化与智能化升级的重要平台，有助于实现制造链相关资源供给灵活、调配高效，通过制造业的广泛链接，增强工业生产的效率与韧性。物联网旨在实现"万物互联"，由更海量的数据和更广泛的联动，获得更精准的信息，从而实现更有效的治理。卫星互联网是有线互联与无线互联"平面"互联之后的新一代地空立体互联，依托于卫星取代地面上的基站，能够不受地形、构筑物等的限制，覆盖全域空间。网络通信基础设施是实现信息要素流通的重要载体，因此制定数据的标准、传输的制式是首要任务，在此基础上，构建多层级的都市圈网络通信基础设施体系，并合理进行空间布局，在空间建设模式上，注重与其他设施、产业的融合布局，以充分发挥其乘数效应。同时，针对新技术基础设施，应积极推进其应用。通过选择适宜的行业和企业，运用人工智能、区块链和云技术等先进手段，推动行业创新和跨越式发展，催生新型业态和模式，进而构建全新的"生产关系"。最后，从合理布局和完善标准两个方面，推进算力基础设施进一步发展。数据中心和计算中心是当前各大都市圈投资与建设的热点，为了避免相关设施重复建设，需要统筹布局，引导算力基础设施向低成本、高效益的地区建设发展。

融合基础设施涵盖智能交通基础设施、智慧能源基础设施等多个领域。智能交通是交通工程设施的有效补充，面对都市圈庞大的交通需求，交通设施的现状与增量供给显然都不够充足，智能交通依靠实时、准确的数据共享与信息处理，通过交通管理与调度、组织与协调，提供合理有序、安全畅通的交通方案，优化存量供给。智慧能源则利用数字化与智能化手段，面向能源生产、储存、利用与再生等环节进行管控优化，为都市圈提供清洁能源供给方案。本书主要围绕融合基础设施的体系构架、建设模式提出策略。

创新基础设施是科学研究和技术开发的重要推动力，涵盖重大科技设施、科教基础设施及产业技术创新设施等多个方面。当前创新基础设施布局较为零散，不成体系，因而相应的空间链和价值链也未构建，没有形成集群效应，另外，由于创新基础设施前期投资较高但盈利周期较长，其持续有效的运行难以得到保障。为解决这些问题，需从两方面着手。首先，需全面规划其体系与布局，从系统层面进行顶层设计，确保设施建设有序、布局集群化，奠定坚实的建设基础。其次，应构建高效的创新基础设施开放共享机制，形成多元化主体、多样化方式的投入模式，并实时监控与评估设施运行全过程，确保其稳定运行。

2.2 多元创新的产业网络

2.2.1 产业体系协同创新

都市圈产业体系的协同创新对都市圈建设至关重要，有助于推动产业转型升级和实体经济的蓬勃发展，提升都市圈产业在全球价值链中的位势。因此要增强都市圈供应链网络韧性，确保现代产业体系安全，要促进都市圈生产要素协同，完善要素市场化配置，要以创新作驱动力，攻克制约转型的前沿技术，构建都市圈经济社会创新生态。本小节围绕现代农业体系、现代制造业体系及现代服务业体系三大领域展开研究。

首先，现代农业体系方面。当前，我国农业产业发展整体保持稳定态势，但核心竞争力尚显不足。随着信息化时代的来临，农业产业链面临市场变化快速响应的新挑战。同时，市场需求的多样化促使农产品特色化生产成为提升农业产业价值的关键所在。要实现农业体系的协同创新，需要农业产业多元融合。现阶段，都市圈中的农业由于受到工业化和城市快速扩张的影响，其发展必须突破现有传统农业的发展模式，优化都市农业产业，走多元融合的发展道路，保障都市农业的供应链安全；需要实现农业结构合理布局，促进都市圈农业生产协同互动，因为都市圈的农业结构布局决定了都市圈中各个区域的农业定位，以及都市圈现代农业在当地经济中的行业地位；需要建立都市圈农业发展评估体系，因为都市圈农业中的生态功能、示范功能和文化功能等社会性功能，是难以用经济指标来衡量的，都市圈中的农业相比于产业体系中的其他产业，在竞争中处于弱势地位，更需要政策引领。都市圈农业发展评价体系将直接约束和引导农业的发展方向，该评价体系将经济、生态、文化功能评价合理地包括在内，指导都市圈农业体系中要素的有序流动。

其次，现代制造业体系方面。现代化制造业体系作为都市圈建设的关键一环，对都市圈产业的发展至关重要。为实现制造业体系的协同创新，应深入理解现代化制造业体系的内涵，明确都市圈内各城市在制造业体系中的协同关系，并找准构建现代化制造业体系的切入点。此外，还应致力于制造业体系的结构优化。产业结构是经济结构的基石，应促进产业间的紧密联系，提升基础产业和装备制造业的水平，并培育具有强大实力的跨国企业，以占据产业的中高端环节。最后，实现制造业跨界模式创新也是关键。应推动传统制造业与信息技术的深度融合，催生出一系列新的经济模式，为制造业的持续发展注入新的活力。

最后，现代服务业体系方面。协同创新现代服务业体系建设是供给侧结构性改革的重要一环。为实现服务业体系的协同创新，应注重服务业体系内重点要素的集聚，促进都市圈内多要素的高效整合与协同合作。同时，制订合理的发展规划，调动行业协会、培训机构和企业的积极性，提供全方位的服务支持。此外，还应积极引导商贸服务企业转变经营理念，丰富服务内容，创新服务方式，提升服务质量，以实现规模化、品牌化发展。通过这些举措，可以培育出一批具有竞争力的品牌企业，进一步提升都市圈的整体效率。需要实现服务业跨界融合发展，优化都市圈服务业结构，调整都市圈区域产业分布结构，优化都市圈资金流动结构，实现都市圈内部城乡一体化建设，改革都市圈内外贸易循环结构展开研究；需要实现服务业新兴业态培育，科技革命、产业革命及大数据、物联网等新技术使都市圈内的服务业业态和模式产生了新的增长点。要深化服务业市场化配置改革，探索建立与完善适应新业态监管体系，深入应用现代科技及加大国家财政的政策支持。

2.2.2 重要集群多元集聚

重要产业集群作为都市圈产业的关键组织形式，对都市圈经济发展具有显著拉动作用。因此，应着重发展龙头企业，推动产业聚集，完善产业链条，扩大集群规模。同时，以技术创新为驱动力，促进产业升级，并注重品牌建设，提升集群价值。此外，完善配套措施，为集群发展创造良好环境，实现集群的持续发展。本小节围绕优势集群、创新集群及应急集群三大方向展开研究。

首先，优势集群方向。优势集群是推动都市圈现代化进程的关键引擎，也是提升产业韧性和效率的重要途径。为实现优势集群的多元集聚，需进行优势集群的识别与布局优化，明确都市圈优势集群的主导产业及核心发展要素。同时，需要深入研究都市圈内部优势产业的空间集聚特点与发展方向。在全球价值链不断整合的背景下，传统产业集群的升级路径可划分为都市圈一体化整合、价值链全球整合和价值链虚拟整合三个阶段。基于这些阶段特征，提出相应的优化建议，并积极探索创新驱动下都市圈优势集群的转型升级路径。

其次，创新集群方向。都市圈创新集群可视为国家创新体系的缩影，是实施创新驱动发展战略、推动创新型国家建设的关键平台和载体，形成具有集聚效应和知识溢出特点的技术经济网络，为都市圈的创新发展提供有力支撑。要实现创新集群多元集聚，需要探索创新集群生态演化规律，总结创新集群的演化规律，在区域和产业层次上深入探讨经济如何与社会、科技、文化、制度实现有机融合，以及它们之间如何协同发展；需要提出以都市圈建设为导向的培育目标，坚持全面反映都市圈创新集群发展条件与基础数据可获得性相结合，构建由都市圈创新集群产业评价体系，运用熵技术支持下的层次分析法确定各指标层权重，采用加权平均法计算都市圈创新集群发展条件综合指数；需要提出高效培育的战略路径，加快培育发展都市圈创新集群，完善都市圈创新战略实施总体布局，利用重点都市圈创新资源集聚优势，推动重点都市圈率先实现创新驱动转型，使之成为都市圈经济高质量发展的战略支点。

最后，应急集群方向。应急集群是一个涵盖多个产业、领域和地域的综合性新兴产业集群，与其他经济部门相互交织、相互渗透。为实现应急集群的多元集聚，需要为都市圈应急产业集群预留发展空间，并促进其集聚效应。同时，要深入探索应急产业发展的核心需求点：在安全需求方面，优先发展能提升本地区防灾减灾及应急管理能力的应急产业；在市场需求方面，应激发市场需求以推动应急产业发展，使其成为国民经济新

的增长点；在发展需求方面，应融入科技创新手段，如物联网、北斗导航、虚拟现实/增强现实、人工智能、新材料等高新技术，以加速产业的高质量和高端化发展，实现应急产业的智能化，以适应当今复杂多变的突发事件应急管理需求。为确保应急产业的正确发展方向，需进行充分的前期调研和产业规划，加强形势预判，把握政策导向，科学论证应急集群的发展目标，并为未来的应急集群产业发展提供技术支撑和建议，规划出壮大的战略路径。

2.2.3 产业园区整合优化

都市圈产业园区建设过程中需要有正确的理念指导，梳理产业发展的逻辑、路径、模式，才能适应现代产业体系的复杂性，使得不同性质、不同空间结构、不同聚集模式的产业集群协同发展。本小节围绕产业定位、产业结构及空间布局三大要点展开研究。

首先，产业定位方面。产业定位在都市圈产业园区规划中占据举足轻重的地位，是园区建设和配套体系构建不可或缺的一环。要协调都市圈产业园区定位，需要对典型的理论加以研究，例如比较优势理论、产业集聚理论、产业价值链理论和企业生命周期理论，制订更为合理的产业定位，需深入考虑资源禀赋，充分利用本地区的资源优势，确保资源得到高效、合理利用。依靠产业聚集度、地理位置、交通等几方面的区位优势，在原有产业的基础上，发展壮大相关产业；需要加强分工协作，相互协调发展，进行产业定位；需要分析产业园区需求，积极响应都市圈建设背景下高科技与人才需求、频繁的国际交流合作需求、绿色生态环境品质需求；需要考虑政策及市场导向，分析产业园区营造持续发展所需要的软环境的相关能力，衡量产业的经济产业和社会价值，统筹确定产业园区的主导产业和限制发展产业。

其次，产业结构方面。产业结构作为产业园区经济结构中的核心内容，体现产业园区经济的比较优势和竞争力水平，决定了产业园区的经济增长水平，直接影响产业园区的经济产出。要协调都市圈产业园区结构，需要加强园区内外产业分工协作，卫星城的建设应紧密结合都市圈中心城市的主导产业，积极发展相应的配套产业，与中心城市形成紧密的分工协作关系；需要根据都市圈、产业园区的不同发展阶段，适时进行产业转移和产业创新升级，促进产业园区资源配置由粗放式发展向集约化发展转变；需要提供多样化的产业园区建设模式，强调产城融合，引导产业园区特色化发展，更多地承载大量城市要素和生产活动，推动都市圈产业园区的城市化进程。

最后，空间布局方面。空间布局规划是产业园区开发建设的核心环节。要优化整合产业园区的空间布局，需构建都市圈内上下游产业紧密相连的产业格局，以整合优化作为空间布局的基本指导原则。同时，需结合园区的综合优势、独特优势、经济发展阶段及产业运行特点，制定园区布局的基本原则。在此基础上，根据布局原则，适应产业发展需求进行结构设计和空间布局，对都市圈内的产业园区进行区域整合，推动产业园区的协调发展。

2.3 稳定安全的空间网络

2.3.1 城乡体系功能互补

城乡体系功能互补主要从层级体系、职能体系和传导体系三方面展开。

首先，层级体系方面。区域内所有城镇村按照综合发展实力及其在城乡体系中作用强度和地位划分为不同等级，整体形成等级化序列，即城市的层级体系。对都市圈而言，中心城市应该具有突出的首位度，并且具有国际性综合服务功能。区域中心城市要发挥"中转站"和中心城市的双重作用。而对于外围中小城镇需要充分实现区域分工，形成互补依赖的关系，再外围的乡村聚落则应要积极发掘自身优势，承接都市圈功能的同时，避免受到城市严重干扰。因此，构建都市圈层级体系实质上是推进区域城市网络化的过程。在这一过程中，需要从韧性网络的层级性视角出发，深入剖析并总结当前都市圈城乡层级结构的特征，提出现状问题，并进一步探索都市圈内城乡层级体系划分方式，从而形成完善的都市圈层级体系。

其次，职能体系方面。城镇职能研究有利于认识城市在区域中所处的地位和功能，而围绕核心城市对区域分工体系进行合理分工是都市圈功能整合、和谐运作、发挥空间优势的关键，良好的职能分工建立在城市间职能互补的基础上，因此需要从都市圈职能分工体系特征出发，探索城镇职能形成的基础性因素，厘清要素间的共同作用机制，然后在充分考虑都市圈现有基础和发展潜力的基础上，科学确定都市圈综合职能及内部城镇专项职能，并对其职能互补性进行深入挖掘，形成差异化发展战略，完善都市圈功能网络体系。

最后，传导体系方面。基于韧性网络的传输性特点，应深入研究城镇间信息、知识、资本等要素的传播效率，以明晰都市圈城市的传导路径。同时，总结都市圈各层级城市间的传导规律，并深入探索其内在的空间传导机制。针对不同传导路径，需提出差异化的管理政策和建议。此外，探讨不同层级间城镇传导效率的量化方法也至关重要，这有助于增强中心城市的辐射带动能力及外围城市的承接能力。最终目标是构建一个横纵畅通、刚弹结合的都市圈空间传导体系，以促进城市间的有效联系与协同治理。

2.3.2 圈层组织嵌套协作

圈层组织嵌套协作主要围绕都市圈的通勤圈、核心圈和社区生活圈进行探讨。

首先，关于通勤圈的优化。当前，国内学者普遍认为都市圈是以一小时通勤圈为基准的城镇化空间形态。因此，通勤圈的识别与构建在都市圈的形成和发展中发挥着基础性的作用。同时通勤效率一定程度上代表了都市圈内空间要素的集聚状态与土地利用的紧凑程度，对都市圈韧性发展具有一系列影响。因此对都市圈建设需要挖掘城市居民日常活动在时间上的周期性规律，探究通勤时间影响的机制，探讨不同通勤方式下的通勤

范围，综合形成通勤圈研究范围，并厘清通勤圈内部空间结构，找寻与都市圈空间范围之间的差距，通过优化通勤圈建设来改进土地利用，实现要素配置的均衡，进而增强城市韧性，促进区域协同发展。

其次，核心圈的优化同样重要。都市核心区作为人口、活动、资源高度集中的区域，是都市圈发挥辐射带动效应的关键地域空间，也成为都市圈韧性网络中的重要节点，对于提升韧性网络密集性具有推动性作用。由内向外的外扩是城市发展的必然趋势，对都市圈而言，核心圈内也存在核心区与外围区，因此从核心组织和外围组织两方面出发，首先对其空间范围进行界定，明确核心组织与外围组织空间关系，进一步对核心组织辐射能力进行评价，了解核心组织的首位度与外围组织的承接能力，最终依据以上研究对整体核心圈层功能升级提出优化建议，为都市圈韧性网络强化与都市圈空间建设提供参考。

最后是社区生活圈的优化。社区生活圈作为城市功能地域的一种重要类型，也是韧性网络建设的最小空间单元，探索优质舒适生活圈的构建方式，提升生活空间品质，对跨地域城市治理创新与都市圈竞合发展具有重要意义，因此，需要从要素配置和空间结构两个维度出发，深入研究公共活动空间和公共服务设施的均衡配置，合理布局社区中心、邻里中心和街坊中心，确保服务与生活的有效衔接。同时，还需优化完善医疗救护、消防救援、抢修抢险、运输通信等领域，为韧性网络的构建和都市圈的建设提供切实可行的发展路径。

2.3.3 韧性空间构筑底线

韧性空间在构建生态安全格局、确立空间安全底线及提升风险应对能力方面至关重要。一是生态空间。都市圈中城市间的恶性竞争使得城乡人居环境的生态基础受到严重威胁，面对都市圈建设的新要求，需要重新思考都市圈尺度范围内生态安全格局构建、环境治理及战略布局等问题。因此需要从识别目前都市圈生态空间发展情况、构建区域生态综合治理体系入手，来进行生态安全格局构建的基础性工作，接着找寻生态安全格局构建方法，精确优化布局，明确地理空间方面的分级分类，从而形成都市圈生态安全格局，最后推动形成生态环境共保共治机制，探索构建生态保护性开发模式。二是农业空间。随着城市化的快速推进，都市圈农业农村空间目前存在农业生产空间压缩、农村生活空间服务设施配套失衡、原有乡村聚落结构衰败、乡村建设照搬城市思维、乡村文化受到冲击等问题，因此，应从农业安全格局、城乡融合发展、乡村社区生活圈构建三个维度进行深入研究。在农业安全格局方面，重点分析农业现代化水平、农业地域功能分布及粮食安全格局的现状，总结其发展特征，并结合现实需求提出针对性的优化建议；在城乡融合发展方面，全面探索城乡融合发展机制体制，谋求搭建城乡融合发展平台，以城乡联结方式推动农业现代化发展；在乡村社区生活圈构建方面，结合目前发展基础的特色资源确定乡村社区生活圈建设需求，探索划定乡村社区生活圈空间范围，形成智慧型、现代化的新型配套服务设施。三是应急空间。在危急时刻，空间决定了传递的时

间，传递的时间决定了生命的救援，因此应急空间对韧性网络中断具有修复作用。首先适灾空间的快速改造成为灾时应急的必要选择，因此需要制定改造规则，明确空间选取及改造措施；其次应急时刻对空间的灵活性要求，正是弹性空间的要义，如何封闭、开放、交流成为弹性空间管理与设计的重要研究对象，同时面对危机、灾害、疫情等突发事件，探究城市中弹性空间保障性、应急性及通过合理空间布局和预留形成弹性空间体系，成为保障都市圈安全的重要举措。最后都市圈内已有城镇空间、生态空间及农业空间的兼容性将对都市圈平疫结合、功能转换起到重要作用，因此探究兼容空间规划方式，引导兼容有序布局成为又一项重要研究内容。

第 2 篇

都市圈网络韧性评估

本篇基于都市圈韧性网络研究的理论基础，从如何让都市圈网络提升应对"常态情景"与"突发情景"的综合韧性出发，以武汉都市圈为研究对象，开展都市圈产业、设施与空间网络的韧性评估，并依据韧性评估结果诊断网络建设过程中存在的问题，具体过程包括都市圈网络韧性评估方法、常态情景下的都市圈网络韧性评估与问题诊断、突发情景下的都市圈网络韧性评估与问题诊断。

第 3 章 都市圈网络韧性评估方法

基于都市圈网络韧性研究的相关理论，本书提出"网络建立—情景模拟—韧性评估"的方法思路（图3.1）：首先建立都市圈产业、设施与空间网络，然后基于常态情景与突发情景模拟都市圈网络的状态变化，最后选取相应指标进行网络韧性评估。本章部分内容来源于作者团队近年来的研究成果（吴宇彤 等，2025；化星琳 等，2023；伍岳，2023）。

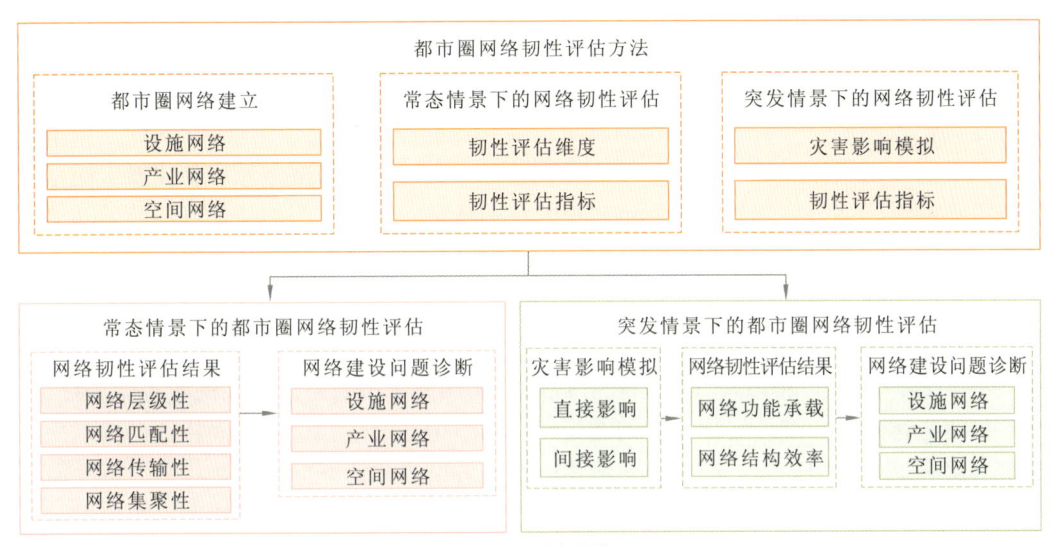

图 3.1　研究框架

3.1　都市圈网络建立

卡斯特罗在"流动空间"理论中提出了城市网络的三层状态设想（Castells，1989）：由信息基础设施组成的基础网络；以城市为节点，联结经济、文化等功能形成的空间网络；由技术者、金融管理者、决策者等主导的精英空间。本节延续这一思路，提出"设施网络+产业网络+空间网络"的都市圈网络关联模型，即城市间企业流、人流等要素借助发达的设施网络实现空间上的频繁流动，进而形成特定功能的联系网络。这些功能真实展现了节点城市之间的要素流动关系及分工协作关系，并反映网络中城市等级与地理距离的空间叠加效应（陈伟 等，2017），对都市圈网络建设具有深刻影响，同时其要素流动变化能够直观反映受到突发扰动前后的网络状态及韧性水平，与区域韧性研究中的工程、经济、社会等领域紧密相关（彭翀 等，2015）。

本节聚焦于设施、产业与空间三类核心功能，分别提出相应的网络构建方法。需要说明的是，此处所提的"都市圈网络"被视为封闭的、有边界的系统，边界的具体表征为各城市的行政范围，网络中的要素流动范围仅考虑网络内部，暂不考虑都市圈内要素在更高尺度、更大范围（比如城市群）的跨区流动。

3.1.1　设施网络构建方法

设施网络广义上涵盖技术设施与社会设施两类实体网络，技术设施网络涉及电力、供水、交通、能源、通信方面，被统称为生命线网络，其韧性能力往往体现在设施自身的抗毁性与稳定性、整体网络的连通性等（Liu et al.，2022）；社会设施网络与人的行为密切相关，其韧性体现在医疗、应急、政府服务等设施系统能够在突发灾害下救治与帮助受灾群众，具有较强的服务性与社会性（吴宇彤和彭翀，2025；Latham et al.，2022）。相比于其他设施网络，公路网络在都市圈网络中的重要地位更为凸显：作为促使城市之间的物质交互逐渐挣脱地域邻近束缚的先决条件，同时是都市圈区域一体化发展的基础支撑及产业、空间等要素流网络不可或缺的空间载体，因此，为简化计算，此处及第 4 章都市圈网络关联模型及各类量化分析中的设施网络均简化为交通（公路）网络。

都市圈公路网络构建实质是一种以图论概念为基础、对实体路网拓扑关系的转译过程，通过表达网络的拓扑结构、空间布局、连接方式等反映公路网络的重要特性（颜文涛 等，2021；Wang，2015）。其中，拓扑结构涵盖网络中所有节点连接的宏观结构特征，反映网络指标水平和演变规律；空间布局考察网络中各节点和边的空间特征，揭示交通地理环境和城市空间形态；连接方式描述网络中各节点和边之间的连接状态，反映网络的组织形式和交通流动情况（化星琳 等，2023）。随着对交通网络的认知不断深入，网络抽象的方式也在不断变化，目前主要有两种：原始法和对偶法。原始法将公路的交叉口视为网络节点，交叉口之间的路段视为节点的连边，但随着研究区域的拓宽、网络规模增大，原始法构建的交通网络模型中节点数目众多、连边分布均匀，不利于进行深入的分析；而对偶法将路段视为网络节点，两个通过交叉口连接的路段视为节点间的连边。

本节提出采取对偶法建立都市圈设施网络，网络节点为现实中的道路交叉口，节点的连边为现实中不同交叉口之间的路段，从而构建点和边的拓扑关系。建模过程基于 ArcGIS 平台，将道路实体网络进行拓扑关系的转译，去除都市圈内的孤路，获取路段之间的空间连接关系，最终得到设施网络模型。

3.1.2　产业网络构建方法

既有研究多基于企业总部与分支机构间的层级组织关系，选取企业总部开设的分支机构数量作为城市间的产业联系强度，进而构建产业网络（赵渺希 等，2021；郑德高 等，2017；唐子来 等，2010）。在运用企业总部分支方法的过程中，部分学者基于原有的二分法，提出按总部分支机构重要性赋值打分的方法进行改进（韩明珑 等，2021；马璇 等，2019）。

本小节认为，仅以城市间互设分支机构的数量测度城市间的经济联系会忽视企业总部规模的影响作用：一家1 500万元规模的企业与一家10万元规模的企业在同一个城市开设相同数量的分支机构，二者对城市产生的经济效益截然不同。为此，本小节综合考虑企业总部体量及其分支数量两个属性来测度城市间的产业联系强度。具体步骤如下。

步骤一：以企业总部体量作为其分支机构的权重。本小节选择企业数据中的注册资本表征企业体量，对其进行取对数的数据转换和mapminmax函数归一化处理，使分支机构权重范围为[0.1, 1]。

$$W = (Y_{\max} - Y_{\min})\frac{X - X_{\min}}{X_{\max} - X_{\min}} + Y_{\min} \tag{3.1}$$

式中：X为企业总部注册资本；$X_{\max}$为规模最大的企业的注册资本；$X_{\min}$为规模最小的企业的注册资本；$Y_{\min}$和$Y_{\max}$为归一化后的最小值、最大值，本书将其分别设置为0.1和1。

步骤二：将城市与企业间的2-模网络转换为城市间的1-模网络。城市A对城市B的联系强度C_{AB}计算公式如下：

$$C_{AB} = \sum_{j}^{n} W_j \tag{3.2}$$

式中：j为城市A在城市B设立的分支机构数量，$j = 1, 2, 3, \cdots, n$；W_j为城市A在城市B的第j个分支机构的标准化权重。

步骤三：基于联系强度计算结果，建立都市圈产业网络联系矩阵，并运用ArcGIS软件进行都市圈产业网络可视化。

制造业在国民经济中占有重要份额，并且是产业链、供应链与创新链的关键构成，为城市产业网络稳定发展提供了根本保障，为此，本书在都市圈产业网络的基础上，进一步建立都市圈制造业网络，将制造业划分为传统制造业、支柱制造业、新兴制造业、综合制造业四种。其中，综合制造业包含制造业的所有类别，传统制造业包含农副食品加工业、食品制造业、纺织业等共计23项，支柱制造业包含医药制造业、通用设备制造业、汽车制造业等共计8项，新兴制造业包含工业机器人制造、通信终端设备制造等共计8项（伍岳，2023）。各项制造业类别的信息和代码详见《国民经济行业分类》（GB/T 4754—2017）。接着依照四类制造业类别将企业总部与分支数据进行分类，运用前文的产业网络建立方法分别建立都市圈的传统制造业网络、支柱制造业网络、新兴制造业网络、综合制造业网络。

3.1.3 空间网络构建方法

人口流动与城市发展相辅相成，前者是后者的必然产物，同时反作用于后者发展进程，对于推进区域社会经济发展具有重要作用。都市圈内城市之间的人口流动背后的推动力是城市间经济联系、信息联系、资本联系等要素相互作用，体现了城市间的分工合作与职能等级，人口流动的网络化也将推进区域空间格局建设。

本小节选取重力模型描述都市圈网络内的人口流动,重力模型来源于物理学科中牛顿的万有引力定律,其用于空间网络构建的基本原理是假设网络中的人口流动取决于出发城市与到达城市的人口规模及两个城市间的地理距离,城市间的人口流动强度 S_{ij}^G 计算公式如下:

$$S_{ij}^G = k \cdot \frac{Q_i \cdot Q_j}{d_{ij}^b} \tag{3.3}$$

式中:k 为重力系数,由于本小节不区分人口流动的方向性,因此取值为 1,即将城市 i 流入城市 j 的人口数量与城市 j 流入城市 i 的人口数量视为相同;Q_i 和 Q_j 分别为城市 i 与城市 j 的人口规模;d_{ij} 为城市 i 与城市 j 间的测地距离;b 为距离衰减系数,取值范围在 1~2,本小节取值为 1.5(陈锐 等,2014)。

3.2 常态情景下的都市圈网络韧性评估

以都市圈网络的正常运作为背景,运用社会网络分析方法,开展都市圈网络韧性评估。网络韧性评估从网络的四类属性展开,该四类属性是影响网络韧性能力的主要因素,同时成为寻求网络韧性评估指标的内在基础。

3.2.1 网络韧性评估维度

《城市与区域韧性:迈向高质量的韧性城市群》一书中提出城市网络韧性评估的四个维度,分别是网络的层级性、匹配性、传输性和集聚性。为便于阅读的流畅性,本书简要复述上述维度,详细阐述见《城市与区域韧性:迈向高质量的韧性城市群》第 2 章"城市群韧性核心理论"。

网络的层级性主要描述城市网络容纳节点城市等级的能力,在层级性较高的网络中,核心城市地位显著,通常与其他节点之间有着密切的资金、技术、知识、文化等联系,担当各种要素流动的集散枢纽职能。网络的匹配性则涉及节点之间相关性的评估,如果都市圈网络中的某个城市倾向于与其等级相近的城市合作发展,就称该网络是同配的;如果城市之间的联系跨越层级、城市背景和发展差异等,就称该网络是异配的。网络的传输性描述网络中各种信息、资本等"流"动的通达效率,高效的传输意味着城市间建立联系具有良好的基础条件,产业、经济和创新合作等活动所需成本较少,资金、信息和技术能够快速流动,并促进潜在的创新知识经验传播和网络重组。网络的集聚性则反映网络的密集程度,高集聚性意味着网络联系稠密,网络节点倾向于形成集团结构,但过度的集团结构可能会导致局部网络的封闭、结构的僵化和韧性下降;相反,在一个聚集程度较低的稀疏网络中,在外界环境变化剧烈的前提下,成员间的弱联系反而为外界信息的流入提供了机会和途径,有利于网络更好地消化和应对外部冲击。

3.2.2 网络韧性评估指标

1. 层级性：度中心性、中介中心性

层级性主要表征城市网络容纳节点城市的等级容量，本书以节点城市的控制作用与枢纽来表征网络的层级性。节点的控制作用以度中心性计算而得，这一指标也被称为度值，其基本概念是网络中的一个城市与其他城市相连接的边的数目总和，在考虑边的强度时，度值为城市与其相连城市的联系强度之和。度中心性反映某个城市与其他城市的联系紧密程度，以及在都市圈网络中占据的控制地位，城市的度值越高表明该城市等级越高、控制地位越高。计算公式如下：

$$C_i = \sum_{i=1}^{N} W_{ij} \tag{3.4}$$

$$\ln C_i = \ln P + a \ln C_i^m \tag{3.5}$$

式中：C_i 为节点城市 i 的度值；W_{ij} 为城市 i 和存在联系的城市 j 之间的关联强度；N 为网络中的节点城市数量；P 为常数；C_i^m 为节点 i 的度值排序；a 为各节点度值分布曲线的斜率，a 的值越大，表示网络的层级性越显著。

中介中心性又称为介数，当节点城市位于其他城市的多条最低路径上，则该节点城市具有较大的中介中心性，代表了其在网络中占据着较高的枢纽地位（化星琳 等，2023）。介数的计算公式如下：

$$C_i^B = \sum_{j \neq k \neq i} \frac{\varphi_{jk}(i)}{\varphi_{jk}}, \quad \forall j, k \in N \tag{3.6}$$

式中：$\varphi_{jk}(i)$ 为两点之间的最短路径数；φ_{jk} 为两点之间的最短路径总数。

2. 匹配性：同配系数

匹配性被用于描述网络中各节点之间的相关性特征，本书选取同配系数（assortativity coefficient）测度网络中节点城市与其相邻城市的关联程度。该指标是基于节点城市的度和相邻城市的度之间的皮尔逊相关系数计算而得，相关系数越大，匹配性越高，相关系数为正数则表现为同配网络，相关系数为负数则表现为异配网络。首先算出与城市 h 直接连接的所有相邻城市的度平均值 $\overline{K_h}$，计算公式如下：

$$\overline{K_h} = \sum_{i \in V} K_i / K_h \tag{3.7}$$

接着，对 K_h 与 $\overline{K_h}$ 的线性关系进行曲线估计：

$$\overline{K_h} = D + bK_h \tag{3.8}$$

式中：K_i 为城市 h 与相邻城市 i 的度；V 为城市 h 所有相邻城市的集合；b 为度关联系数，若 $b > 0$，表明网络呈现度正关联，具有同配性，反之若 $b < 0$，表明网络呈现度负关联，具有异配性；D 为常数。

3. 传输性：平均路径长度

传输性表征城市间人口、货物、信息、资金等各类要素流在网络中的传递效率，选择平均路径长度（average distance）评估网络的传输效率。其中，路径长度指任意两个城市之间最短路径所经过连边或节点的数量，平均路径长度为网络中所有节点路径长度的均值。若网络的平均路径长度较大时，表明要素流从一个城市传播到另一个城市所需的路径较长，网络的传输效率较低，反之，则表明网络的传播和扩散作用效率较高，网络传输作用较强。平均路径长度 L 的计算公式如下：

$$L = \frac{2}{N(N-1)} \sum_{i \geq j} d_{ij} \qquad (3.9)$$

式中：d_{ij} 为节点城市 i 与节点城市 j 之间的路径长度，在设施网络中，该长度为节点城市到达任意另一个城市经过的路段数量，在产业网络和空间网络中，该长度为节点城市到达另一个城市经过的城市数量。

4. 集聚性：聚类系数

集聚性刻画的是网络的密集程度，聚类系数（clustering coefficient）被用于表示网络中节点城市聚集程度，该指标基于节点城市的相连城市之间实际存在的边数和可能存在的边数之比计算而得，数值范围在 0~1，聚类系数越大，表明强联系节点城市之间越倾向于聚集。网络聚类系数 C 的计算公式如下：

$$C = \frac{2M}{k_i(k_i - 1)} \qquad (3.10)$$

式中：k_i 为节点城市 i 的邻接节点城市数量；M 为实际连边数量。

3.3 突发情景下的都市圈网络韧性评估

尽管城市网络强化了城市间要素协同发展的正向反馈作用（Meijers，2005），但这种相互依赖性也促使自然灾害造成的负面影响在网络中传递和蔓延（Li et al.，2021；Helbing，2013）：暴雪灾害、洪水灾害、强烈地震等导致节点城市、城市间联系路径产生不同程度、不同规模的持续性变化，并在网络的协同效应下进一步传递与扩散。并且，随着加入网络的城市数量不断增加且联系愈发紧密，城市网络维持稳定发展的难度也在不断增大，特别是高开发强度、高度互相关联的都市圈地区，在上述网络化风险面前显得更加脆弱（林樱子 等，2022），这类城市网络除了关注发展质量与效率，更需要兼顾安全与韧性目标。

本节以现实世界可能出现的突发事件为原型，侧重突发事件对所构建都市圈网络的主要影响而非综合考虑全部影响，开展都市圈网络应对各突发情景时的韧性水平评估。根据第 1 篇提出的理论突发情景与现实突发情景，分别提出相应的网络韧性评估方法。

3.3.1 理论突发情景

1. 随机中断下的网络节点与路径失效

参考复杂网络攻击模拟的既有研究，选择随机中断的方式进行外来扰动模拟，该方法是通过随机选择一些节点或路径，将它们从网络中移除（图3.2和图3.3），进而模拟对都市圈网络的影响，受影响的节点既可能是重要的交通节点城市和功能中心城市等，也可能是辅助性的次重要节点城市。随机中断反映的是概率相同、随机的无差别的不确定因素造成的节点失效对网络整体韧性的影响，因此，随机中断也被称为无排序中断或无排序攻击。

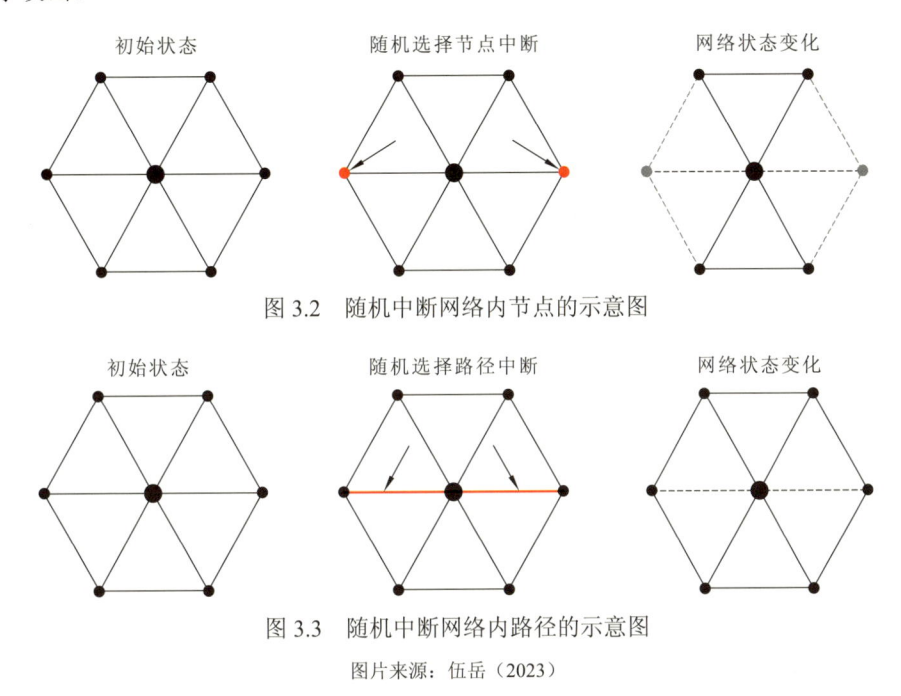

图 3.2 随机中断网络内节点的示意图

图 3.3 随机中断网络内路径的示意图

图片来源：伍岳（2023）

具体分析步骤如下。

步骤一：网络拓扑分析。首先对目标网络进行拓扑分析，接着对网络的各个韧性指标如连通子图大小、网络效率进行计算，作为网络受攻击前的韧性初始值。

步骤二：一是随机中断节点，随机选择网络中的节点作为攻击目标，这些节点是网络中的重要节点、关键设备或者具有特殊功能的节点，根据节点的规模总量依次进行移除，一般每次移除的节点数量选取节点规模总量的1%；二是随机中断路径，攻击者随机选择网络中的路径进行攻击，这些路径可能是网络中的重要通信路径或者连接关键节点的路径，攻击原理与随机中断节点相同。

步骤三：攻击结果评估。每次攻击结束后，重新评估攻击的结果，直至所有节点或路径全部失效，则评估结束。

2. 蓄意攻击下的网络节点与路径失效

蓄意攻击是网络受到外部扰动的另一种情景，也被称为排序攻击，基于复杂网络理论和攻击图谱理论，在中断过程中，都市圈网络中的某些节点与路径被选择性攻击（图 3.4 和图 3.5），一般是在确定最重要的节点和联系路径后有目的地进行攻击，以直观了解网络的韧性。在网络中，节点或路径在网络连通中的地位等级可通过度中心性、中介中心性等常态情景下的韧性指标进行反映，依据这些韧性指标的数值对节点与路径重要性进行排序，由高至低依次使网络的节点或路径失效，观测网络整体韧性变化。

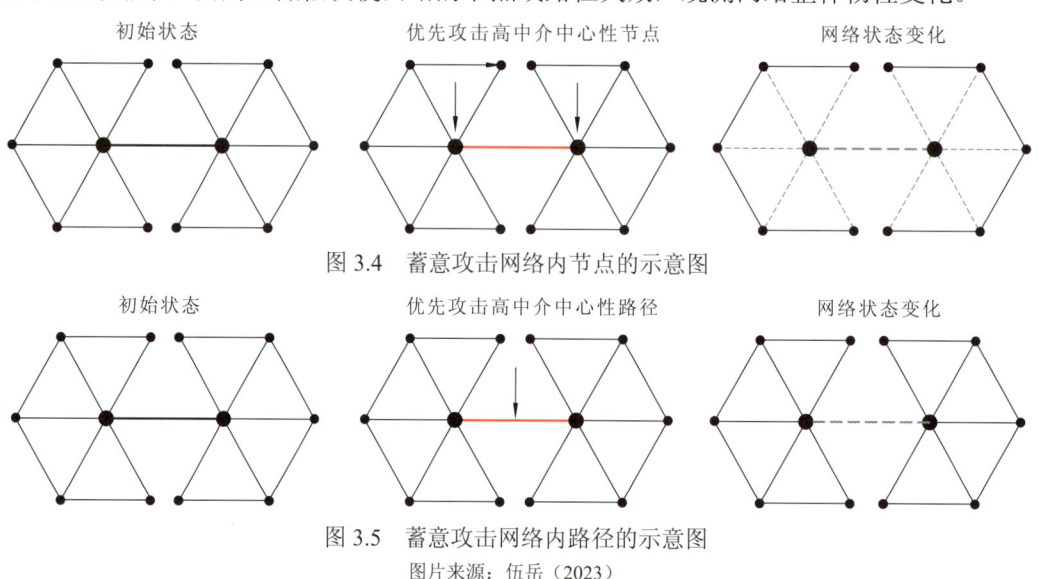

图 3.4 蓄意攻击网络内节点的示意图

图 3.5 蓄意攻击网络内路径的示意图
图片来源：伍岳（2023）

具体分析步骤如下。

步骤一：网络拓扑分析。首先对目标网络进行拓扑分析，接着对网络的各个韧性指标如连通子图、网络效率进行计算，作为网络受攻击前的韧性初始值。

步骤二：一是蓄意攻击节点，攻击者随机选择网络中的节点作为攻击目标，选取度中心性、中介中心性等指标，将指标从最大到最小排序，依次移除这些节点，每次移除的节点数量选取节点规模总量的 1%；二是蓄意攻击路径，攻击者随机选择网络中的路径进行攻击，攻击原理与蓄意攻击节点相同。

步骤三：攻击结果评估。每次攻击结束后，重新评估攻击的结果，直至所有节点或路径全部失效，则评估结束。依据中介中心性大小重新计算剩余点的中心性和连通子图大小，观测排序情景下的网络韧性水平曲线变化。

3.3.2 现实突发情景

1. 现实突发情景对网络的直接影响

突发灾害对都市圈网络的直接影响为灾害直接对建筑物、道路设施造成实际破坏，一方面体现在设施网络中的路段联系受阻甚至中断，比如灾害冲毁与淤埋区域性交通干道，此情景下设定受灾路段无法承载要素流通。另一方面体现在产业与空间网络中的城市功能受损甚至失效，比如灾害下城市内部的建筑物、街道遭受严重破坏，波及城市的运行状态与功能水平，此处的功能水平与网络功能相对应，具体而言，产业网络中的城市功能水平可以用 GDP 密度表征，空间网络中的城市功能水平可以用城市人口规模或人口密度表征（唐锦玥 等，2020）。城市的功能受损程度 S 计算公式如下：

$$S = \frac{F_{\text{dis}}}{F} \tag{3.11}$$

式中：F 和 F_{dis} 分别为灾前和灾时的城市功能水平；S 的数值范围为 0～1，S 为 1 即城市功能未受到灾害影响，S 为 0 即城市功能完全失效。

2. 现实突发情景对网络的间接影响

在突发情景发生时，都市圈网络出现城市功能受损与路段中断情况之后，将进一步限制城市之间的各类要素流通，要素流动变化将导致都市圈网络整体运行能力与连通性下降，继而影响都市圈网络发展。要素流动变化具体体现在以下三个方面：要素减少流通、要素转移流通、要素绕行流通（吴宇彤和彭翀，2025）。

1）要素减少流通

倘若城市 i 遭遇突发自然灾害而功能受损，其流通至相联系的其他城市 j 的要素强度将减少。为量化要素减少流通的强度，本小节设定要素流通强度的减少程度等同于城市功能受损程度，并且由于城市间的功能受损程度存在差异，当城市的受损程度大于相联系的城市，将因功能受损更严重而更难维持城市间的要素流通，即原本流入该城市的要素因其受灾更严重而难以流入。据此，本小节估算灾时城市 i 至城市 j 之间减少的要素流强度，计算公式如下：

$$W_{i-j(\text{red})} = \begin{cases} W_{i-j}S_i, & S_i > S_j \\ W_{i-j}S_j, & S_i \leqslant S_j \end{cases} \tag{3.12}$$

式中：$W_{i-j(\text{red})}$ 为灾时城市 i 减少流出的要素流强度，取决于该城市与其他城市灾时的受损程度比较；S_i 和 S_j 分别为灾时城市 i 和其他城市 j 的功能受损程度。

2）要素转移流通

城市间的要素流除了因自身功能受损而减少流通，还因城市间的受损程度差异存在要素难以流通的情况，这类要素流将在受灾期间将转移流通至网络中相联系的其他城市 k，本小节设定要素转移流通的对象城市的受损程度均小于城市 i，且由重力模型的城市空间联系研究可知（顾朝林 等，2008），要素转移比例受城市 k 自身的吸引力（即功能水平）影响。计算公式如下：

$$\Delta W_{\text{tra}} = W_{i-j}(S_j - S_i), \quad S_j > S_i \tag{3.13}$$

$$\Delta W_{i-k} = \Delta W_{\text{tra}} \frac{W_{i-k}}{\sum_{k \in C} W_{i-k}}, \quad S_k < S_i \tag{3.14}$$

式中：ΔW_{tra} 为因城市间的受损程度差异而转移流通的要素流强度；ΔW_{i-k} 为城市 i 转移流通至相联系城市的要素流强度；C 为城市 i 相联系的城市集合；k 为集合中的任意城市。

3）要素绕行流通

受突发灾害影响，中断路段承载的要素流将绕行流通至其他路段，运用要素流分配模型，将灾时产业网络与空间网络的要素流强度重新分配到受损设施网络的各路段，基于 Python 编程环境计算灾时路段承载要素流强度。

3.3.3 网络韧性评估指标

1. 功能服务水平：承载能力、运输能力

城市网络功能韧性研究尚处于起步阶段，魏冶等（2020）较为系统地梳理了城市功能、连接功能、子群功能与整体功能等城市网络的功能类型。本小节基于全局视角，将城市网络的功能韧性定义为受灾前后城市网络的服务水平变化，若服务水平的下降速度越快、下降幅度越大，城市网络的功能韧性越低。城市网络的服务水平体现在要素流的承载能力及运输能力两个方面，选择以下指标进行评估。

网络承载能力 $F(G)$ 即网络能够负载的要素流强度总和，用以衡量都市圈产业网络与空间网络中实际流通的要素强度，计算公式如下：

$$F(G) = \frac{1}{2} \sum_{i \in N} L_i \tag{3.15}$$

式中：L_i 为城市 i 承载要素流强度；N 为网络中的城市数量。

研究借鉴交通运输工程学科的客运周转量概念，将设施网络运输能力 $F(P)$ 定义为路段承载的要素流强度与地理距离的乘积，用以衡量城市间要素流动的成本与效率，计算公式如下：

$$F(P) = \sum_{r \in M} W_{r_{a,b}} L_{r_{a,b}} \tag{3.16}$$

式中：$W_{r_{a,b}}$ 为路段 r 承载要素流强度；$L_{r_{a,b}}$ 为路段 r 长度；M 为设施网络中的路段单元数量。

2. 结构连通效率：全局效率、连通子图相对大小

城市网络结构韧性评估已有丰富成果，在网络整体层面，城市网络要素流通效率取决于网络结构的连通性这一观点已得到广泛认可（廖创场 等，2023；彭翀 等，2019，2018）。设施网络作为要素流的实际载体及灾害直接影响的承灾体，其连通性下降速度越快、下降幅度越大，城市间的要素流动越困难，致使城市网络的结构韧性越低。为此，本小节将城市网络的结构韧性定义为受灾前后设施网络的连通性变化，连通性主要体现在连通效率与连通程度两个方面，选择以下指标进行评估。

网络全局效率 $E(P)$ 即网络中所有节点城市之间的连接效率之和与城市对总数量的比值，用以衡量城市网络整体的连通效率，计算公式如下：

$$E(P) = \frac{1}{N(N-1)} \sum_{i \neq j} \frac{1}{D_{ij}^w} \quad (3.17)$$

式中：D_{ij}^w 为设施网络中城市 i 到城市 j 之间的加权最短路径长度，采用 Floyd-Warshall 算法计算，该算法可动态规划任意两个城市间要素流在途经多个路段时的最短路径，权重可选择路段长度、路段容量、承载的要素流速等。城市节点之间的最短路径长度的倒数被视为连接效率，如果城市之间无法联系，则连接效率为 0，N 为都市圈网络中的节点城市数量。

连通子图显示网络中存在连边的节点总规模，表征网络整体形态的连通状态。最大连通子图显示网络中最大规模的节点连边总数，且任意两个节点之间相互连通。其相对大小可以直观反映灾害对城市网络的整体破坏程度及灾时网络的连通程度（吴迪 等，2018），最大连通子图相对大小 $C(P)$ 计算公式如下：

$$C(P) = \frac{M'}{M} \quad (3.18)$$

式中：M 和 M' 分别为设施网络灾前与灾时最大连通子图的节点数量；$C(P)$ 的数值范围为 0～1，C 为 1 即城市网络全联通状态，C 为 0 即城市网络无法连通、接近崩溃。

3.4 典型都市圈概况与网络基本特征

面向我国都市圈建设需求，选取武汉都市圈作为典型案例，运用相关数据建立都市圈的设施网络、产业网络与空间网络，描述都市圈网络的基本特征。

3.4.1 武汉都市圈概况

武汉都市圈以湖北省武汉市为中心，与联系紧密的周边城市共同组成，主要包括：武汉市，鄂州市，黄冈市黄州区、团风县，孝感市孝南区、汉川市，咸宁市咸安区、嘉鱼县，黄石市黄石港区、西塞山区、下陆区、铁山区、大冶市，仙桃市、洪湖的部分地区，共计 29 个区县（市），面积约为 2.07 万 km²，2019 年全域常住人口约为 1 949 万人。

武汉都市圈承东启西、联通南北，综合经济实力、交通区位条件、产业发展基础、环境承载能力等比较优势突出，当前正处于快速发展的阶段。根据相关发展规划资料，武汉都市圈的人口持续增长，已成为中国人口最多的都市圈之一。人口的增长为都市圈带来了人力资源丰富的优势,为各类产业的发展提供了强大支撑。在产业合作方面,武汉都市圈积极推动区域内产业的协同发展和互利合作,形成了产业链和价值链的良好结构。特别是在汽车制造、生物医药、新材料等高新技术产业方面,武汉都市圈显示出较高的竞争力和发展潜力。在经济方面,武汉都市圈拥有丰富的资源和良好的基础设施,吸引了大量投资和企业落户。多个重要的国家级经济技术开发区和产业园区在武汉都市圈内建设,促进了经济的持续增长和创新发展。这些开发区和园区的建设为企业提供了便利的营商环境和支持,吸引了大量优秀企业和项目投资。城镇化进程在武汉都市圈也得到加快推进。城市建设不断提升,交通、教育、医疗等公共服务设施不断完善,居民生活水平逐步提高。同时,武汉都市圈在推动生态环境保护和改善方面也取得了一定成效,加强了生态建设和环境治理,提升了居住环境的宜居性。

武汉都市圈是长江中游乃至全国范围内典型的洪水灾害频发地:所在的江汉平原地势低平、河湖交织、水网密布,受亚热带季风气候影响,每年4~9月存在持续强降雨带来的江河水位徒涨、道路坍塌中断、城区积水内涝等诸多灾害风险,面临严重的安全发展威胁。随着2022年12月《武汉都市圈发展规划》获国家发改委正式批复,武汉都市圈迈入了区域网络化发展的提速阶段,在提高城市间要素流通效率的同时,暴露于重大灾害中的要素流通损失风险也在迅速加剧,需要引起高度关注。

3.4.2 都市圈网络基本特征

网络建立涉及行政区划数据、公路网络数据、企业总部与分支数据、各城市统计年鉴与城市年鉴,被分别用于形成以区、县为基本单元的都市圈网络研究范围、设施网络、产业网络及空间网络。数据情况如下。①行政区划数据来源于自然资源部标准地图服务系统,数据时间为2019年。②设施网络数据来源于全国地理信息资源目录服务系统中的1∶100万全国基础地理数据库,数据时间为2019年。为反映都市圈内各区县间的公路联系,依据公路道路建设等级,本小节选取国道、省道、县道作为都市圈内部主要联系道路,含道路名称、道路等级、道路长度等基本信息。这些道路连接了都市圈各行政中心城市与周边城镇,构成了区域交通路网骨架。③产业网络数据来源于企查查企业信息查询平台,获取1949~2019年研究范围内的企业总部与分支机构数据。原始数据包括企业名称、注册资本、成立日期、登记状态、企业类型、所属行业、企业地址等信息,并做进一步的数据处理,包括通过人工查询方式补全缺失数据、删除重复数据及校核错误数据,筛选出登记状态为在业与存续的总部及分支机构,剔除不具有经营资格的办事处性质分支机构,剔除注册资本小于50万元的企业,减小注册资本极小值带来的统计偏差等。④空间网络数据来源于各城市统计年鉴与城市年鉴,获取研究范围内各区县的户籍人口数量(由于常住人口数据不全,选择户籍人口数量作为区县人口规模)。区县间的测地距离来自高德地图,通过Python的Geopy包获取高德地图城市中心城区经纬度坐标并计算区县间的直线空间距离。

所建立的武汉都市圈网络如图3.6所示,可以看出网络整体呈现"以武汉为核心,

第3章 都市圈网络韧性评估方法

向外围辐射发展"的空间格局，都市圈核心区的网络化态势较为显著，其他城市间的网络联系程度较低。都市圈的设施网络、产业网络与空间网络的密度分别为 0.46、0.70、0.37，这表明在设施网络中近 1/2 的交通节点相互联系，产业网络中超过 2/3 的城市建立了经济合作关系，空间网络中仅有 1/3 城市存在联系关系。可以看出，武汉都市圈产业网络的整体联系水平较弱、设施网络较好，其中都市圈内包括京港澳高速、京珠高速、沪蓉高速等多条干线公路交织而过，形成了密集的高速公路网，为推进都市圈网络建设提供了良好载体，但由于都市圈内水系支流众多、河湖交织，设施网络出现断头路较多、网络破碎程度较高等问题。

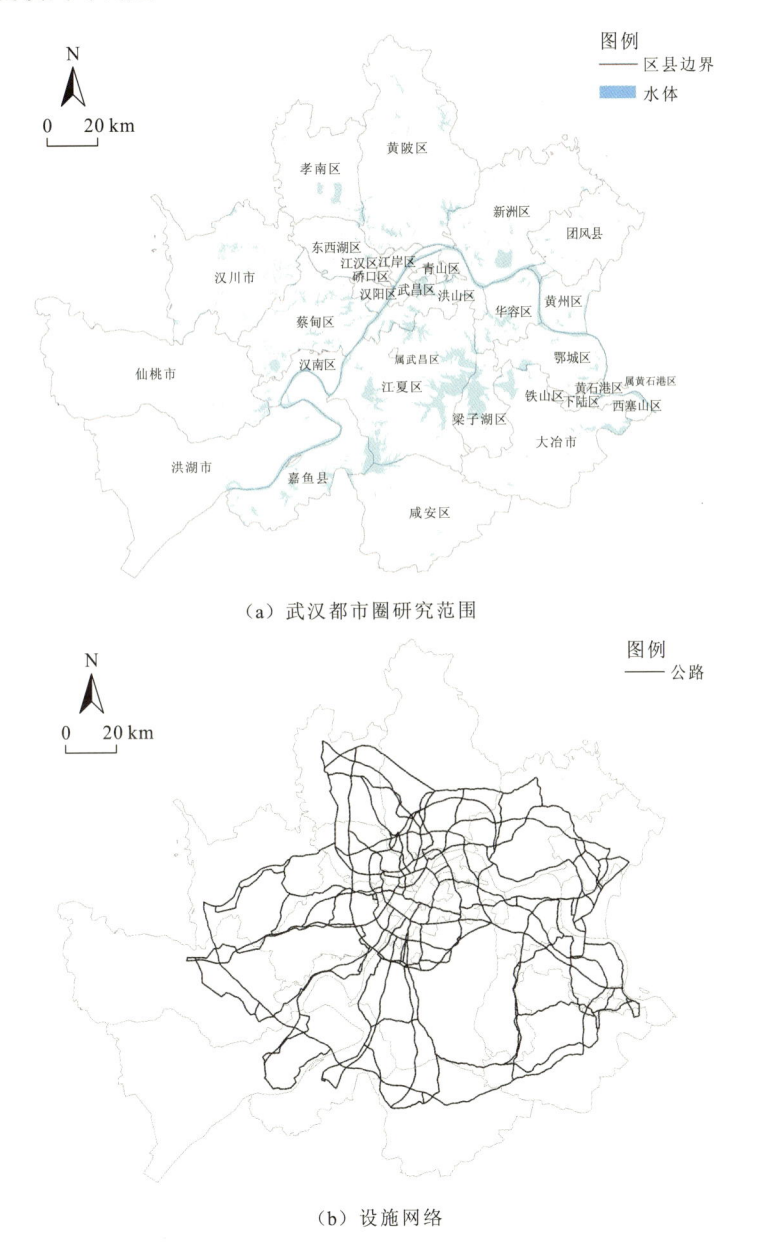

（a）武汉都市圈研究范围

（b）设施网络

(c) 产业网络

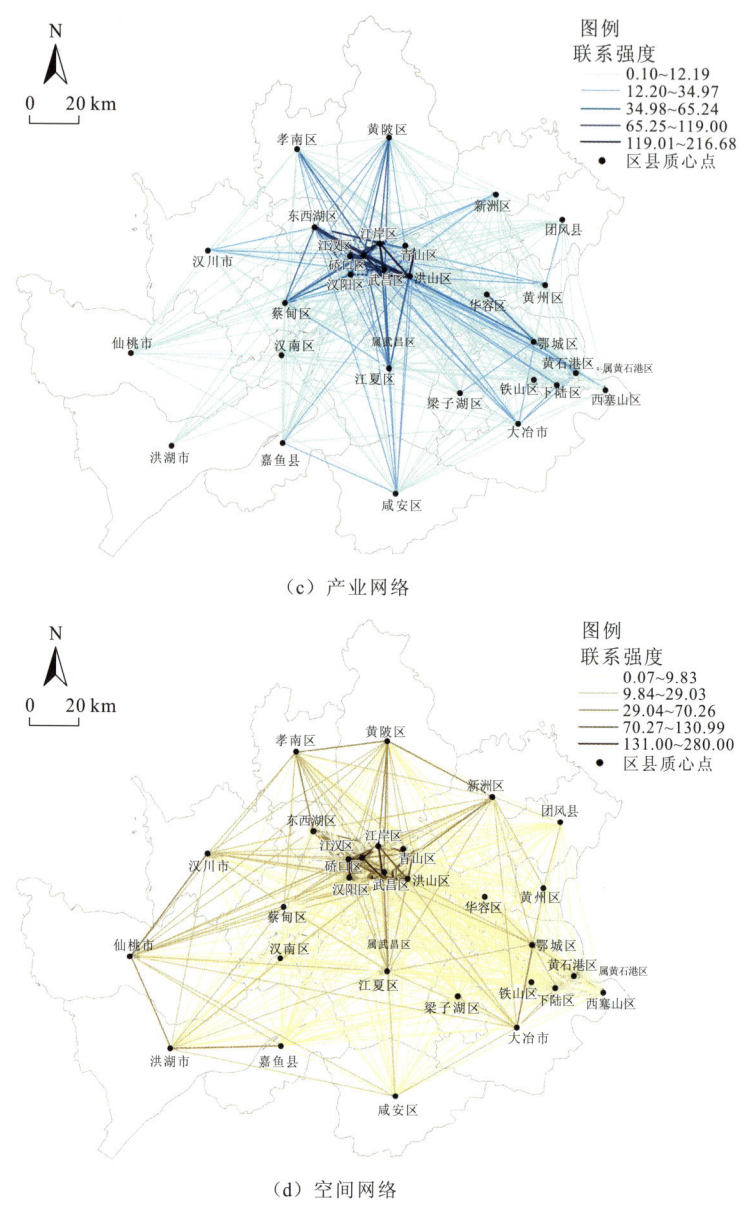

(d) 空间网络

图 3.6 武汉都市圈网络的空间可视化示意

从网络中的节点城市联系强度来看,武汉市设施网络中城区联系紧密,同时作为外围地区的孝感市、仙桃市、咸宁市、大冶市、鄂州市也形成了较为成熟的设施组团,但受地形影响,东北方向的黄冈市地处桐柏—大别山、东南方向的咸宁市地处幕阜山的高等级路网发育稀疏,公路密度也相对较小,网络破碎程度也较高。产业网络与空间网络中联系强度最高的节点分别为武汉市江汉区与武昌区,联系强度分别为 1 753.9 和 2 862.7;在两个网络中,武汉市武昌区、洪山区、江岸区、硚口区、东西湖区的联系强度均高于 1 000;产业网络中联系强度的最低节点为洪湖市,联系强度为 12.7,空间网络中联系强度最低的节点为黄石市铁山区，联系强度为 36.3。

从城市间连边的联系强度来看，在产业网络中，武汉市武昌区、洪山区、江汉区、江岸区、硚口区等中心城区辖区构成了联系强度第一梯队，最大联系流出现在江汉区—洪山区间，联系强度为 216.68，其次为武昌区—洪山区、江汉区—武昌区、江汉区—江岸区等连边，联系强度第二梯队连边集中在武汉市内中心城区与市内其他市辖区之间，比如硚口区—东西湖区、江岸区—蔡甸区等；空间网络中的联系强度第一梯队中，最大联系流为江汉区—江岸区，联系强度达到 280.0，第一梯队连边集中在武汉市中心城区范围内，第二梯队连边主要集中在武汉市范围内，第三梯队除了涵盖武汉市内各区联系连边，还涉及孝感市孝南区—孝感市汉川市、黄石市大冶市—黄石市下陆区、武汉市蔡甸区—孝感市汉川市、黄冈市黄州区—鄂州市鄂城区等都市圈其他地级市内部及城市之间连边。

第 4 章　常态情景下的都市圈网络韧性评估与问题诊断

本章借助社会网络分析工具 Ucient 6.7 软件，从网络韧性评估的四个维度开展武汉都市圈网络韧性评估，识别影响设施网络、产业网络与空间网络的关键属性，涉及各城市之间的层级体系、辐射效应、路径依赖、集聚程度、组群合作等，评估武汉都市圈网络系统常态运行下抵御风险的能力。本章部分研究内容来源于作者团队近年来的研究成果（化星琳 等，2023；伍岳，2023）。

4.1　都市圈网络韧性评估结果

4.1.1　网络层级性

1. 设施网络

武汉都市圈的设施网络呈现出单中心向网络化发展的形态变化特征，具有一定的网络层级性，网络中存在维持网络稳定的关键路段，其在提升设施网络韧性中发挥着关键作用。

具体而言，从各路段的度中心性空间分布来看，武汉都市圈地处江汉平原，中度值节点较多，但由于区域内水系复杂，除长江干流外还分布众多支流、湖泊，导致高度值路段呈散点状分布，降低了路网的整体紧凑度，而局部的中度值节点分布破碎，最终形成"方格网"形的路网组织形态。

从各路段的中介中心性空间分布来看，武汉都市圈的高中介中心性路段也呈现出零散破碎的特点，部分路段分布于跨江通道周边，且彼此之间并未构成较为完整的干道形态，表明武汉都市圈的区域交通廊道完整性受到山水格局的影响，未能构建较为系统的交通运输体系，因此降低了交通网络的连贯性和韧性。

2. 产业网络

武汉都市圈产业网络的核心城市地位较为突出，低等级城市数量众多，部分节点城市功能有所侧重，呈现显著的非均质化和等级性特征。具体而言，武汉都市圈中占据核心控制地位的城市组团涵盖江汉区、洪山区、武昌区、江岸区、东西湖区等，网络的度

第 4 章 常态情景下的都市圈网络韧性评估与问题诊断

中心性平均值为 363.01，度值最大的节点城市为江汉区（1 304.74），度值最小的节点城市为洪湖市（10.27）；发挥核心枢纽作用的城市组团涵盖东西湖区、洪山区、江夏区、蔡甸区、汉阳区等，网络的中介中心性平均值为 8.62，中介中心性值最大的节点城市为东西湖区（28.58），最小的节点城市为洪湖市（0）。

从网络的度中心性拟合曲线斜率 a 的绝对值来看，产业网络的斜率约为 0.62（图 4.1），传统制造业、支柱制造业、新兴制造业、综合制造业网络的斜率分别约为 2.37、2.52、3.67 和 2.42（图 4.2），网络整体呈现较强的幂律分布特征，非均质化现象明显。其中，新兴制造业和支柱制造业的加权度分布系数高于传统制造业和综合制造业，表明其具有更高的层级性，都市圈中核心城市的制造业地位更为突出。结合上文加权度的分析可知，这样的网络结构也反映出周边城市的制造业发展往往依赖核心城市，可能带来一种不平衡和不协调的区域发展模式，亦即"区域锁定"现象。区域锁定可能会导致过度依赖核心城市的负面后果，如创新的惯性和路径依赖问题。为了避免这些问题，需要构建更具弹性的网络结构，在提升产业网络核心竞争力的同时，也要关注周边城市的协同发展，积极促进区域间的联系和交流，通过构建合作机制和共赢策略，鼓励多元化和均衡的地区发展，减少对单一核心城市的依赖，提高整个区域的经济韧性和适应性，并鼓励各节点城市间的技术交流和资源共享，从而实现均衡、多样化和可持续的区域发展。

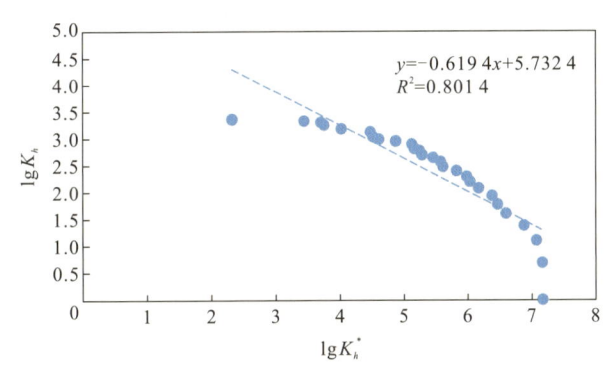

图 4.1 武汉都市圈产业网络节点城市的度值分布特征

图片来源：伍岳（2023）。图中 K_h 为节点 h 的度值；K_h^* 为节点 h 的度在网络中的位序排名

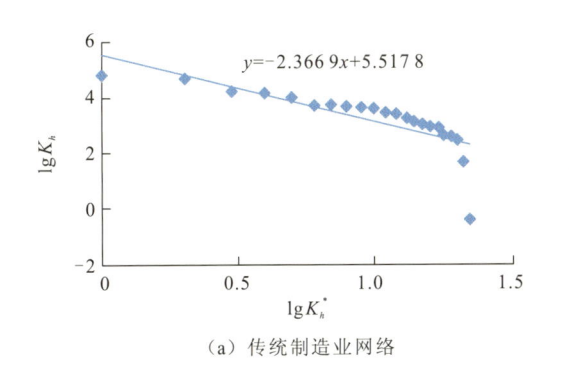

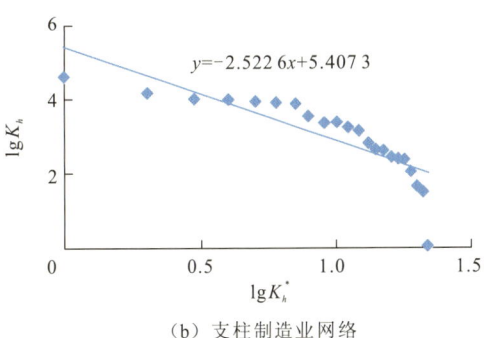

（a）传统制造业网络

（b）支柱制造业网络

(c) 新兴制造业网络　　　　　　　　　(d) 综合制造业网络

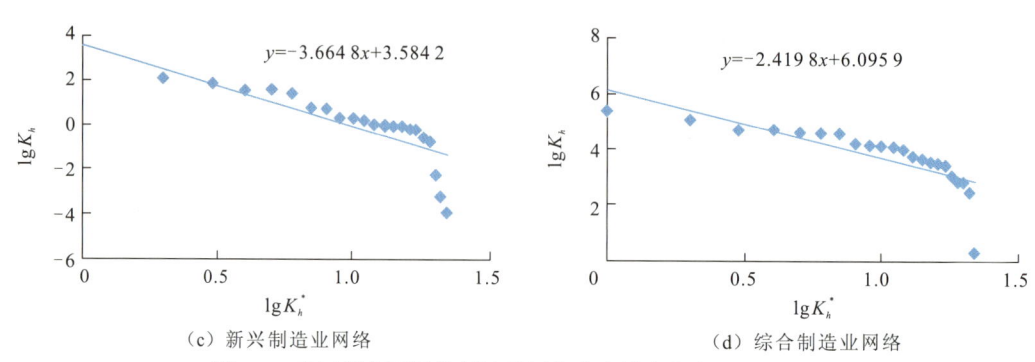

图 4.2　武汉都市圈四类制造业网络节点城市的度值分布特征

图片来源：伍岳（2023）

　　从网络的度中心性分布来看，整体呈现由中心向外圈层式递减的空间格局（图 4.3）。其中，武汉都市圈形成以江汉区、江岸区、武昌区等为代表的核心区域，展现了明显的规模效应与集聚效应，证明了区域内产业集群的形成与发展。具体来看不同制造业类别网络的度值表现，传统制造业和综合制造业的网络呈现出较为均匀的分布，拥有在不同方向上如汉孝、鄂黄黄、天仙等方向上的高加权度区域。这说明武汉都市圈的传统制造业拥有良好的产业分工结构，不同区域间制造业的关联性较强，从而形成了以核心突出并且各区域连接紧密的产业网络。相较之下，支柱制造业和新兴制造业显示出更为集中

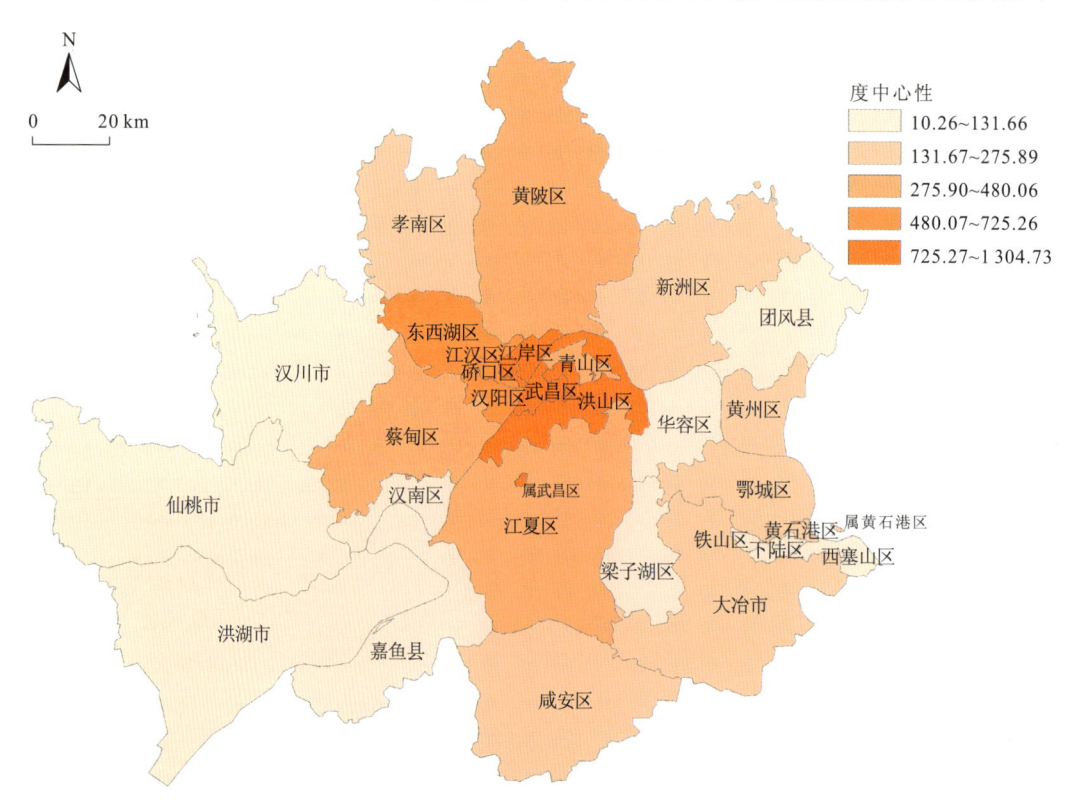

图 4.3　武汉都市圈产业网络节点城市的度中心性空间分布

第4章 常态情景下的都市圈网络韧性评估与问题诊断

的趋势。具体来说，支柱制造业的主要高加权度区域集中在武汉市内各区及鄂黄黄、孝南区域；而新兴制造业的高加权度区域则主要集中在武汉市主城区及蔡甸区、仙桃市、东西湖区、鄂城区和黄州区。不同制造业类别展现的这种空间组织差异和发展路径，反映了它们在不同程度上受到政策导向、资源条件、产业基础等因素的作用。

从网络的中介中心性分布来看（图4.4），高中介中心性节点主要集中在网络的中心位置，这表明这些核心城市在网络中起到极其重要的桥梁和连接作用。进一步看，位于网络中间层级的城市，它们的空间分布表现出一定的异质性，其中几个特定方向上的城市表现显著。这些方向包括武汉都市圈西北部的武汉市至孝感市方向、东南部的武汉市至黄石市方向，以及南部的武汉市至咸宁市方向。这些区域的次一级中介中心性城市因其地理位置和产业联系的重要性，成为支撑都市圈产业网络韧性的关键节点，为网络整体韧性提升提供关键支撑作用。

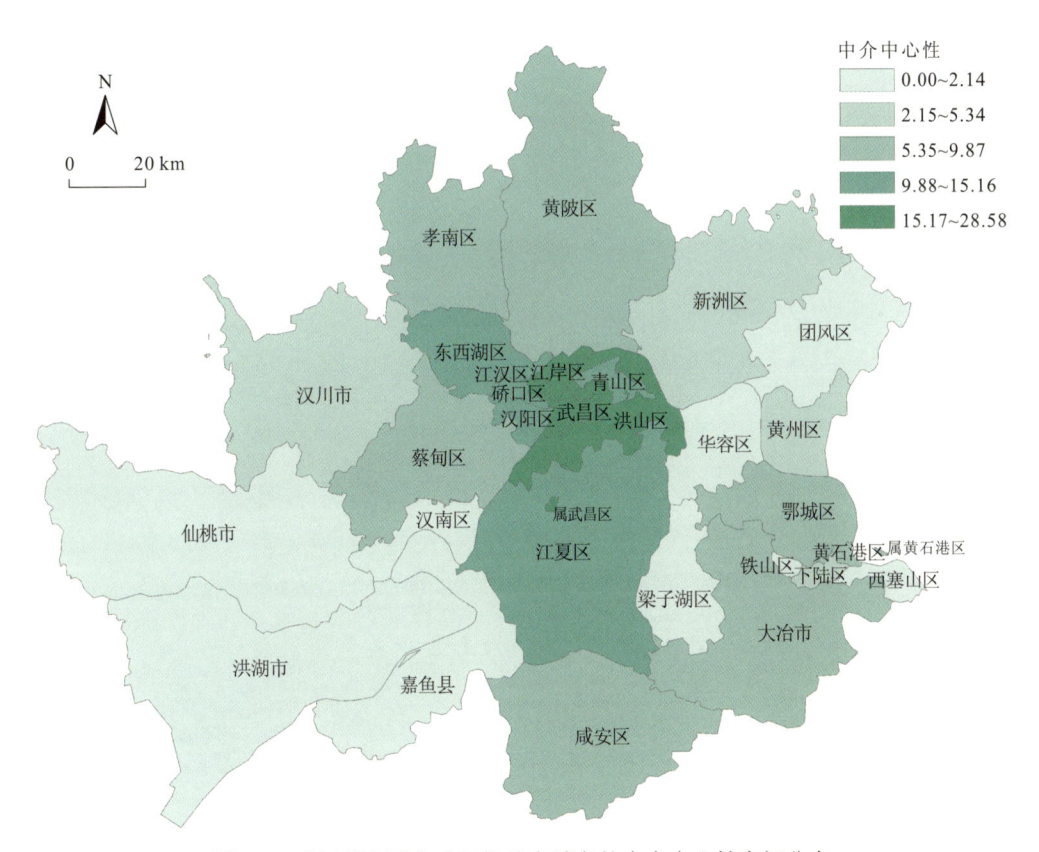

图4.4 武汉都市圈产业网络节点城市的中介中心性空间分布

3. 空间网络

武汉都市圈空间网络的层级特征不凸显，核心城市在网络中的控制作用较弱，节点城市间的地位相对均质化（图4.5～图4.7）。具体而言，武汉都市圈空间网络中的节点城市功能同样差异明显：占据核心控制地位的城市组团涵盖武昌区、江岸区、江汉区、硚口区、洪山区等，网络的度中心性平均值为 351.34，度值最大的节点城市为武昌区（1 369.53），度值最小的节点城市为华容区（10.36）；发挥核心枢纽作用的城市组团涵盖大冶市、鄂城区、新洲区、仙桃市、武昌区等，网络的中介中心性平均值为 11.96，中介中心性最大的节点城市为大冶市（68.75），最小的节点城市为华容区（0）；网络度值拟合曲线斜率 a 的绝对值为 0.53，幂律分布特征不显著。

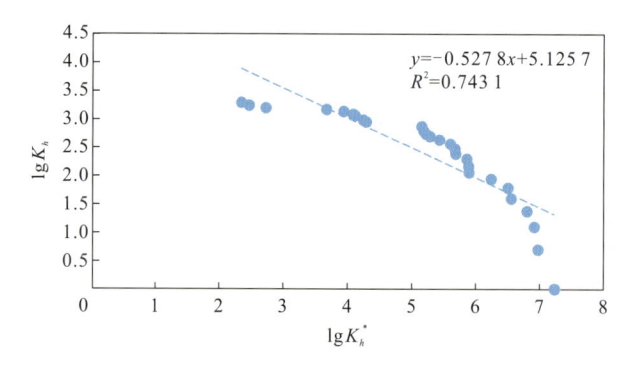

图 4.5　武汉都市圈产业网络节点城市的度中心性分布特征

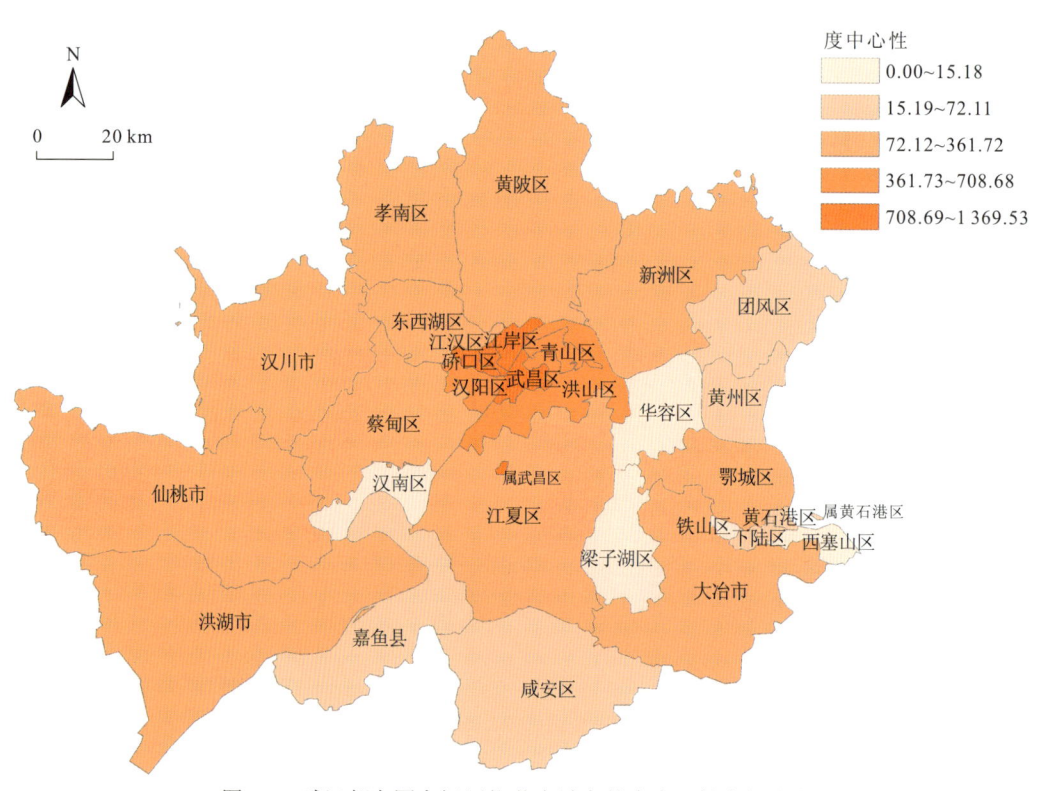

图 4.6　武汉都市圈空间网络节点城市的度中心性空间分布

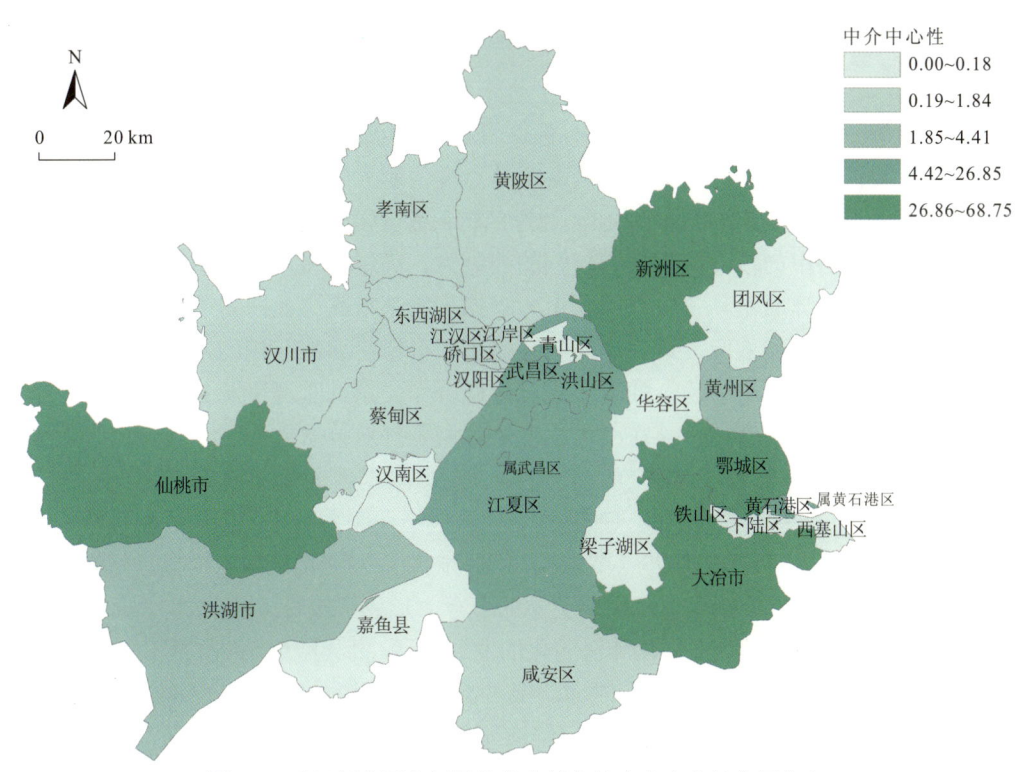

图 4.7　武汉都市圈空间网络节点城市的中介中心性空间分布

从武汉都市圈空间网络的节点城市度中心性分布来看（图 4.6），呈现高值中心集聚、低值分散分布的空间格局，并且高值节点城市与中等值节点城市、低值节点城市逐级相连，由高至低的梯度式空间关联趋势较为显著，表明在都市圈空间网络联系过程中，发育较为成熟的地区对尚待发育的地区具有一定的空间辐射效应。从武汉都市圈空间网络的节点城市中介中心性分布来看（图 4.7），高中介中心性节点城市呈中心集中式分布，低中介中心性城市的空间分布较为分散，都市圈网络中的高影响力次级枢纽节点数量较少。

4.1.2　网络匹配性

1. 设施网络

武汉都市圈设施网络的同配系数为 0.55，表明设施网络具有同配性特征，即网络中度值较大的路段之间相互连接，或度值较小的路段之间相互连接，这与现实中的情况较为一致，交通流密集的地区往往汇聚较多重要性道路，进一步通过分支道路的方式，形成层级分明的空间形态（田晶 等，2016）。在武汉都市圈设施网络中，核心圈层如武汉市中心城区，承载相比于外围圈层更高的交通需求，而受山水格局的地形影响，许多地区交通连通性较低，导致交通流密集地区的设施网络高度值路段集聚，而交通不便的地区则低度值路段集聚。

2. 产业网络

武汉都市圈产业网络的同配系数为-0.22，网络中相邻的节点城市之间的度值呈现负相关关系，整体具有异配性特征，即网络中节点度值越大的节点倾向于连接度值较小或更小的节点，形成了跨层级联系的核心-边缘结构。这也印证了前文分析得到的网络层级性显著特征：网络中的核心城市具有较强的控制力、高层级城市与低层级城市之间联系较为紧密，网络整体联系具备较强的凝聚力。这表明都市圈产业网络中高级功能城市对周边城市的集聚与辐射效应，这为产业网络提供了多样化和协同化的发展机遇，不同产业、地区、规模与技术水平的企业可以通过建立合作关系，实现资源共享和效率提升，并促进技术突破和市场开拓。其在一定程度上有利于打通技术创新链、资金链、人才链等要素流动渠道，促进各类制造企业在价值链上实现优势互补和共赢发展。

传统制造业、支柱制造业、新兴制造业、综合制造业联系网络的度关联系数分别达到了-0.919、-0.947、-0.98和-0.927（图4.8），四种制造业网络异配现象明显，网络中节点度值较大的节点倾向于连接度值较小或更小的节点，形成了核心-边缘结构。一方面，高异配性为制造业网络提供了多样化和协同化的发展机遇，高异配性意味着制造业网络中存在多元化和互补化的合作伙伴。另一方面，高异配性也可能导致制造业之间的冲突和不协调联系，因为不同类型或规模的制造业可能有不同的利益、需求和目标，从而导致资源分配、政策制定和市场规则制定等方面的矛盾和分歧，进一步影响制造业网络的结构和效率。

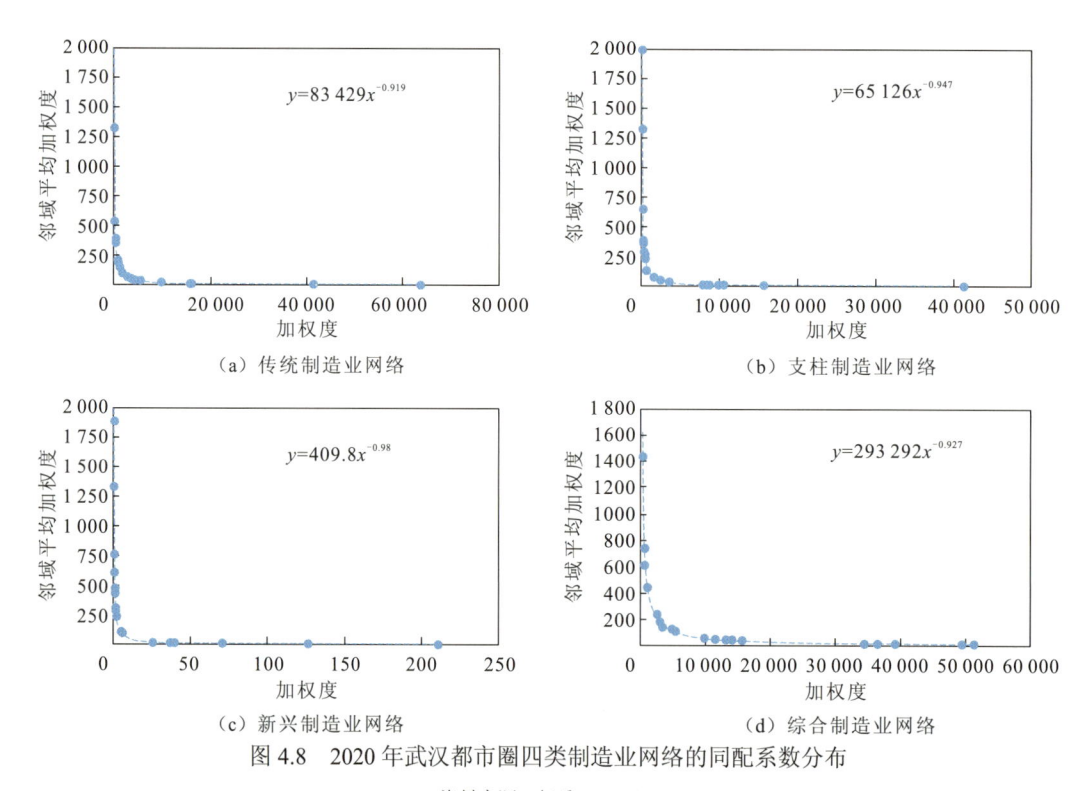

(a) 传统制造业网络　$y=83\,429x^{-0.919}$

(b) 支柱制造业网络　$y=65\,126x^{-0.947}$

(c) 新兴制造业网络　$y=409.8x^{-0.98}$

(d) 综合制造业网络　$y=293\,292x^{-0.927}$

图4.8 2020年武汉都市圈四类制造业网络的同配系数分布

资料来源：伍岳（2023）

3. 空间网络

武汉都市圈空间网络的同配系数为 0.28，表明空间网络具有同配性特征，即网络内相邻节点城市之间呈现正相关关系，城市间倾向于同质化联系，高度值城市之间、低度值城市之间的联系较为密切，但武汉市与周边城市之间的联系较为松散，这意味着核心城市在网络中的控制作用不显著。

4.1.3 网络传输性

1. 设施网络

武汉都市圈设施网络的平均路径长度为 52，这表明公路传输在路段节点之间的平均中转次数为 52 次，以现实实际中公路路段交叉口的平均距离情况来看，即网络联系的便捷度较高，网络分布均衡，连接水平较高，发育较为成熟，该设施网络有利于都市圈内在应对突发灾害时能以较高的效率传送要素。

2. 产业网络

武汉都市圈产业网络的平均路径长度为 1.31，这表明多数产业合作与资金要素流在节点城市间的中转小于 2 次，都市圈产业网络的路径传输效率整体较高。具体来看，武汉都市圈网络中节点城市间直接产生联系的路径有 566 条，占比 69.7%，需通过一次中转联系的路径有 242 条，占 29.8%，需通过两次中转联系的路径有 4 条，占 0.5%，在各节点城市中，中转联系在总联系占比超过 50% 的城市有汉川市、洪湖市、嘉鱼县、铁山区等。

3. 空间网络

武汉都市圈产业网络的平均路径长度为 1.92，这表明多数节点城市间的空间联系中转小于 2 次，但与产业网络相比，空间网络的路径传输效率较低。具体来看，武汉都市圈网络中节点城市间直接产生联系的路径有 260 条，占比 37.0%，需通过一次中转联系的路径有 266 条，占 37.9%，需通过两次中转联系的路径有 148 条，占 21.1%，需通过三次中转联系的路径有 28 条，占 4.0%，在各节点城市中，中转联系在总联系占比超过 50% 的城市有华容区、黄石港区、嘉鱼县、黄州区等。

4.1.4 网络集聚性

1. 设施网络

武汉都市圈设施网络的平均聚类系数为 0.44，网络整体的集聚程度不高，存在一定的簇群小团体但不突出，这些联系紧密的城市团体在都市圈内的空间分布较为均衡。但整体来看存在较多的孤立节点，这意味着网络中的道路连接紧密程度一般，各类要素流在局部网络中难以实现快速传输和交换，网络整体韧性不高。

2. 产业网络

武汉都市圈产业网络的平均聚类系数为0.80，表现出较高的聚集程度，表明网络中多数节点城市与其相邻城市之间存在联系且小集团结构数量较多，孤立节点城市较少，产业网络中各节点城市之间能够建立长期产业合作关系，网络的集聚效应显著（图4.9）。其中，平均聚类系数排名前三的城市为洪湖市（1.00）、嘉鱼县（0.97）、仙桃市（0.94），排名最后三位的城市为武汉市江夏区（0.68）、东西湖区（0.68）、洪山区（0.68）。可以看出，都市圈网络节点城市的聚类系数排名靠前的城市的度中心性均小于100，而占据核心控制地位的城市组团的聚类系数排名垫底，这表明产业网络建设更多的是以非核心城市和核心城市之间的单向联系关系为主，核心城市之间、非核心城市之间的联系程度较低。

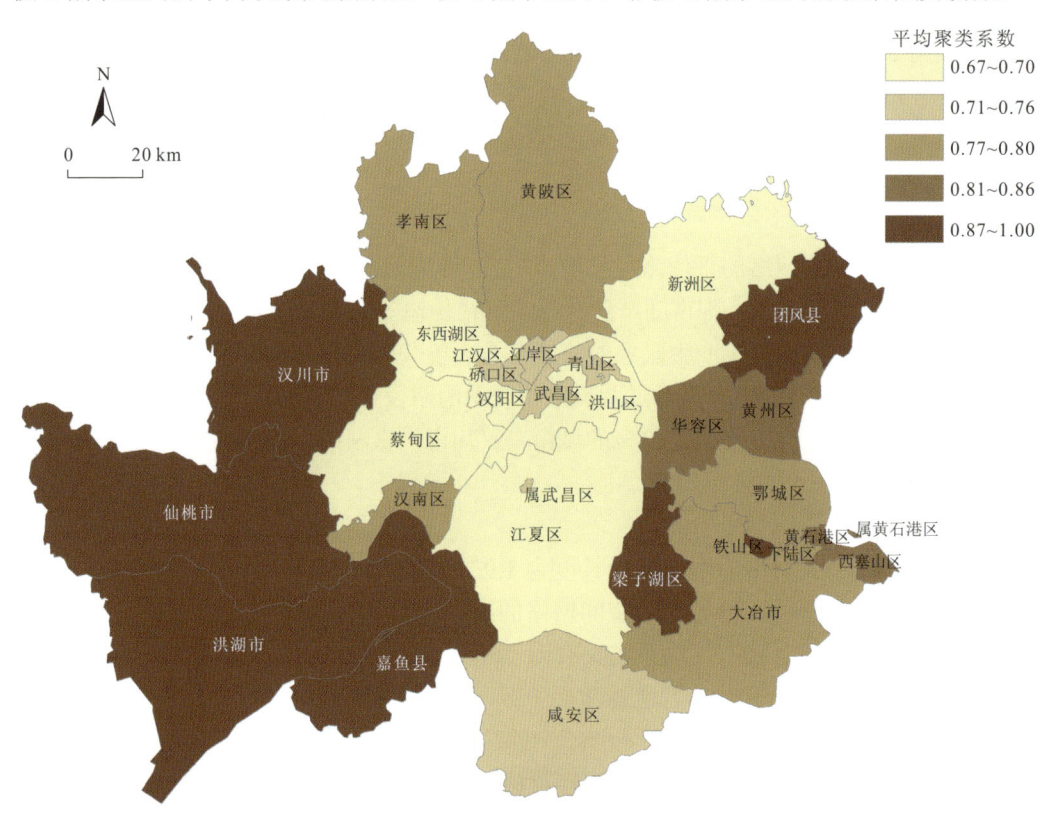

图4.9 武汉都市圈产业网络的平均聚类系数空间分布

从聚类系数的空间分布来看，高聚类系数区域多位于武汉都市圈网络的边缘地区，低聚类系数区域多位于武汉都市圈网络的核心城市片区，总体呈现"四周高值分布、中部低值塌陷"的空间格局（图4.9）。其中，武汉都市圈的汉川市、仙桃市、嘉鱼县、洪湖市等节点城市呈现高值团块集中式的空间分布形态，表明这些城市与邻近核心城市区域（如东西湖区、蔡甸区、江夏区等）存在显著的单向联系关系。但与之相反的是，都市圈核心区域的节点城市的集聚系数较低，即各核心城市与邻近的核心城市、边缘城市

的联系意向薄弱，从空间上更为直观地印证了前文所述"核心城市之间、非核心城市之间的联系程度较低"的特征。

2020年武汉都市圈传统制造业、支柱制造业、新兴制造业和综合制造业网络的平均聚类系数均为0.8左右，四类网络都表现出很高的聚集程度，网络中不同节点之间的集团结构数量较多，而孤立节点很少，反映了制造业网络中各节点城市之间的紧密联系和协作，可能源于城市间长期信任与合作关系，具有明显的聚类效应。

3. 空间网络

武汉都市圈空间网络的平均聚类系数为0.69，聚集程度一般，网络中各节点城市之间存在一定的联系关系，但整体集聚效应不高、显著低于产业网络（图4.10）。其中，平均聚类系数排名前三的城市为嘉鱼县（1）、团风县（1）、下陆区（1），排名最后三位的城市为华容区（0）、梁子湖区（0）、西塞山区（0）。可以看出，都市圈空间网络中的集聚效应存在显著分异：多数度中心性较低的节点城市有形成团体的强烈倾向，依靠彼此建立紧密的空间联系关系，而部分度中心性较低的节点城市成为网络中的孤立节点，这类城市不仅自身的功能地位较低且与邻近城市间缺乏联系，在都市圈网络建设中容易被忽视，当面临不确定变化与冲击时将受到严重负面影响，容易成为都市圈网络中的脆弱性节点。

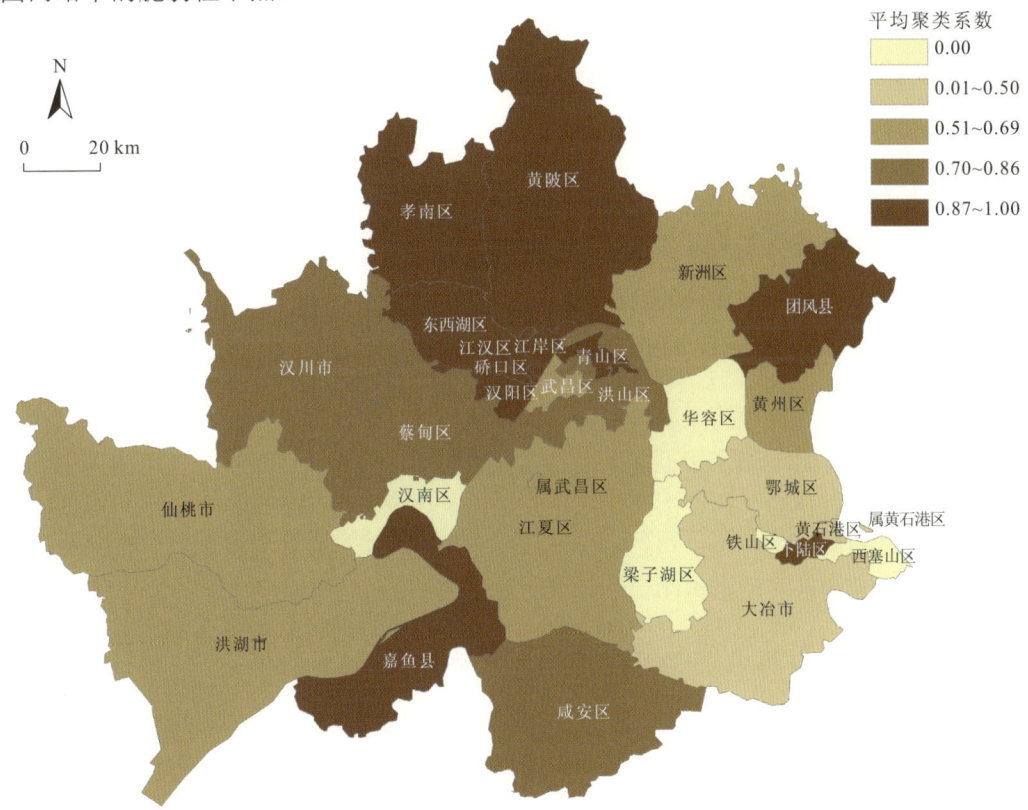

图4.10 武汉都市圈空间网络的平均聚类系数空间分布

从平均聚类系数的空间分布来看，高聚类系数区域的空间分布较为分散，呈现聚类系数高值、中等值、低值区域交错穿插分布的空间格局（图4.10）。武汉都市圈空间网络内各节点城市之间存在一定的双向联系关系，局部呈现团块集中式发育状态，这表明多数城市与邻近城市之间形成了较为紧密的子网络合作关系，并且组团合作关系在空间上具有一定的连续性，体现了城市间较强的协调能力和服务能力。

4.2 都市圈网络建设问题诊断

4.2.1 设施网络建设问题

从网络韧性评估结果来看，都市圈设施网络总体呈现中心向外放射状的空间形态格局，局部地区呈现方格网式的网络化态势；总体传输效率相比产业与空间网络而言处于中等水平，在一定程度上有助于提升网络应对不确定冲击的适应和恢复能力。总体来看，我国都市圈的设施网络距离形成网络化韧性格局仍有一定的差距，在以下方面存在较大的建设与提升空间。

1. 网络处于培育阶段，格局形态需优化

设施网络作为都市圈发展的基本载体，其空间格局与都市圈地域空间组织形态紧密相关。随着路网不断加密、城市联系愈发紧密，设施网络将历经由单中心到多中心、由中心向外放射式到环绕中心圈层式的形态演变，最终走向多核心、网络式的多极化空间格局，具体包括同心圆圈层式、放射长廊组合式、扁平网络化式等空间组织模式。目前我国都市圈的设施网络多呈现单中心加放射式、单中心加圈层式发展态势，联系程度仍有待进一步强化，促使设施网络向高级化、多极化发展。

2. 网络集聚程度较低，城市联系待提高

从典型都市圈案例经验来看，目前设施网络整体的集聚程度不高，存在一定的簇群小团体但不突出，且道路连接不够紧密，人流、物流、企业流较难在局部范围内实现快速传输和交换，网络整体韧性不高。这主要是由于边缘城市的地理位置较远，难以接收到核心城市的对外辐射作用，与之对应地，核心城市也未能发挥自身中心区位优势，通过溢出效应培育出区域城市组团。

3. 地理条件影响显著，需因地制宜加强连接

从网络层级性评估结果来看，武汉都市圈内江河湖泊众多，路网布局较为破碎，使得高度值路段呈散点状、降低紧凑度，中度值节点分布局部较为破碎，存在诸多端头与衔接不畅之处。为此，需要结合各都市圈自身的地理条件开展路网布局规划，使得设施网络更好地服务于都市圈建设，其中的重中之重在于加强那些度值较低的节点之间的连

接，确保主要节点之间的交通路径更加直接和高效，可以通过规划快速路、环路、立交桥等交通设施、扩建现有道路以增加节点之间的直接交通联系，缓解交通压力并提高交通流动性，针对具有较高中介中心性的交通网络区域，加强交通调度和管理，确保交通运输的高效和顺畅，也可借助智能交通系统、实时交通信息管理技术，提高交通网络的运行效率和安全性。

4.2.2 产业网络建设问题

从网络韧性评估结果来看，产业网络内节点城市之间的联系效率较高，网络中占据核心地位的城市更易获得各类要素，对网络的其他相连城市拥有更强的支配与控制作用；各节点城市之间建立了较为稳定的合作关系、局部形成了多个集群团体；网络整体较为成熟、集聚效应显著。尽管都市圈的产业网络发展已初具规模，但在建设过程中仍存在诸多问题限制网络韧性提升。

1. 网络显著依赖核心城市、增加冲击风险下的脆弱性

都市圈产业网络的高层级性表明核心城市对其他城市的产业发展有着强大的吸引力和影响力，比如在武汉都市圈网络中，核心城市武汉的各市辖区在网络中占据着较强的控制地位，其他城市产业发展受到这些市辖区的辐射与支撑作用显著，这使得都市圈产业在发展过程中存在过于依赖核心城市且缺乏协调机制，一旦这类节点城市出现问题或是遭受不确定冲击，极易导致局部网络甚至整体网络的瘫痪。为此，都市圈产业网络在提升核心竞争力的同时也要注意防止高层级随之引发的路径依赖和创新惯性，在保持核心节点稳定运行的同时也要增强其他节点间的联系强度和多样性，在促进产业集聚与专业化发展的同时也要平衡产业分工与协作关系。

2. 单一中心结构异配明显、整体发展不平衡与不协调

都市圈产业网络多为单中心空间结构，核心城市和周边城市之间存在显著的虹吸或辐射作用，但这样的区域联系路径"锁定"使得网络整体较为僵化，形成了一种不平衡和不协调的发展态势：核心城市在产业发展方面远远领先于都市圈内的其他城市，形成了过于集中而不均衡的发展格局，而其他城市则相对落后于核心城市，形成了过于分散而不协调的发展格局。这种差距和分化不利于形成有效的联系和合作，可能导致节点城市之间产业结构发展的冲突和不协调联系，从而导致资源分配、政策制定和市场规则制定等方面的矛盾和分歧，进一步影响产业网络的联系效率。

3. 同级城市联系程度不高、产业集聚性与协调性有待提升

结合网络的匹配性和集聚性结果可看出，都市圈产业网络建设以核心城市与边缘城市间的单向联系为主，缺乏核心城市之间、边缘城市之间的联系，各个方向之间的联系协调程度较低，一方面将致使核心城市间的产业发展模式差异和互补没有得到充分发挥

和利用，另一方面将加剧边缘城市间的竞争关系：这类城市更加关注与核心城市之间的联系而非与同级城市间的联系，导致网络中边缘节点和弱势城市的增多，上述问题将使得各层级城市之间难以形成更紧密而有效的联系和合作，并且容易加剧都市圈产业网络内在竞争与合作、自主与协调、同质化与异质化等方面的矛盾和冲突。为此，需要加强各级城市间的协同联系，协同促进产业升级、布局优化与职能分工。

4.2.3 空间网络建设问题

从网络韧性评估结果来看，都市圈空间网络内各节点城市之间的集团结构数量较多，多数度中心性较低的节点城市有形成团体的强烈倾向；网络整体呈现高值中心集聚、低值分散分布的空间格局，发育较为成熟的地区对尚待发育的地区具有一定的空间辐射效应；网络中各节点城市之间存在较为紧密的联系关系，表现出较高的聚集程度。相比于设施网络与产业网络，空间网络韧性发展的成熟度较低，存在以下有待提升与完善的方面。

1. 网络层级性不显著、核心城市控制较弱

在典型都市圈案例中，空间网络的幂律分布斜率最低，网络层级性特征不显著，各节点城市在网络中占据的地位相对均质化，缺少发挥核心引领作用的节点城市，难以通过核心节点城市引导区域网络、提高整个网络的凝聚力和竞争力，这使得网络在应对突发冲击时缺少支撑节点，需要进一步加强城市间的协同与联系关系。此外，部分度中心性较低的节点城市因自身的功能地位较低且与邻近城市间缺乏联系，在空间网络建设中容易被忽视，当面临不确定变化与冲击时将受到严重负面影响，成为都市圈网络韧性提升中的薄弱环节。

2. 城市间传输路径长、空间联系成本较高

相比于设施网络和产业网络，都市圈空间网络的平均路径长度接近 2，武汉都市圈需要中转联系的路径占比均超过 50%，即大多数节点城市与其他城市联系时需要至少经过一次中转，城市间要实现空间联系仍有一定的距离成本。这些需要通过中转实现与其他城市联系的节点城市多为都市圈内的边缘城市及发展规模不大的中小城市，当面临突发冲击时容易成为孤立节点，且在灾害发生期间难以快速获取救援资源、容易处于长时间的中断状态，成为都市圈空间网络建设中需关注的重点对象。

3. 局部存在孤立节点、网络通达性待提升

从网络传输性评估结果来看，都市圈空间网络在三类网络中的传输效率最低，尽管超过 77%的城市之间直接产生联系或只需通过一次中转产生联系，同时，仍有近 30%的节点城市需通过两次及以上中转建立联系，网络整体的可达性较低，甚至有部分节点城市间的平均路径长度达到 4，一旦路径上发挥中介性作用的枢纽节点受到突发冲击，将直接影响这部分城市，降低其在网络中的连接程度，从而影响整体空间网络韧性。

第 5 章　突发情景下的都市圈网络韧性评估与问题诊断

本章分别开展理论突发情景和现实突发情景下的武汉都市圈网络韧性评估，需要说明的是相比于其他灾害，洪涝灾害对武汉都市圈网络发展与建设影响较大，为此，本章选择 100 年一遇洪涝灾害作为代表性的现实突发情景。在网络韧性评估中，通过分析武汉都市圈设施网络、产业网络与空间网络的网络全局效率、连通子图相对大小、功能承载能力等指标，比较突发灾害前后网络整体、节点城市、联系路径的发展水平变化，从而判断在设施、产业与空间方面各城市之间如何相互影响与作用，识别出哪些城市与路径在突发情景下失效将会对整个都市圈造成强力干扰、促使都市圈网络变得脆弱，进而判断都市圈网络建设存在的问题。本章部分研究内容来源于作者团队近年来的研究成果（化星琳 等，2023；伍岳，2023）。

5.1　理论突发情景下的网络韧性变化

5.1.1　随机扰动下的网络节点与路径失效

1. 设施网络

武汉都市圈设施网络的连通子图初始大小（即网络的节点总数）为 14 000，模拟随机扰动下的武汉都市圈设施网络变化并计算其最大连通子图大小，可以看出，扰动前期网络受影响较小，网络的连通性下降速率较慢（图 5.1），网络整体具备一定的鲁棒性。随着随机扰动的进行，最大连通子图不断减小，当网络的最大连通子图的大小降至 2 490 时，失效的节点总数超过整体网络的八成，下降幅度为 82.2%，大量网络节点快速失效、连通子图变化曲线大幅度下滑意味着设施网络将失去基础功能保障、濒临崩溃。

进一步地，武汉都市圈设施网络的连通子图大小表现出明显的阶段性特点（图 5.1）。以横轴 0~1.0 划分模拟的全过程（对应失效节点比例的 0~100%，后文同理，不再赘述），第一阶段为随机扰动发生伊始（失效节点占比 0~25%），这个阶段中最大连通子图的大小变化以相对平缓的速度下降；第二阶段为网络加速分解期（失效节点占比 25%~36%），随着失效的路段数量越来越多，最大连通子图大小下降的速率骤然加快，大量重要道路相继中断；第三阶段为网络崩溃期（失效节点占比 35%~100%），网络解离进入末期，第二连通子图的大小达到峰值为 1 960，表明设施网络在随机扰动下的韧性阈值为 35%，

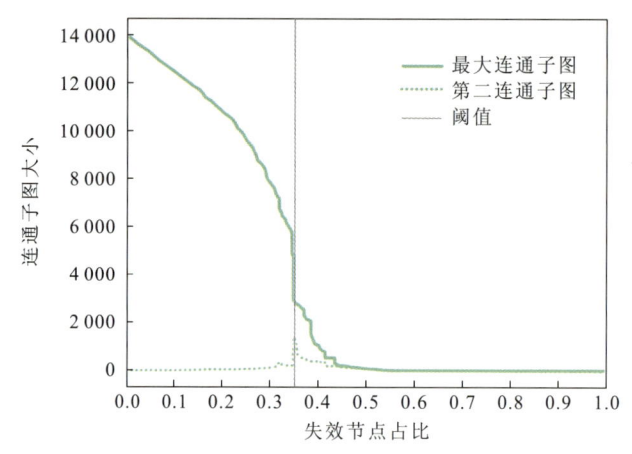

图 5.1　随机扰动下的设施网络连通子图变化曲线

图片来源：化星琳等（2023）

剩余的众多零碎的子图社团开始随机分离。需要注意的是，即使此时还剩余许多子图，但这些子图规模较小，且相互之间缺乏连接，无法继续维持网络中正常的要素流转功能。

2. 产业网络

武汉都市圈产业网络的连通子图初始大小为 27，模拟随机扰动下的武汉都市圈产业网络变化并计算其最大连通子图大小，可以看出网络在面对随机扰动的整个过程中表现较为平稳。在随机扰动过程中，个别节点城市陆续失效，由于这些失效节点城市的发展规模较小，网络最大连通子图的大小缓慢且匀速下降，当失效节点占比超过 60% 时，网络效率开始出现明显波动，直至网络全部失效（图 5.2）。总体上看，武汉都市圈产业网络内部建立起较为均质化的合作关系，在不考虑产业合作强度情况下的随机扰动中，节点城市失效导致整个网络迅速瘫痪的可能性较低。

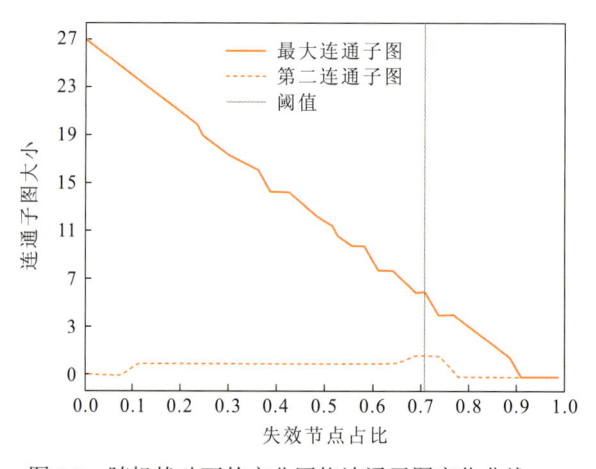

图 5.2　随机扰动下的产业网络连通子图变化曲线

第 5 章　突发情景下的都市圈网络韧性评估与问题诊断

进一步观测随机扰动下各产业网络的网络效率变化。在出现随机扰动前，传统制造业网络、支柱制造业网络、新兴制造业网络和综合制造业网络的网络全局效率分别为 0.83、0.75、0.57、0.83（图 5.3），整体来看四类制造业网络具有一定抗干扰能力，表明各类制造业网络可以较快地实现信息和资本的传递与交换，有利于城市间的学习、创新和交流等，同时也使网络具有较高的韧性和抗干扰能力。其中，新兴制造业网络相比其他网络而言韧性水平较低。

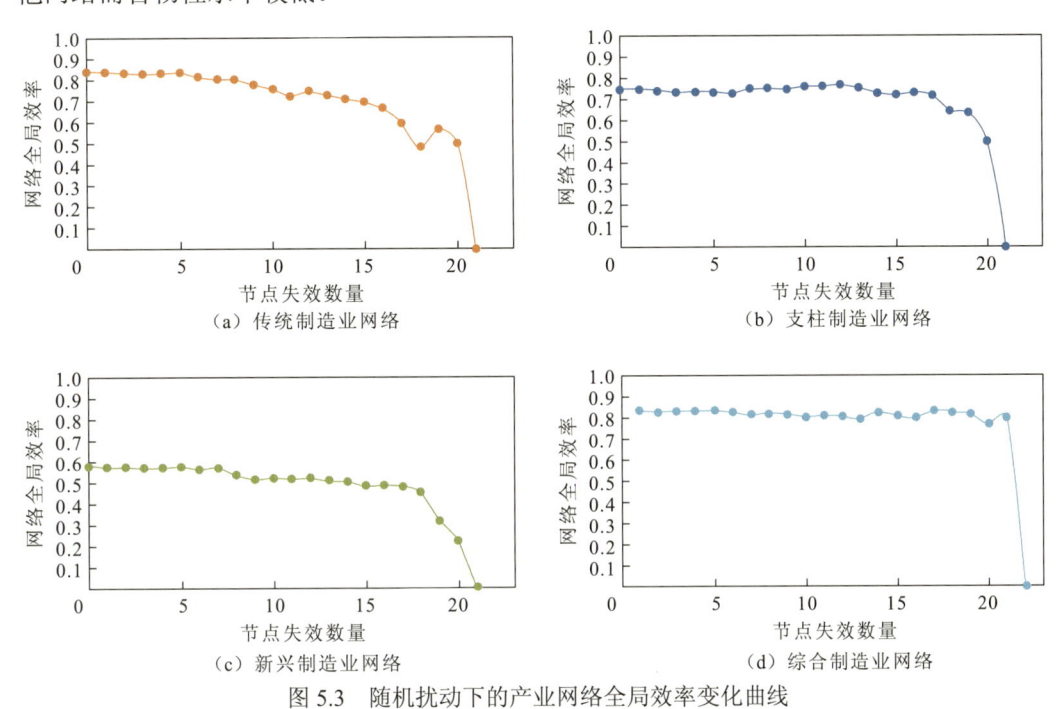

图 5.3　随机扰动下的产业网络全局效率变化曲线

图片来源：伍岳（2023）

具体而言，传统制造业网络在随机损失 15 个节点城市之前，网络全局效率缓慢降低，随机损失 15~18 个节点时，网络全局效率开始剧烈波动。在损失 18 个节点后，网络全局效率迅速从原来的 70%下降至 0。传统制造业网络的韧性和抗干扰能力较强，但在遭受较大程度的干扰和损失时，网络全局效率会迅速下降，这可能与传统制造业网络的结构特点有关。传统制造业网络通常是以"总部—分支"结构为主导，由大量中小企业构成，而这些企业的投资和发展水平参差不齐，形成网络中的薄弱环节，一旦这些节点受到破坏，就会对整个网络的效率和韧性造成较大影响。

支柱制造业网络在随机损失 15 个节点城市时，网络全局效率降低 4%，且一直处于平稳下降的状态，表现出良好的抗干扰能力。与传统制造业网络相似，在随机损失 15~18 个节点城市时，网络全局效率开始剧烈波动，在损失 18~21 个节点后，网络全局效率迅速降至 0。总体而言，支柱制造业网络具有较强的传输能力和韧性，这与其在城市分布中的分支机构较多、投资较为稳定等特点有关。

新兴制造业网络在随机损失 10~15 个节点后，网络全局效率降低 16%，相比其他

网络而言抗干扰能力较弱。在随机损失16个节点后，网络全局效率开始剧烈波动并下降至0。新兴制造业网络在抗干扰方面还有一定的提升空间，需要进一步加强优化，提高其鲁棒性和可靠性。

综合制造业网络在随机损失15个节点时，网络全局效率仅降低3%。在随机损失18个节点后，网络全局效率迅速由原来的80%～90%下降至0。这表明综合制造业网络在抗干扰方面有较强的稳定性和鲁棒性，综合制造业企业之间的联系较为紧密和均衡，不易受到外部或内部干扰的影响。

3. 空间网络

武汉都市圈空间网络在小范围的随机扰动下表现出一定的鲁棒性，而对大范围的节点失效其韧性较弱。具体如图5.4所示，在随机扰动发生伊始，网络前期表现出一定的鲁棒性，后期表现出明显的不稳定性。随机扰动发生前，网络的最大连通子图大小为27。在随机扰动发生后，网络的最大连通子图以每次下降1～2的速度衰减，直至随机扰动使超过40%的节点失效后，网络整体的连通性出现突变，一方面是最大连通子图的大小出现骤降，另一方面是第二连通子图的大小也达到了峰值。说明在随机扰动下，城市之间在前期尚能保持较为稳定的联系，网络对小范围内的局部节点失效具有一定的韧性，不会因为某个城市的突然失效而剧烈影响网络的整体运转，但随机扰动发生的频率一旦进入更广的范围，城市之间会迅速分裂为规模更小的社团，并对网络的正常连通造成较为严重的后果。

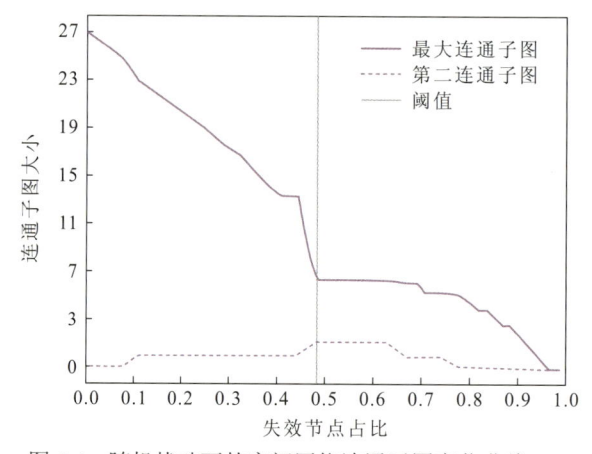

图5.4 随机扰动下的空间网络连通子图变化曲线

进一步观测随机扰动下空间网络的网络效率变化，在出现随机扰动前，武汉都市圈空间网络的网络全局效率为0.64，表明都市圈空间网络的传递效率整体处于中上水平、具有一定抗干扰能力。从随机扰动模拟结果来看（图5.5），空间网络在面临随机扰动时的变化更为明显，并随着扰动的进行，波动呈现剧烈的演变趋势，这表明空间网络内部相互联系的均衡性不足，网络发展易受外来随机扰动的影响、韧性水平下降。网络在随机损失20%的节点之前，网络全局效率下降得十分缓慢，在随机损失21%～50%的节点时，网络全局效率开始出现明显波动，在损失超过约57%的节点后，网络全局效率波动

剧烈，波动幅度最高值超过起始值，最高达 0.9，进而迅速下降至 0。究其原因，这是武汉都市圈内各个节点城市之间发展不均衡所造成的，以武汉市这个核心城市为例，其内部各市辖区联系紧密，但对外辐射范围有限，尤其是与黄石市、咸宁市等城市的空间联系不足；而对于都市圈内边缘城市如咸宁市嘉鱼县、黄冈市团风县等，这些地区与都市圈内其他节点城市之间的联系不够紧密，一旦这些节点受到外来扰动，其不稳定性极易给网络带来较高风险，容易成为网络中的薄弱环节。

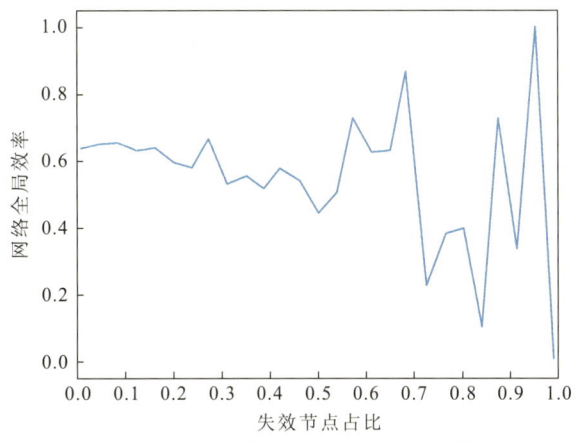

图 5.5　随机扰动下的空间网络全局效率变化曲线

5.1.2　蓄意攻击下的网络节点与路径失效

1. 设施网络

中介性代表了节点或路径在网络中的重要程度，高中介性标志着该节点或路径具有衔接网络不同区域的能力，通常是网络中的枢纽。因此，根据节点或路径的中介性大小对网络进行蓄意攻击，即优先使网络中重要程度更高的节点或与之相连的路径失效，观察失效后的网络韧性指标变化情况。

在蓄意攻击发生前，设施网络的连通子图大小为 14 000，在蓄意攻击下设施网络变化剧烈、整体韧性不足。当都市圈设施网络的失效节点占比 0～3%时，网络最大连通子图的大小骤降；随着攻击进行，失效节点占比 3%～25%，此时网络已较早地进入了解离状态，最大连通子图大小仅为初始值的不足 30%；当失效节点占比超过 30%时，剩余网络子图在较短时间内相继解离，最大连通子图大小降至 0（图 5.6）。相比随机扰动的模拟结果，蓄意攻击下的武汉都市圈设施网络表现出较弱的网络稳定性和较高的脆弱性。

2. 产业网络

在进行蓄意攻击前，产业网络的最大连通子图大小为 27。随着攻击开始，以中介性大小排列失效顺序，受攻击的节点前 10 位依次为蔡甸区、江夏区、东西湖区、汉阳区、

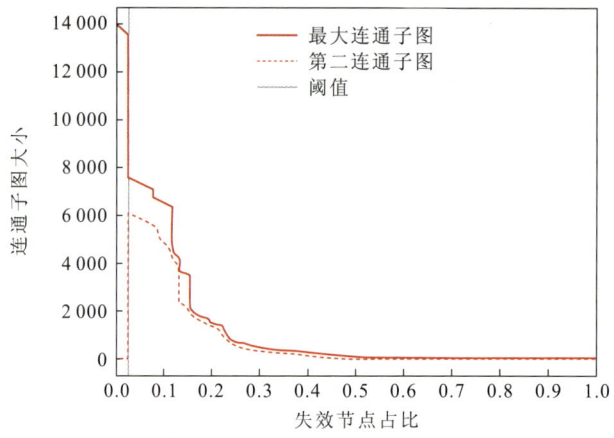

图 5.6 蓄意攻击下的设施网络连通子图变化曲线

图片来源：化星琳等（2023）

洪山区、新洲区、江汉区、青山区、武昌区、江岸区，其中，武汉城市区（县）前 10 占 9，表明武汉城市在都市圈产业网络中的中心作用显著，当以上节点依次失效，网络最大连通子图大小平稳下降（图 5.7），此时失效节点比例为 30%。随着攻击进行，更多的节点相继失效，地区之间产业联系被切断，此时失效节点范围逐渐辐射至外围，如咸安区、鄂城区、汉南区、大冶市、黄陂区、下陆区、孝南区等，这些地区是与武汉市中心地区联系较为紧密的地区。进入攻击后期，此时失效节点比例超过 60%，剩下的节点为西塞山区、华容区、梁子湖区、团风县、仙桃市、铁山区等，节点失效进入加速期，网络稳定性下降加快，表明随着中心地区的节点失效，外围地区的产业联系十分薄弱，残余网络部分在攻击下极易崩溃，也说明了都市圈产业网络在蓄意攻击情景下后期的风险高于前期。

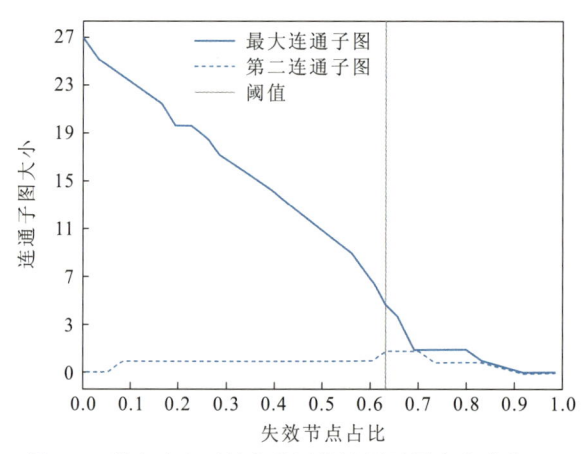

图 5.7 蓄意攻击下的产业网络连通子图变化曲线

进一步观测蓄意攻击下的网络全局效率变化，总体来看，蓄意攻击对于综合制造业网络和新兴制造业网络的影响较大，其中综合制造业网络的危机传递速度更快，在蓄意攻击情景下存在一定风险（图 5.8）。由于类型、年份的差异，制造业网络路径数量各不相同，而路径数量高的网络在路径攻击中有着显著的优势，采用网络全局效率下降到 50%

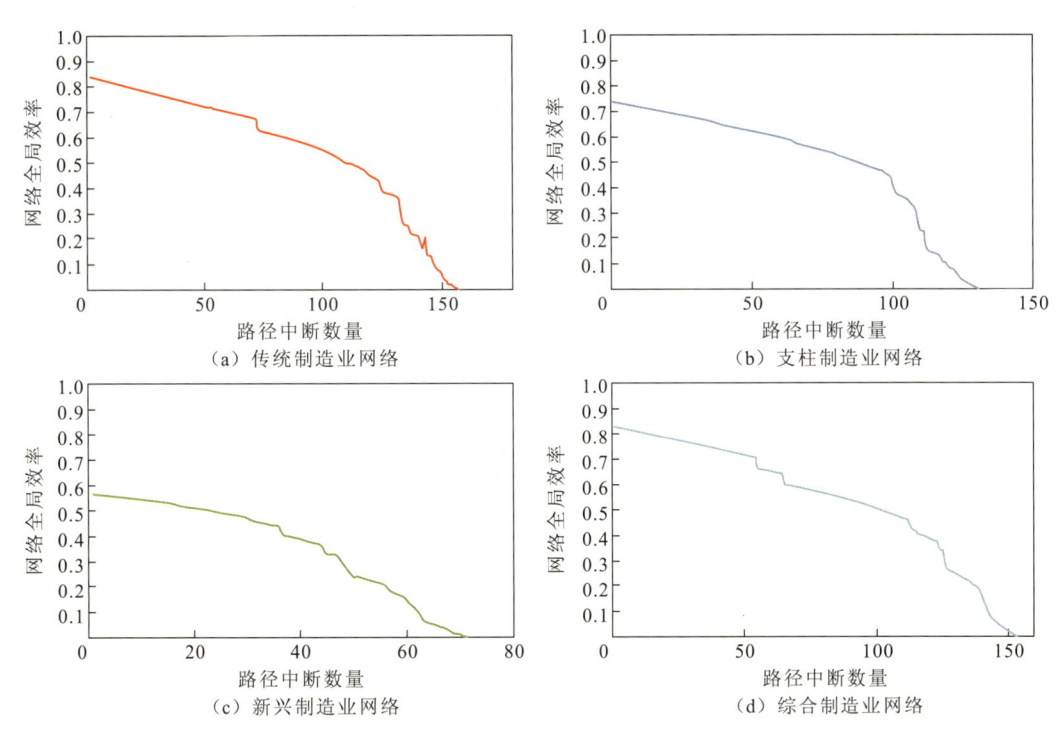

图 5.8 蓄意攻击下的产业网络全局效率变化曲线

图片来源：伍岳（2023）

时所需路径的百分比来评估其抵抗能力。

具体而言，当传统制造业网络、支柱制造业网络、新兴制造业网络和综合制造业网络中分别有 61%、65%、62% 和 58% 的路径被蓄意攻击后，网络全局效率将下降到 50%，其中，支柱制造业网络在面临蓄意攻击时的韧性能力最高，能够抵御较大比例的路径中断，而综合制造业网络韧性最低，更容易受到路径中断的影响，这主要是由于综合制造业网络的结构较为复杂和密集，在遭受攻击时可能出现连锁反应和级联失效，所以对路径中断的敏感度较高。此外，由于新兴制造业网络处于雏形发展阶段，核心联系集聚在部分路径，网络结构还不够成熟和稳定，对路径中断的抵抗能力较弱。

3. 空间网络

与产业网络类似，根据网络节点的中介性大小对空间网络进行蓄意攻击。现实中存在一些处于重要区位的城市，由于它们坐拥优越的交通和地理条件，成为区域中经济、人才、物流等空间资源交换的核心节点，这些城市是空间要素交换的重要始发点、终点或中转站，即网络中的枢纽城市，因此蓄意攻击下优先使这些重要枢纽城市节点失效，可观测整个空间网络对维持空间要素流通功能的稳定程度。

相比于随机扰动，空间网络在蓄意攻击下表现出更强烈的不稳定性，网络的鲁棒性较弱。具体而言，如图 5.9 所示，在蓄意攻击发生伊始，前 20% 是网络受影响最明显的阶段，这个过程中失效的节点城市依次为大冶市、鄂城区、新洲区、仙桃市、武昌区，去

除这些城市节点时网络最大连通子图大小迅速从 27 降至 17，说明此时网络有 37%的节点之间的联系受到影响，并出现了连通子图大小为 3 的孤立的城市子团。接着，在前述中介中心性较高的枢纽型城市失效后，继续受到攻击的节点是有一定枢纽作用的城市如黄石港区、江夏区、洪山区，最大连通子图大小呈波动下降，说明此时网络的整体连通性进一步降低。最后，在近 50%的节点失效后，网络最大连通子图大小保持匀速下降，说明此时网络十分破碎，越来越多的孤立城市出现，且相互之间互不联系，直至网络完全崩溃。

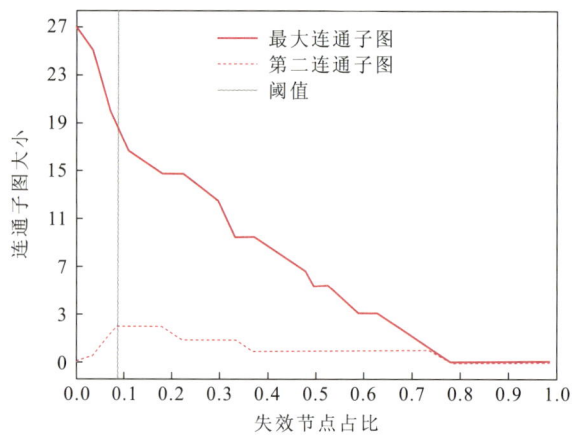

图 5.9　蓄意攻击下的空间网络连通子图变化曲线

在蓄意攻击发生前，都市圈空间网络的网络全局效率为 0.64，进一步观察蓄意攻击下网络全局效率变化（图 5.10），可以看出网络整体受影响较为明显。随着攻击开始，网络全局效率出现明显的"三段式"下降特征：第一阶段为攻击造成 0~15%的节点失效，网络全局效率平稳下降；第二阶段为攻击造成 18%~37%的节点失效，网络全局效率出现明显的骤降过程；第三阶段为攻击造成超过 40%的节点失效，网络全局效率以较快的速率下降，直至失效节点超过 70%，网络全局效率降至 0。总体而言，都市圈空间网络的外围结构发展存在一定的不均衡性和不稳定性，应对蓄意攻击的抵抗能力较弱。

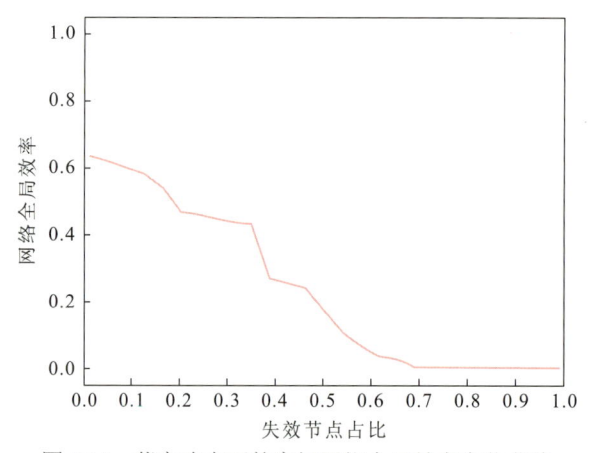

图 5.10　蓄意攻击下的空间网络全局效率变化曲线

5.2 现实突发情景对网络影响的模拟

5.2.1 现实突发情景对网络的直接影响

1. 灾害特征

洪水灾害空间数据由 Dottori 等（2016）建立的二维水动力模型模拟与绘制所得，从全球洪灾预警系统（global flood awareness system，GloFAS）平台获取，展示了 100 年一遇洪水情景的淹没范围与淹没深度，空间分辨率约为 1 km，已在洪水风险评估国际研究中得到讨论与推广（Alfieri et al.，2017；Trigg et al.，2016）。

根据洪涝灾害数据显示，武汉都市圈的洪水淹没范围集中分布在中西部的江汉平原地区，淹没面积达 11 205 km², 其中，淹没深度超过 3 m 的区域占整个淹没范围的 63.23%，表明武汉都市圈对洪水灾害的敏感性与易灾性较高，面临暴雨洪水时难以迅速排除洪水，容易出现积水淹没导致车辆通行受阻、洪水漫溢造成路基路面受损等灾情。

从洪水灾害的空间分布来看（图 5.11），都市圈内孝南区、黄陂区、新洲区、洪山区、江夏区、华容区等节点城市因范围内江河湖泊密布，如后湖、汤湖、梁子湖、斧头湖及长江、汉江流域，容易面临江河湖泊水位上涨、发生超警洪水的风险，洪水淹没深度相比其他城市而言较高；汉川市、仙桃市、洪湖市、汉南区等节点城市因地处江汉平原、地势较低，受到亚热带季风气候及特殊地形的双重影响，在每年梅雨汛期频发极端强降雨，容易出现城市内部雨水外排不畅，发生积水内涝，尽管洪水淹没深度较低，但淹没范围相比其他城市而言更大，甚至覆盖全市，面临排涝与防洪的双重压力。

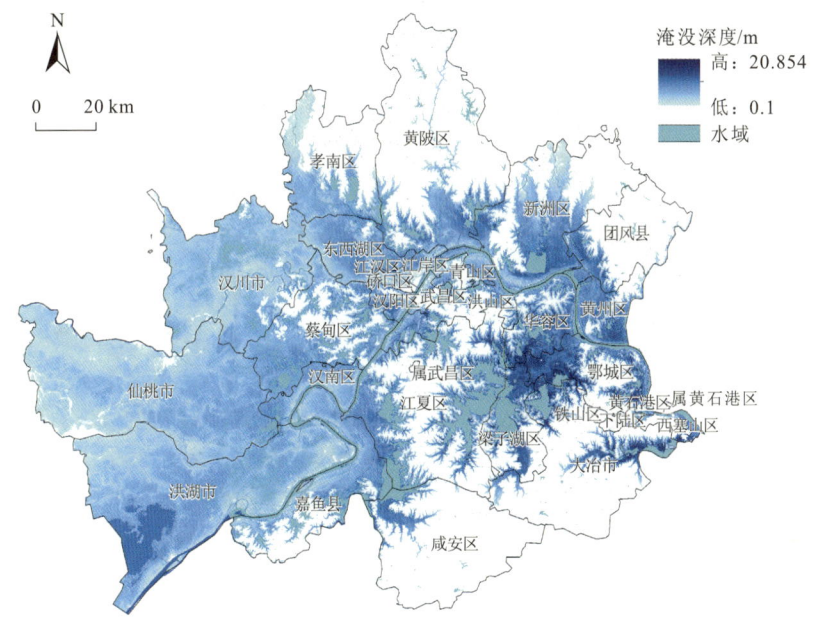

图 5.11 武汉都市圈范围内洪水淹没范围与淹没深度分布

2. 设施网络

对前文所建立的武汉都市圈设施网络进行数据简化处理,包括局部补充城市道路(以快速路、主干道为主)来保障设施网络的完整度,部分高速连接线被简化为交叉口等。为反映都市圈内各区县间的道路联系,公路干线选择高速公路、一级公路、二级公路与三级公路四类,含道路名称、等级、长度等基本信息。并且,根据《公路工程技术标准》(JTG B01—2014)设置各等级公路的设计时速及相应的服务水平。

简化后的武汉都市圈设施网络共计 220 个交叉口、367 个路段(图 5.12),呈现环状结合放射状的网络结构特征。从各路段承载的产业要素流与空间要素流强度来看,高承载强度路段多集聚于设施网络的中心,其中,武汉市中心城区以都市圈网络 16.1% 的公路里程承担了 59.0% 的要素流动强度,承载强度最高的路段为 G318 武汉段(武汉二环线),这些路段在支撑武汉市内高强度产业要素与空间要素流动的同时,也承载着途经武汉的其他城市之间的要素流动。相比空间网络,产业网络联系得更为密切,除都市圈核心地区聚集了高承载强度路段之外,产业网络中较高承载强度的路段还分布于武汉都市圈的东西两侧,比如蔡城公路、沪渝高速鄂州段、硚孝高速公路等,这些路段共同组成了武汉市向东联系鄂州市、黄石市,向西联系汉川市、孝南区的核心廊道。

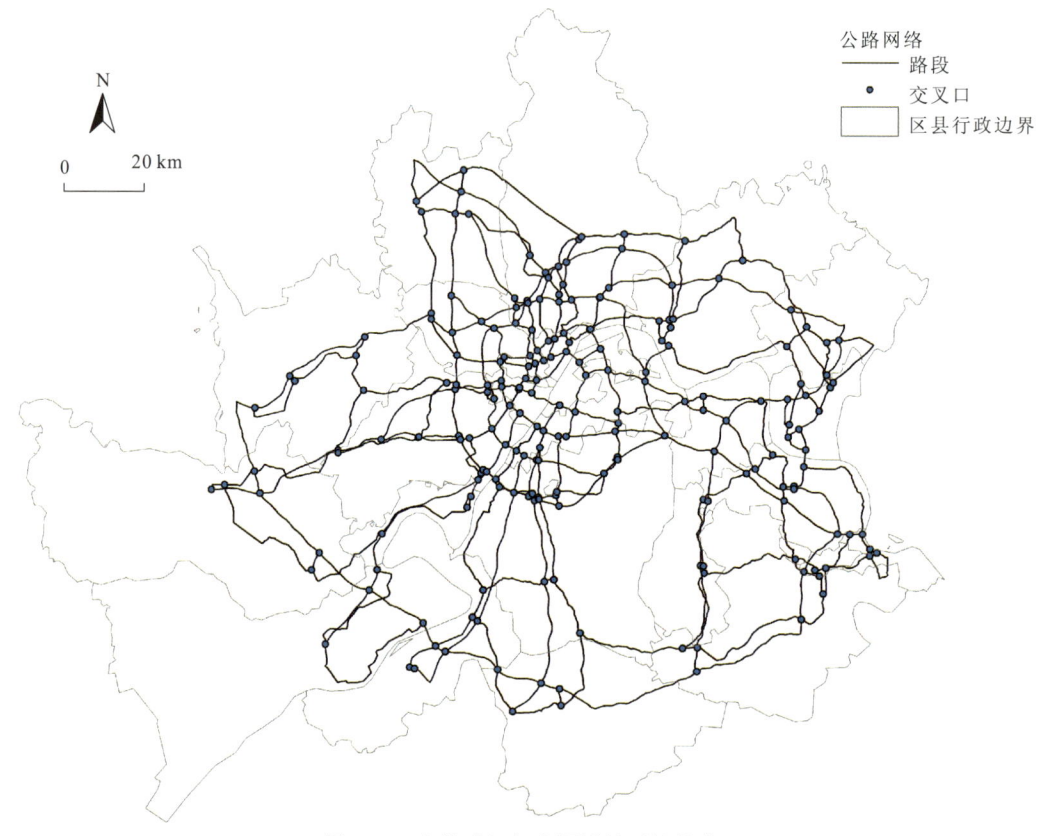

图 5.12 灾前武汉都市圈设施网络状态

第 5 章　突发情景下的都市圈网络韧性评估与问题诊断

运用 ArcGIS 软件将洪涝灾害空间分布数据与武汉都市圈设施网络进行叠加，根据洪水灾害对交通出行影响的相关研究（经雅梦 等，2018；Yin et al.，2016），设定淹没深度大于 0.3 m 的洪水限制区间出行且公路中断，在识别中断公路时排除了高架与桥梁等不受淹没深度影响的路段。从武汉都市圈设施网络的运行状态来看，共计 57 个路段受灾害影响而中断，受灾路段总长度为 71.4 km，占武汉都市圈设施网络总长度的 22.4%。受灾路段集中在网络的西部、西南部与东北部，其中，汉南区、汉川市与团风县内公路受阻严重，对外联系功能近乎丧失（图 5.13）。

图 5.13　灾时武汉都市圈设施网络状态示意图

3. 产业网络

基于前文开展的网络层级性评估结果，采用几何间隔法将武汉都市圈产业网络中的区县划分为 5 个层级。其中，占据核心控制地位的城市组团涵盖江汉区、洪山区、武昌区、江岸区等，网络的层级性十分显著。

运用 ArcGIS 软件将洪水淹没数据与武汉都市圈的 GDP 密度分布数据进行叠加，淹没范围内的经济产值被视为产业受灾损失，以此计算各区县的产业功能受损程度，其中，GDP 密度空间数据来源于资源环境科学数据平台网站，空间分辨率为 1 km。

从都市圈产业网络的运行状态来看，都市圈内共计 14 个区县的功能受损程度高于 0.5，仅有黄石市铁山区未受灾害影响；武汉市 13 个区中，共计 8 个区的受损程度高于 0.5，其中，江岸区、江汉区、汉阳区的受损程度超过了 0.9，潜在经济损失共计 85 万元，占都市圈受灾经济损失的 83%；汉南区因地势平坦，全境几乎被洪水覆盖，功能受损程度达到了 1.0，节点城市功能近乎失效。

4. 空间网络

基于前文开展的网络层级性评估结果，采用几何间隔法将武汉都市圈空间网络中的区县划分为 5 个层级。如图 5.14（a）所示，武汉都市圈空间网络的前三层级均为武汉市辖区，其在网络中占据着核心控制地位，其中，洪山区承载的人口流动强度最大；鄂州的鄂城区与黄石市区县共同组成了武汉都市圈空间网络的第四层级，成为网络中的次级核心区域。

运用 ArcGIS 软件将洪水淹没数据与武汉都市圈的人口密度分布数据进行叠加［图 5.14（b）］，淹没范围内的人口数量被视为空间受灾损失，以此计算各区县的空间功能受损程度，其中，人口密度空间数据来源于英国南安普敦大学 WorldPop 网站，空间分辨率为 100 m。

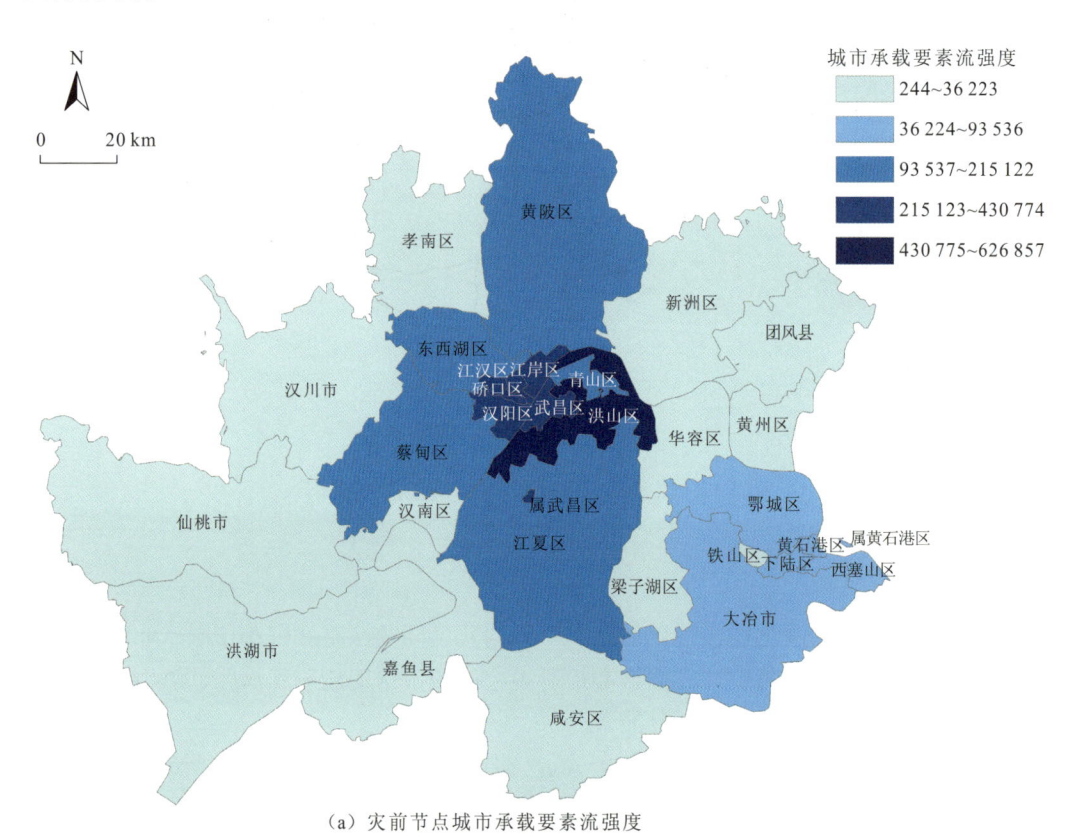

（a）灾前节点城市承载要素流强度

第 5 章　突发情景下的都市圈网络韧性评估与问题诊断

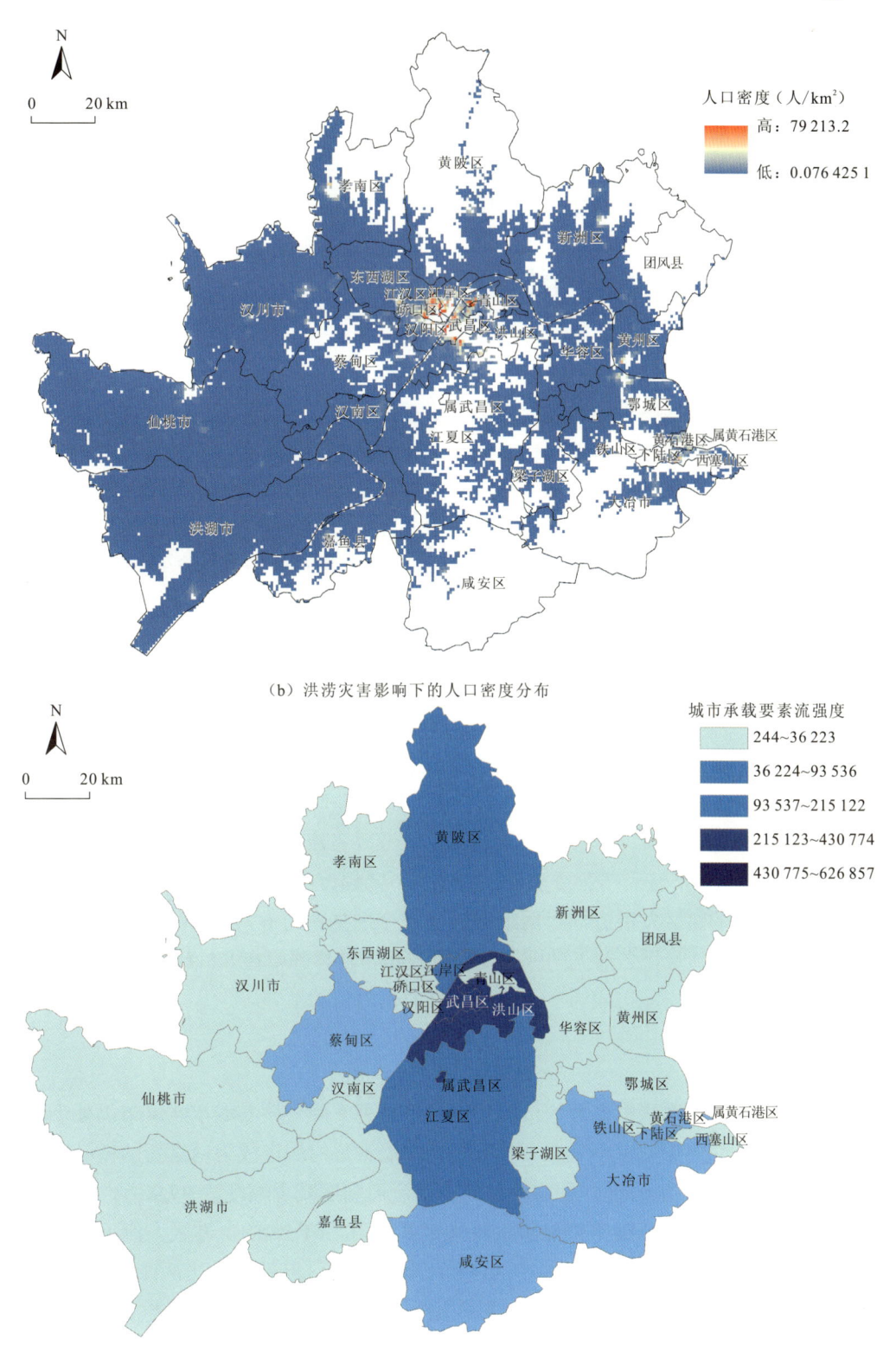

（b）洪涝灾害影响下的人口密度分布

（c）灾时节点城市承载的要素流强度

图 5.14　灾前与灾时武汉都市圈空间网络状态

从都市圈空间网络的运行状态来看[图 5.14（c）]，武汉都市圈内共计 17 个区县的功能受损程度高于 0.5，仅有黄石市铁山区未受灾害影响；武汉市 13 个区中，共计 10 个区的受损程度高于 0.5，其中，东西湖区、汉南区、硚口区、江汉区的受损程度超过了 0.9，潜在受灾人口占武汉都市圈受灾总人口的 70%；洪湖市、东西湖区、汉南区地势平坦，全境几乎被洪水覆盖，功能受损程度均达到了 0.97，城市功能几乎失效。

5.2.2 现实突发情景对网络的间接影响

1. 设施网络

灾时都市圈设施网络中的路段承载产业要素流强度与人口要素流强度降级显著，少部分路段随着网络中新核心点的增长而提高了承载强度。具体而言，武汉市内 G107 国道、武汉三环线、岱家山－黄陂高速公路等路段所承载的要素流强度从第一等级下降至第二等级；G50 国道上海－重庆高速公路鄂州段、G4201 国道武汉绕城高速江夏段等路段仍保持着灾前的要素流承载水平，在维持灾时网络运行方面发挥关键的连通作用；G107 国道江夏段、G107 国道咸宁段随着武汉市与咸宁市之间人流联系数量的增加而加强承载强度，从第五等级上升至第四等级。

2. 产业网络

灾时都市圈产业网络中多数城市的功能水平显著下降，出现局部地区的节点城市连片失效。一方面，因城市受灾严重或路段中断导致产业联系中断，网络整体的产业要素流通强度下降幅度达 44.6 万，多数节点城市的产业要素流入与流出强度下降显著，特别是武汉市，76.4%的市辖区产业要素承载强度的下降幅度高于 50%；另一方面，少部分产业要素寻求新的跨区发展方向，网络中共计 9 个区县、约 6.7 万强度的产业要素流将出现转移流通，转移量排名前五的区县均属武汉市，转移强度在 0.3 万～1.0 万，具备一定经济基础实力的节点城市成为产业要素转移的热门目的地。

3. 空间网络

灾时都市圈空间网络中多数城市的功能水平显著下降，核心城市武汉市仍处于网络中的主导地位，受灾影响较小且原本具有一定功能水平的城市成为网络新的核心区与支撑点[图 5.13（c）]。一方面，网络整体的人口流通强度减少幅度达 99.9 万，多数节点城市的人口流入与流出强度下降显著，特别是武汉市，61.5%的市辖区人流承载强度的下降幅度高于 50%，尽管如此，其在网络前三层级中的区县数量占比从 100%仅下降至 83%，仍在都市圈网络中发挥着核心辐射作用；另一方面，因城市受灾严重或路段中断导致人们改变出行目的地，网络中共计 22 个区县、约 21.9 万强度的人流将出现转移流通，转移量排名前五的区县均属武汉市，转移强度在 1.5 万～3.9 万。部分节点城市因受

灾程度较轻成为人口转移流通的主要目的地，人口流入强度不降反升，如黄石市的大冶市、孝感市的孝南区、咸宁市的咸安区，其中，咸安区的人流承载强度提升幅度接近200%，人流承载强度的大幅提升促使这些城市在网络中的功能层级有所上升。值得说明的是，上述城市均属于《武汉市城市总体规划（2017—2035 年）》中区域发展廊道的次核心节点，这些城市在加强与武汉市一体化发展的同时，也在灾时都市圈网络维持功能水平的过程中发挥重要作用。

5.2.3 都市圈网络韧性评估结果

1. 功能服务水平

在 100 年一遇洪水灾害影响下，设施网络的运输能力从灾前的 535 980 km 下降至灾时的 251 790 km，评估得到武汉都市圈设施网络的运输能力变化率为 0.53，即受灾前后都市圈网络的服务水平下降程度接近 50%，表明突发灾害冲击下设施网络的运输能力下降明显。

武汉都市圈的产业网络与空间网络的要素流动受到严重冲击，整体韧性水平较低。其中，网络平均每日能够负载的产业要素与人口流动强度、流通效率出现大幅度下降：产业网络的承载能力从灾前的 296.1 下降至灾时的 111.5，空间网络的承载能力从灾前的 184.1 下降至灾时的 71.7。评估得到城市产业网络与空间网络的承载能力变化率分别为 0.62 和 0.61，可以看出，受灾前后都市圈网络的服务水平下降程度超过 50%，城市间的要素流动受灾影响显著。

2. 结构连通效率

得益于灾时核心公路结构保持较高的完整度，武汉都市圈设施网络的连通性受灾影响较低，整体韧性水平较高。具体而言，都市圈设施网络的全局效率从灾前的 0.037 下降至 0.033，下降幅度为 10.8%，最大连通子图规模从灾前的 220 个下降至 202 个，其相对大小从灾前的 1 下降至 0.92，下降幅度仅为 8.0%，这表明灾时有超过 90%的交叉口构成了最大连通子图，网络的破碎化程度较低。这主要是由于受灾路段的空间分布较为稀疏且公路等级较低，承载的产业和空间要素流强度不高，都市圈网络的圈层与放射廊路网结构未受到显著影响。并且，在去掉了因洪水灾害无法连通的区县（汉南区、洪湖市、汉川市与团风县）后再次计算网络全局效率为 0.038，相比灾前略有提升，这意味着这些区县节点加入设施网络后对其韧性提升产生了轻微阻力，成为都市圈网络建设规划中需要关注的潜在薄弱之处。

5.3 都市圈网络建设问题诊断

5.3.1 设施网络建设问题

在100年一遇洪水灾害情景下，武汉都市圈设施网络保持较好的结构完整度与连通性、网络的联通效率较高，在一定程度上具有应对突发冲击的韧性能力，但仍存在需要改善的问题。基于武汉都市圈案例研究经验，归纳得到都市圈设施网络韧性提升存在的建设问题。

1. 路网骨架结构未成体系，空间格局有待完善

从都市圈网络韧性评估结果来看，都市圈网络的圈层与放射廊路网结构为灾时要素流动转移与绕行提供了多元选择路径，有助于网络在应对突发冲击时保障城市间的要素流动与关联关系。尽管如此，目前都市圈设施网络的骨架结构还处于发育与完善阶段，在线路布局与服务模式方面存在支撑区域连通的关键枢纽节点仅限于局部核心地区、高等级骨干路网不完整、基础路网覆盖不全等问题，影响网络整体韧性水平。

2. 路段运输服务分异显著，运输效率有待提升

都市圈网络中核心城市地区的路段在支撑其对外的高强度要素流动的同时，也承载着途经核心城市地区的其他城市之间的要素流动，致使设施网络韧性提升显著依赖这些路段，而其他大部分路段未得到充分利用、难以提供较强的支撑作用。当要素流过于集中在设施网络中的少数路段时，不仅在日常联系中导致要素流动不畅、限制网络整体的运输效率，在面临突发冲击时，这类路段一旦发生中断将在网络中快速传递负面效应、极大地延缓各类要素在网络中的流通，甚至出现局部网络瘫痪，成为网络中受灾影响显著的高风险地区。

3. 对产业和空间支撑不足，未能发挥引导作用

一方面，设施网络对都市圈的空间网络发展支撑不够，局部交通廊道与路段难以满足都市圈内重要功能组团间的人流跨区出行联系需求，城市间的要素互联互通水平和通行能力仍需提升；另一方面，设施网络建设滞后于产业网络发展，未能较好地发挥都市圈产业布局引导的作用。这使得都市圈各网络之间难以均衡与协调发展，加剧了网络建设中潜在的不确定风险。

5.3.2 产业网络建设问题

对都市圈产业网络而言，核心城市在网络中占据着控制地位，其在功能集聚与对外

辐射的同时发挥着要素流动的中转作用。并且，网络中的节点城市多与层级相当的城市抱团组群，或者加强与高层级城市的紧密联系，有利于其保持一定的韧性能力。在面临突发冲击时，网络中多数城市的韧性水平显著下降，产业韧性网络建设仍存在较大的提升空间。

1. 核心城市占据主导作用，安全性亟待加强

从武汉都市圈案例研究中可以看出，灾时都市圈网络的要素流通大幅减少，这使得多数城市的功能水平显著下降，尽管如此，核心城市武汉市仍处于网络中的主导地位，其在常态情景与突发情景下提供的功能辐射和服务作用对网络韧性提升影响较大。一旦核心城市受损严重，灾害的负面影响将迅速传播至网络中的其他城市，将给网络整体带来致命打击。为此，提升核心城市的安全性对产业网络维持安全与韧性极其重要。

2. 脆弱节点限制网络韧性，层级结构有待优化

常态情景下的都市圈网络韧性评估研究发现，产业网络中同层级城市联系不够紧密，致使网络中边缘节点和弱势城市较多，而这类城市在突发情景下的网络韧性评估中受灾害影响显著、出现了明显的功能水平下滑甚至整体功能失效，再一次印证了产业网络存在层级性亟待优化的问题，尤其是面向中小城市，如位于都市圈边缘的县级城市，这类城市在网络中的参与程度较低、对外联系较弱，且自身综合水平不高，如果得不到持续性的支持与发展，将成为产业韧性网络建设的短板。

3. 枢纽节点城市功能单一，存在网络定向风险

通过网络评估研究可以看出，突发灾害下都市圈产业网络的受损规模较大，当发挥中介中心性作用的节点城市受灾后，灾害风险在网络中的传递速度较快，需要采取相应的规划举措来分散网络传递中的定向风险，减缓突发冲击在网络中的传播速度。其中，较为关键的方式是提升枢纽型节点城市的功能多样性，不仅需要考虑城市自身的产业专业化水平与综合实力，还需要立足城市之间的关联关系，以产业互补、分工协助等多元形式提高城市间的紧密联系，当其中某些节点城市功能受损严重时，能够借助周边城市的力量应对突发冲击并快速恢复自身功能水平。

5.3.3 空间网络建设问题

与产业网络类似，网络整体及核心城市高度暴露于灾害风险成为影响都市圈空间网络韧性的前提因素。以武汉都市圈为例，叠加洪涝灾害情景结果显示，都市圈网络及核心城市武汉市高度暴露于 100 年一遇洪水灾害风险，其中，武汉市内受损程度高于 0.5 的市辖区数量占比达 77%，网络整体的服务水平下降程度超过 50%、韧性较低。提升都市圈空间网络韧性的关键在于保障节点城市与网络整体的功能水平，目前主要存在以下

两个方面的建设问题。

1. 次核心节点与路径较少，网络不均衡性显著

在武汉都市圈网络韧性评估研究中，部分节点城市与路段因受灾程度较轻且具备一定功能水平，成为要素转移的主要目的地及主要流通路径，这些城市与路段功能强度的提升促使其在网络中的功能层级有所上升，成为网络新的核心区与支撑点。目前，都市圈空间网络的次核心节点城市与路段数量较少，网络整体发展较不均衡，在面临突发冲击时难以应对灾害与维持网络基本功能运转，为此，除了关注核心城市安全发展，还需加强网络中次级核心城市与路径的规划建设。

2. 网络空间布局较为分散，集聚支撑作用不足

从前文常态情景下的网络韧性评估中可以看出，目前都市圈空间网络发育的成熟度较低，节点城市之间的联系不够紧密，这使得在突发冲击下网络更易破碎、分裂成若干小组团。若这些组团内城市间不具备积极正向的联系关系，比如多样化的功能组合、高效化的运输通道，将致使组团内城市间的集聚效应不显著、彼此支撑的作用不足，难以从灾害中快速恢复、出现更严重的功能损失。

第 3 篇

都市圈韧性提升路径

本篇从"设施-产业-空间"三个角度详细阐释都市圈韧性的规划提升路径,涉及交通设施、保障设施与新型设施,产业体系、重点集群与产业园区,城乡体系、圈层组织与韧性空间等多个方面。在此基础上,针对武汉都市圈,从交通网络、产业网络、空间韧性三个角度讨论其韧性提升策略。

第 6 章　设施提升路径

都市圈是经济社会联系紧密的地域空间，其内部的要素流动规模大、速度快，即使是微小的拥堵与延迟也会对都市圈的运转造成巨大的影响，遑论各类突发灾害与重大事故。设施系统作为现代化都市圈生产生活中不可或缺的支持体系及各类要素流动的基本骨架，会面临极端情况影响下的瘫痪风险，继而造成都市圈运转停滞，因此迫切需要寻求具有韧性的都市圈设施建设路径。另外，在知识经济化的背景下，都市圈聚集了大量科技资源要素，其中，各类创新与科技基础设施作为我国国家创新体系的重要力量，合理进行创新资源的配置、创新活动的引导，进一步提高区域乃至国家的综合竞争力，无疑是现代化都市圈创新发展的重中之重。因此，本章从交通设施、保障设施、新型设施三个方面探讨现代化都市圈建设的设施韧性提升路径，其路径框架如图6.1所示。

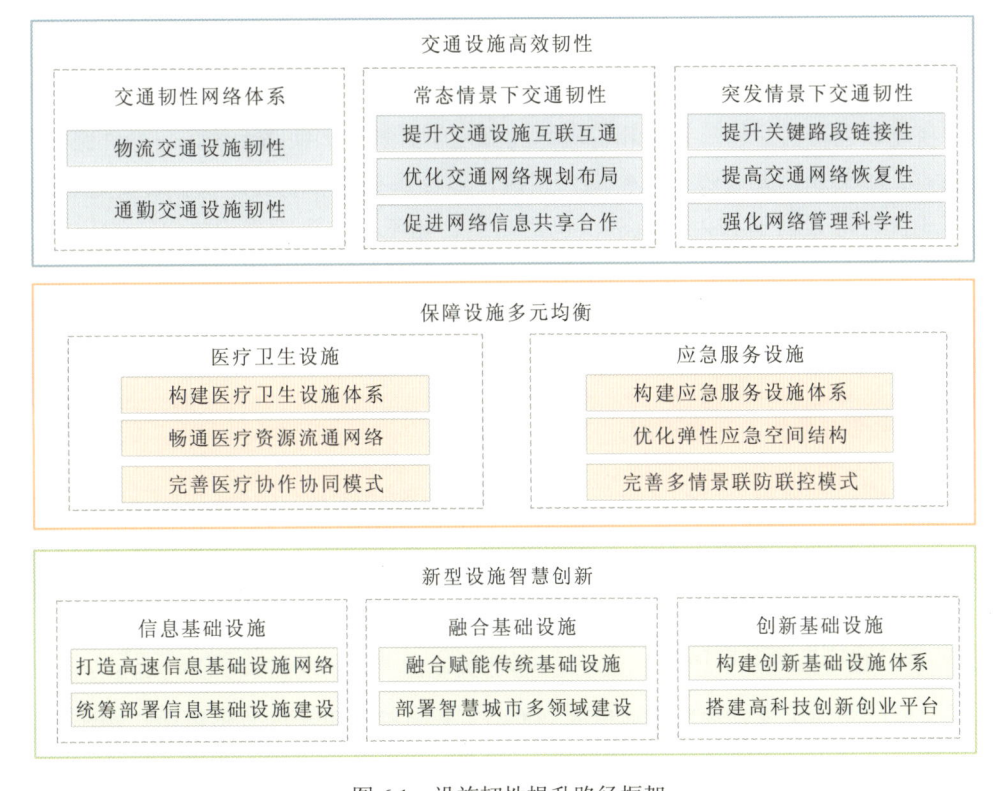

图 6.1　设施韧性提升路径框架

6.1 交通设施高效韧性

随着城镇化的不断推进，我国交通建设迅猛发展，大大提高了整体完善性，但区域的交通网络仍存在时空可达性不足、传输效率不高、路段衔接不畅等方面的韧性缺口。我国"十四五"发展规划中明确提出，推动交通高质量与高速率发展并进，同时还要提升交通体系的综合韧性，提高交通网络的安全水平。交通设施是区域实体网络空间中最基本且重要的形式，作为跨区域社会经济联系中要素流动的物理通道，交通韧性是现代都市圈其他空间要素发展的基本前提。在韧性和安全的发展要求下，有必要面向常态情景及突发情景下的交通网络提升路径进行系统性的理论梳理并提出策略建议。

6.1.1 构建交通韧性网络体系

1. 物流交通设施韧性

物流交通设施是为区域供应链或产业链提供重要保障的一类交通设施，这些设施包括满足物流组织与管理需求的场所或物质载体，具有综合或单一功能，通常包含以下内容：①道路网络，包括高速公路、国道、城市道路等，主要用于货物运输，道路网络的质量、密度和连接性对物流效率和可靠性具有重要影响；②铁路系统，包括铁路线路、货运站点、集装箱运输等设施；③港口设施，包括码头、船舶装卸设备、货运仓库等；④航运设施，涉及海运和内河航运，包括航道、船闸、航运管理设施等；⑤空港和航空设施，包括航空客货运输设施、货运航站楼、跑道等；⑥物流园区和物流中心，包括物流仓储设施、物流分拨中心、跨境贸易园区等。从以下方面构建物流交通设施网络体系。

1）制定都市圈物流交通规划

在都市圈内选择多个核心城市作为物流交通网络的中心，形成多个物流中心。这些物流中心应根据城市的地理位置、产业布局和交通条件进行合理选择，以实现相互补充和互联互通的目标。考虑物流需求的覆盖范围和发展趋势，规划适宜的交通网络布局。

2）提升物流网络空间衔接

完善网络布局来提升物流交通设施韧性。这包括建设健全的物流枢纽、物流园区和物流节点，在关键节点建设物流交通枢纽，如货运站、物流园区、集散中心等，用于集结、分拨和转运货物，确保重要物流设施的分布均衡、互相衔接和互补配合，提高运输网络的弹性和灵活性。此外，推广智能物流技术、物联网技术等，提升物流运输的智能化水平，提高运输的效率和安全性。

3）推进都市圈内多式联运

促进不同交通方式之间的衔接和互联互通，包括公路、铁路、航空和水路等不同的运输方式，实现多式联运。例如，建设货物集散中心，提供货物的转运和转换服务，方便不同交通方式之间的衔接。发展多样化的物流运输路线，当一种运输模式受到干扰或中断时，能够迅速转换到其他可用的运输方式，确保货物的顺利流通。

2. 通勤交通设施韧性

都市圈通勤交通设施是指为满足都市圈内居民的日常通勤需求而建设的交通设施，通常包含以下内容：①道路网络，都市圈通勤交通设施的核心是道路网络，包括高速公路、城市快速路、主干道和支路等，这些道路连接都市圈内不同城市和地区，提供通勤交通的主要通道；②公共交通系统，为方便居民的通勤需求，都市圈通勤交通设施通常包括公共交通系统，如地铁、轻轨、公交车等；③城际铁路，都市圈中铁路是常见的通勤交通设施之一，包括高铁、城际铁路和市郊铁路等，通过提供快速、大容量的通勤服务，可大幅缩短通勤时间；④车站和交通枢纽，在都市圈通勤交通设施中，还包含高铁车站、客运车站等重要交通枢纽，这些设施提供换乘、停车、候车等服务，方便乘客在不同交通方式之间转换，提高通勤效率。从以下方面构建通勤交通设施网络体系。

1）制订都市圈综合交通规划

统筹规划都市圈内各种交通设施的布局和发展方向，考虑通勤需求、人口分布、城市发展等因素，合理规划交通线网，提高交通系统的覆盖率和连通性。加强都市圈范围内各城市之间的合作与协调，共同规划和建设通勤交通设施，同时推动跨城市的公共交通联运和票务互通，简化通勤者的跨区域出行手续和费用。

2）优化通勤设施空间布局

对都市圈内的人口分布进行详细分析，了解人口聚集区域和热点区域，根据人口密度和人口流动性，确定通勤需求较高的区域。在都市圈通勤圈内规划和建设主干道，连接各主要城镇和人口聚集区域，在城市和城镇之间建设支线道路和公交线路，提供便捷的交通连接。根据城市的扩张方向和发展重点，结合城市发展规划，合理规划道路、轨道交通线路和交通枢纽的布局，考虑新建和扩建城市的交通设施。

3）建设综合公共交通体系

发展都市圈高效、便捷的公共交通系统，主要包括地铁、轻轨、公交车、有轨电车等。规划合理的线路布局和站点设置，覆盖都市圈的主要居住区和商业中心，以满足不同出行需求。完善都市圈公共交通枢纽和换乘设施，建设区域交通枢纽，包括地铁换乘站、公交换乘站、综合交通枢纽等，同时提供舒适、便利的换乘环境，确保不同交通模式之间的顺畅衔接，方便通勤者的转乘使用。

6.1.2 常态情景下的交通韧性

常态情景下的交通韧性能够支持城市和都市圈的可持续发展，它不仅促进人口、产业和服务设施的集聚，也确保货物和信息的高效传输，这样的交通网络能够提高城市的竞争力、经济活力和居民生活质量。构建体系化的交通韧性网络，主要包含以下方面。

1. 提升交通设施互联互通

1）提升区域交通互联互通

进一步增强核心城市—都市圈—外围城市—城市群—区域之间的交通道路水平联动的层级性衔接。为提升交通互联互通，从自然地形的条件上看，区域内众多大城市往往依水而建，对沿江城市与都市圈而言，应加强沿江公路、跨江大桥与交通隧道等重要交通枢纽的建设，并充分利用多方式联运的优势，促进江海联运和公铁联运的有效联动，连接两岸城镇，缩短交通时间和距离，增加交通的便利性和连通性。从经济社会发展条件上看，应建立完善的城镇等级体系，发挥核心城市的增长极作用，由上而下强化点轴发展模式的辐射效应，由下而上加快城镇间基础的互联互通，使要素能够在各个经济带内顺畅流动。

2）提升省际省内交通互联互通

都市圈是省域下的核心区域，省级层面的交通韧性还应发挥其作为上位规划的传导作用，尤其是注意省际交界处的衔接。首先，在城市群与都市圈范围内，加强各城市间的区域合作与协调，共同规划和推进交通网络的建设，统一交通规划标准和技术标准，实现交通设施的互联互通和信息的共享，提高交通系统的整体效能。其次，增强都市圈基础设施的连接性与贯通性，加强建设都市圈内城市与城市间、城市与城镇间的公路通道，尤其是注重打造高速公路、国省干线和县乡公路等城市间多层级的公路网。最后，在城市之间共建交通项目的规划过程中，建议结合区域整体交通网络，对项目方案进行交通韧性的充分论证，从而及时调整。对都市圈多模式交通进行整合，促进不同交通模式（如公共交通、轨道交通、城际交通等）之间的衔接和互联互通，提供便捷的换乘设施和服务。

2. 优化交通网络规划布局

1）提升交通网络密度

提升交通网络的密度和连通性也是增强交通网络韧性的重要措施。通过提升道路网络的密度及改善道路之间的连通性，可以缩短出行距离和时间，减少交通拥堵现象的发生。合理规划道路布局，减少道路瓶颈和拥堵点，能够提高道路的通行能力和交通流动性，增强交通网络的适应性和韧性。

2）构建多元化交通模式

构建多元化交通模式是提升交通网络韧性的重要途径之一。在规划和布局交通网络时，应综合考虑公路、铁路、航空和水路等多种交通模式，以减轻对单一交通模式的依赖。多元化的交通模式可以为通勤者提供更多选择，分流核心区交通流量，降低交通压力，从而增强交通系统的抗灾能力和适应性。

3）建设高效区域交通枢纽

建设高效的交通枢纽是优化交通网络的重要手段。在关键位置合理布局交通集散中心、客运站和物流中心等交通枢纽，使之成为交通流量的集散点和转换点，连接不同城市和地区，实现区域交通的快速便捷，提高跨区域交通的效率和可靠性，同时实现不同交通模式之间的无缝衔接和高效运转，提高交通转换的效率和便利性，加强交通网络的整体连通性和流动性。

3. 促进网络信息共享合作

交通网络韧性提升有赖于网络之间的信息共享，建立跨区域的交通信息共享机制，促进都市圈之间、各城市之间的交通管理合作，实现交通基础设施的互通互联，提升交通系统的整体效能和韧性。

1）建立区域智慧交通平台

首先，加快建立以城市信息模型（city information modeling，CIM）为基础的区域智慧交通信息平台，在都市圈范围内部署高速道路、城际铁路、城市道路、城市快速、跨江通道等不同交通线路之间的物联网技术，将物理层面的道路等级、职能、结构映射到地理系统中，对都市圈范围内的多元交通信息进行整合。

2）区域交通数据共测共享

区域交通数据的共测共享有助于提升交通韧性。利用大数据分析和人工智能等技术手段，对都市圈内交通网络连接情况进行实时监测，及时收集交通违规、交通事故、道路故障等信息。通过信息共享和智能化调度，可以提高交通枢纽的运行效率和响应速度，增强交通系统的应对突发事件的能力。

3）大数据推演交通中断情景

利用机器学习工具对数据样本进行训练分析，预测可能出现自然灾害、交通拥堵等情景下所造成的交通中断影响，基于历时态交通数据及交通韧性相关指标，提取关键路段、易拥堵路段及两者综合的关键路段的空间分布信息，划分灾害影响等级，并提供相应的交通中断应急方案。

6.1.3 突发情景下的交通韧性

突发情景下的交通韧性指的是区域交通设施网络在面临突发灾害时为维持自身稳定运转所体现的功能特性，主要包含以下方面。

1. 提升关键路段连接性

交通网络中道路连接的拓扑结构对网络整体韧性具有重要作用，因此提升重要道路的连接性有助于提升交通网络韧性。

1）开展受灾等级评估

建议针对洪涝、地震、泥石流等突发性重大灾害建立综合的灾害风险评价，并将评价结果作为交通韧性的重要影响因素之一，对两者在地理空间上进行叠加分析，结合交通路网介数、度值等重要性指标进行道路脆弱性分级，对这些脆弱地区的交通道路对象进行重点检测与日常维护，包括定期进行路面维护和修复，加强交通设施的检修和更新。在规划和设计交通基础设施时，考虑自然灾害的影响，采取加固措施，确保桥梁、隧道、道路等交通设施能够抵御自然灾害的冲击，并能够快速恢复使用。

2）重点维护关键道路

根据韧性评价结果，将都市圈内道路划分为一般道路、重要道路和关键道路，重要道路、关键道路指的是在网络中连接节点数量较高、网络中心地位较高的道路，这些道路的功能特点是承载量高、度值或介数较大，对这些道路所在交通线路需要重点规划，完善合理的路网结构，避免瓶颈和拥堵点，减少交通阻塞和延误，以提高交通网络的连通性和通行能力。此外，加强桥梁和隧道的设计和建设，采用抗震、防水等先进技术，提高其抗灾能力和可靠性。同时，桥梁和隧道通常是交通网络中的脆弱环节，容易受到自然灾害或事故的影响，加强桥梁和隧道的设计和建设，采用抗震、防水等先进技术，并定期进行巡检和维护，及时修复和加固受损部分，确保关键路段的通行能力。

3）提升主干路网效率

建设高容量、高效率、层次分明的主干网与次路网，进行道路升级、道路拓宽、改扩建等工程措施，提高主干路网的通行效率，实现在满足不断增长的交通需求的同时，也降低交通道路因外部自然或人为扰动而损坏的可能性，改善重要路段与关键路段的通行能力和安全性，从而提升交通系统的整体运行能力及韧性。

2. 提高交通网络恢复性

当突发灾害发生时，对交通网络造成直接的中断会导致中断道路与之相连的邻近地区的道路瘫痪，为快速恢复交通网络正常运转功能，可从建立健全完善的应急组织体系

与提高网络的冗余性两方面，提升交通网络在灾害发生造成中断时的恢复能力。

1）建设备份交通路线

适当提高交通网络的冗余性以应对主要交通通道的故障或瘫痪，通过规划和建设备用道路，或是打通断头路、连通非连续性道路等方式增加备份路线，充分发挥备用路段吸收局部扰动的稳定性作用，以应对自然灾害突发事件、施工工程或交通事故等情况下的交通瓶颈和中断。

2）发展多样化交通路径

发展多种交通模式，如公路、铁路、水路、航空等，以减轻对单一交通模式的依赖。在交通网络中融合多种交通方式，使都市圈中的物流运输、人口流动、要素联系的路径选择更多样化，并能够在一种交通模式受到攻击时转移流量。同时，提升多种交通联运方式之间转换衔接的合理性与便捷性，通过提高交通网络枢纽转运的效率来提升网络韧性。

3. 强化网络管理科学性

本书通过都市圈设施网络韧性评估发现，在交通网络受到外部扰动的前期，网络的整体连通性下降得较慢，进入中期后，越来越多的节点受到攻击而中断，网络会迅速进入分离期。因此，根据网络瘫痪的阶段性特点及外部扰动的次序性特点，本节提出交通网络应急管理优化策略。

1）健全交通应急管理体系

针对网络崩溃的阶段性，建立健全相应的应急管理体系，其中前期是最为关键的应急阶段，在网络节点开始失效初期，需要十分迅速地采取有效措施，包括交通事故应急救援、交通拥堵疏导、突发事件处理等方面，避免失效节点规模的进一步扩大，并结合人工智能、人员培训等手段，提高应对突发情况和恢复交通功能的效率。在扰动中期，重点修复中断的道路并做好防护，同时根据扰动发生的主要地区、时间间隔等规律，预判接下来失效节点可能会发生的时间和地点，提前做好应急预案。

2）完善交通应急管理预案

前文所提的理论突发情景中的随机扰动和蓄意攻击可视为现实中的随机性事件及目的性较强的针对性事件，针对两类事件分别制订不同的交通应急管理方案。

随机性事件的发生概率大、范围广，如日常的交通事故，对这类事件的应急管理，可以结合城市原有的应急基础设施及完整社区[①]的建设，以 500 m 或 1 000 m 为半径，完善集生活服务、救灾防灾、防洪排涝等于一体的应急安全体系，当随机事件发生时，能

---

① 完整社区的试点工作自 2022 年 10 月开始，建设内容包括社区综合服务设施、幼儿园、老年服务站、社区卫生服务站的完善，以及物联网、云计算、大数据、区块链和人工智能的技术引进等。

快速有序地恢复城市秩序。

针对性事件的发生概率与范围较小，但一旦发生，其破坏性极强，能在更短时间内使网络迅速失效。因此，建立专门的特殊事件应急机构，构建统一指挥、分工明确、反应灵敏、协调有序的应急响应程序，同时加强与其他相关部门的协作，建立跨部门、跨行业的合作机制，加强各相关方之间的沟通与协调。公共部门、私营部门和社会组织之间的合作可以更高效地应对交通网络受到攻击时的恢复工作。在日常管理中，也需加强对重要枢纽地区关键道路的监测与管理。

6.2 保障设施多元均衡

面对愈加错综复杂的发展环境，提升都市圈面对风险与灾害时的应对能力刻不容缓，本书在都市圈设施网络韧性评估中诊断得到都市圈设施网络在体系构建、连通效率、联防联控等方面仍显不足，这些问题和都市圈设施中的保障设施密不可分，保障设施建设成为促进现代化都市圈发展的重要支撑。都市圈设施网络中的保障设施建设涉及两大领域：首先是医疗卫生设施，构建完善卫生设施体系，优化综合医院、专科医院、社区卫生服务中心、卫生院和门诊部等医疗资源配置，畅通医疗资源服务网络，完善区域医疗协作；其次是应急服务设施，结合国土空间体系落实应急设施空间布置，包括医院和体育馆等公共建筑、物资配送中心、紧急资源储备库等，优化弹性应急空间结构，并完善多情景联防联控模式。当前，保障设施的供需不平衡体现在多元性、均衡性、可达性、层次性等多个方面，这对现代化都市圈的稳定运转形成了一定的制约，建设全空间覆盖、全时段响应的保障设施系统迫在眉睫，需要围绕保障设施体系构建、协同模式完善等方面提出建设策略。

6.2.1 医疗卫生设施

1. 构建医疗卫生设施体系

公共服务设施是由政府部门直接或间接提供的教育、医疗、文体、商业、市政等社会性基础服务设施，以供全体国民共同使用（Kiminami et al., 2006）。其中，医疗服务设施是非常重要的一部分，关系到人的生命健康安全，为进一步提升社会和谐、保障与改善民生、创建美好家园，需对医疗服务设施的建设进行完善与配置优化。

1）优化医疗服务资源配置

都市圈是我国目前城镇化的主阵地，因此以都市圈建设为抓手，探索医疗公共服务等保障设施的资源配置优化，对构建国家治理体系和治理能力现代化、实现全面建成小康社会有着重要意义。医疗服务设施资源配置的首要任务是构建完善的都市圈医疗卫生

服务体系，其核心在于医疗服务的分配和供给，这涉及卫生资源决策的统筹，包括资源的获取、分配和消费等过程。

国土空间规划体系为医疗设施体系配置提供了切实的空间实施抓手（列锐明，2021；马星 等，2021；李承清，2020；卢涛 等，2020；王孟和，2020）。在区域层面，国土空间规划主要为应对医疗设施网络尤其是应急医疗设施网络做出必要响应，可进一步划分为空间维度与非空间维度。在空间维度上，重点考虑人口因素，合理确定应急医疗设施规模，对区域卫生资源进行统筹配置（陈秀芝 等，2021），通过制订区域统一的医疗发展规划，疏散核心城市优质医疗资源，加强区域医疗资源共享（牟燕 等，2015；辛怡 等，2015）；在非空间维度上，推行医疗保险的跨区域流转，改善区域医疗服务的公平性不足现象，以区域纵向医联体为单元，重塑基本医疗服务供给体系，从卫生行政部门、医保平台、医疗机构三方，建立医疗资源共享模型，通过完善医疗协同制度保障区域医疗资源整合（张明 等，2014）。

2）构建层次化医疗设施体系

在完善都市圈医疗卫生设施体系的过程中，改善医疗卫生资源配置结构使得供给与需求相匹配，根据人口分布和医疗需求，合理规划医疗机构的布局，避免资源过度集中或分配不均，加强医疗体系薄弱环节的建设。在"五级三类"国土空间规划中逐级落实医疗卫生设施空间布局，进一步构建多层次的都市圈医疗卫生设施空间结构，提高医疗服务的均衡性和可达性，是未来都市圈发展的重要方向（表 6.1）。其中，随着居民健康意识增强，对高端医疗卫生需求逐渐增强，对于大中城市及其主城区，提升现有医疗机构服务能力和质量，加强综合医院和专科医院建设，引进高水平医疗团队和先进医疗设备，满足广大城市居民更复杂、多样化的医疗需求，同时建设多层次的医疗服务网络，包括社区卫生服务中心、卫生院和门诊部等基层医疗机构，分流就医需求，缓解大医院的压力。对于中小城市，加强医疗机构的建设规划，根据人口需求和就医需求，合理布局医疗机构，确保基本的医疗服务能够覆盖到中小城市的居民，加强医疗人才培养和引进，提高医疗队伍的整体素质和能力。对于偏远城镇，基层医疗卫生资源匮乏，体现在人力资源质量与数量均相对不足，医疗硬件设备条件较为薄弱，需进一步建设基本的医疗卫生设施，包括卫生院、社区卫生服务中心等，提供基本的医疗和卫生保健服务。

表 6.1 医疗卫生设施空间体系

设施		职能	空间层级
医院	大型医院	包括国家级、省级、市级综合医院，专科医院，中医医院等，提供各类医疗服务和诊疗功能。综合医院通常设有多个科室和医疗技术设备，能够处理各类疾病和医疗需求，专科医院则侧重于某个特定领域的医疗服务	中心城市与一般城市
	中型医院		
	小型医院		

续表

设施	职能	空间层级
医疗技术支持机构	包括医学检验机构、医学影像诊断中心、药品供应机构等，为医疗机构提供技术支持和医学检测服务	根据医院规模等级配置
医疗研究机构	包括医学院、研究所、医学实验室等，致力于医学研究和创新	
康复机构	提供康复护理和康复治疗服务，包括康复医院、康复中心、康复护理院等	
卫生院	提供基本的医疗服务和卫生保健，包括常见病、多发病的诊治，以及基础的医疗设备和药品供应	县级或乡镇级
社区卫生服务中心	提供基本的医疗服务、预防保健和常见病、多发病的诊治，方便居民就近就医和获得基本的医疗保健	社区或居民区域

资料来源：根据《医疗机构设置规划指导原则（2021—2025年）》整理。

2. 畅通医疗资源流通网络

都市圈内的医疗资源流通分为两方面，一方面是供给端与供给端之间的流通，另一方面是供给端和需求端之间的流动。区域医疗卫生设施是一个相对独立的系统，系统内部的供给与需求不是静止的平衡，而是应该在各种资源的流动中实现有序的动态平衡，其中，医疗机构是供给方，包括医院、诊所、社区卫生服务中心等，它们提供医疗服务、医疗技术和医疗设备，患者是医疗服务的需求方，他们寻求医疗服务来满足自身的健康需求。都市圈内医疗供给网络和需求网络空间异质性较高，供需网络之间的流向存在一定的失衡，即中心圈层承载了密集的医疗需求与供应的同时，外围圈层的就医需求需要在较远距离的异地满足。医疗卫生服务供需网络的目标是优化医疗资源的配置和利用，提高医疗服务的质量和效率，满足人们对医疗卫生服务的需求。

1）提高医疗供需网络流动性

国土空间规划中还可以结合交通网络的布局提升医疗设施网络的可达性，包括公路道路、公交线路、轨道交通等。合理规划交通设施的位置和连接，使医疗服务设施在都市圈内的交通便捷，方便居民就医。同时，交通规划还可以考虑医疗救援通道和应急转运通道，提高医疗服务的响应速度和效率，通过加强供需网络的多向流动，减少由过度依赖单一方向流动的医疗供需网络带来的韧性隐患风险。

除了在国土空间层面促进医疗供需网络的资源流通，制度层面也需要宏观上的顶层设计，如在都市圈范围内推动跨区域医疗保险制度整合，实现医疗保险的互认和跨区域就医的便利化，使居民能够在都市圈内的不同地区享受相同的医疗保险待遇，鼓励居民就近就医，减少医疗资源流通的障碍。此外，推动远程医疗与互联网医疗，利用远程医疗技术和互联网医疗平台，实现医疗服务的线上线下结合，患者可以通过远程诊断、在线咨询等方式获取医疗服务，医疗资源得以跨越地域限制，满足需求端的就医需求。通过建立有效的信息流动、资源协调和服务协作机制，使医疗服务供给方和需求方能够有

效地对接，实现医疗资源的合理分配和优化利用。

2）提升医疗资源供给效能

在都市圈一体化的趋势背景下，应发挥都市圈核心极的扩散效应，通过搬迁、建立分院、托管中小型医院等形式，疏散中心城市丰富的医疗卫生人力、物力资源，使来自外围城市的患者能够留在本地就诊与享受优质医疗服务（辛怡 等，2015）。一方面是建立起上级医疗机构与社区基层医疗卫生服务机构的联动渠道，各级医疗卫生机构探索建立跨市域医疗联合体，以加强各级医疗机构资源的合理利用（赵湘，2021；辛怡 等，2015），区域内的三级医院可以和与下级医疗职能互补，如提升上级医疗的人才培养向下级医疗的流动，鼓励医疗人才的交流，促进医疗资源的共享和优化配置，通过培养和引进优秀的医疗人才，提高医疗机构的整体水平和服务质量。另一方面，引入智能化管理系统，应用人工智能、大数据和物联网等技术，构建智能化管理系统，系统可以根据需求量、资源利用率等指标，实现医疗资源的实时监测和调度，进行资源的优化配置和流通。

3. 完善医疗协作协同模式

1）优化医疗调配和协作机制

优化城市之间的医疗资源配置，以形成区域互补发展格局，避免资源过度集中和重复建设。首先，建立医疗资源协调机构，设立专门的医疗资源协调机构或委员会，负责统筹都市圈内医疗资源的调配和协作。该机构可以由各级政府、医疗机构代表、专家学者等组成，定期召开会议，制订调配方案和政策，推动医疗资源的优化配置。其次，根据都市圈的特点和需求，制订相应的医疗资源调配政策。政策可以包括鼓励跨机构、跨地区医疗资源的共享与合作、优先支持基层医疗机构发展、鼓励优质医疗资源向人口密集区域倾斜等。最后，制订医疗资源调配监管措施：建立医疗资源调配的监管机制，加强对医疗资源调配情况的监测和评估，通过定期评估、考核和奖惩机制，确保医疗资源调配的公平、合理和高效。通过建立和完善都市圈医疗服务合作和共享机制，实现资源共享和协同发展，确保小城市的居民能够获得必要的医疗服务。

2）搭建医疗服务协作平台

建立统一的医疗资源共享平台，通过信息化技术实现医疗资源的实时管理、调配和共享。医疗机构可以在平台上发布资源供给信息，其他机构可以根据需求进行资源申请和调配，实现医疗资源的合理流动。通过定期召开会议、建立联络机制、共享医疗技术和经验，提高医疗机构之间的交流与互动，促进医疗资源的共享与流通。

6.2.2 应急服务设施

我国《"十四五"国家应急体系规划》提出，为提高城市应急资源处置效能，应尽快开展城市群应急资源配置的理论与实践探索。应急避难场所是为了应对突发公共事件而提供安置服务的一类设施，是为灾民提供紧急疏散、临时生活、物资储备等的安全场所，如医疗中心、会展中心、学校和体育馆等公共建筑、物资配送中心、紧急资源储备库等，旨在保障灾时居民的基本生活需求（周爱华 等，2016；杨文斌 等，2004）。

我国正处于持续提高安全生产水平阶段，需要进一步加强风险管理和灾害防范工作，以应对不断变化的安全挑战。而目前区域应急服务设施规划尚处于起步阶段，在空间供应上难以匹配灾害发生的时空不确定性。一方面，应急救援体系存在不足。滕五晓等（2010）指出都市圈在应急资源配置上面临城际资源共享程度低、资源调度不及时等困境。武文霞等（2017）提出我国城市群目前存在应急资源分布不均、常态情景下资源闲置、应急情景下资源调配能力不足等问题。付德强等（2019）认为我国应急储备库囿于属地管理，在受灾点发生严重灾害时实行的均匀配置使得应急系统面临效率低下、资源浪费等问题。另一方面，都市圈中大部分城市的应急设施建设仍处于提升和完善阶段，设施数量少、种类单一、规模不足、功能不完等，且较多设施主要面向单一灾种防灾，综合防灾体系建设不足（魏博 等，2010）。此外，区域应急联动机制不完善，在应急防控中城市之间的联系往往被忽视，进而将导致灾害发生时的应急协作不足（韩林飞 等，2020）。

1. 构建应急服务设施体系

应急设施体系是指为了应对紧急情况或突发事件而建立的设施及其运行机制。根据生态韧性理论（Liao，2012；Gunderson et al.，2002），系统在受到外部扰动时，除了使系统恢复到原始状态，还可能通过恢复一部分功能从而达到新的动态平衡状态，而后者一般被视为更接近现实状况的韧性。一般而言，当自然灾害、突发公共卫生事件或重大社会事件等突发扰动发生时，较少对应急设施产生直接的物理性破坏，而是间接通过经济、社会与生态环境等因素对应急设施造成使用中断，因此，都市圈应急设施的韧性本质为通过对外部扰动产生的次生灾害进行吸收、减缓来达到降低其破坏力的同时及时恢复城市系统的正常运转，基于"灾前—灾中—灾后"的全周期视角，构建都市圈应急设施体系是建立高效、韧性的都市圈安全保障体系的重要前提。

1）构建应急设施空间体系

根据突发事件应急治理的现实需求，构建都市圈内跨越行政单元的专业化应急资源管理体系。在中央、省、市、县、乡五级救灾物资储备体系中，都市圈处于省级与市级之间，其作用应定位为协调与传导，都市圈作为通勤与物资交换最为频繁的地理空间，其作为应急物资储备和调配的主阵地具有天然优势。因此，构建高效坚韧的都市圈应急设施空间体系，应结合现有的应急系统和资源，推进应急物流中心与应急集散节点建设，逐步形成层级分明、职权清晰的应急设施体系（林樱子 等，2022），见表6.2。

表 6.2 都市圈应急设施空间体系

设施	职能	空间层级
应急指挥中心	应急指挥中心是应急管理的核心机构，负责组织、指挥和协调应急行动。该中心通常由政府或相关部门设立，配备应急指挥人员和设备，用于快速响应和决策，协调各类应急资源和行动	中心城市
避难设施	避难设施是提供安全庇护的场所，用于保护人员免受自然灾害、恐怖袭击、战争等危险因素的影响，包括地下防空洞、避难场所等，具备必要的生活、卫生、通信和安全设备，能够在紧急情况下提供基本保障	一般城市及县乡级
救援设施	救援设施包括消防站、救援队伍、救护车辆等，用于应对各类灾害和紧急情况，进行人员搜救、伤员救治、火灾扑救等救援行动。救援设施应配备专业人员和先进设备，能够迅速响应和处置紧急事件	一般城市及县乡级
污染防治设施	在应对环境污染和化学物质泄漏等紧急情况时，需要具备污染防治设施。这包括化学品泄漏处理设备、污染物收集和处理设施，以及专业人员的培训和装备，确保污染事件得到及时控制和处理	一般城市
应急物资储备库	应急物资储备库是指为应对突发事件或灾害而提前准备和储备的各类物资，以满足灾害发生时的应急需求	一般城市与县乡级
应急培训和演练场所	应急培训和演练场所可进行各种应急情况的模拟，对相关人员进行培训和演练，提升救援人员和相关机构的应急处理能力	社区或居民区域

2）完善应急资源管理制度

应急资源与其他公共资源不同，其配置具有更强的时间紧迫性等特征，应急资源的管理不善往往致使重大事件中救援响应的不及时，甚至进一步造成范围更广的次生灾害。因此，主要从横向和纵向两个维度对应急医疗资源管理制度进行完善，横向维度是应急子系统及资源属性，纵向维度是事前预防、预警、事中指挥、响应、事后恢复的一系列应急过程出发，对区域应急资源进行分类管理，以便跨区域的应急资源调配，见表 6.3。建立统一的应急资源分类体系和标准，便于不同地区之间的资源对接和整合，明确应急资源的规格、数量和质量要求，以及资源的应急响应能力，为跨区域整合提供基础。建设统一的应急资源信息共享平台，实现资源信息的集中管理、共享和调配，通过信息化手段，及时了解各地区的资源情况，实现资源的快速调度和整合。

表 6.3 都市圈应急系统及相关资源分类

应急子系统	职能	应急资源	应急阶段
预警系统	提前预警和通报突发事件，包括自然灾害、安全事故等。预警系统可以通过各类传感器、监测设备和信息通信技术实现向公众和相关机构发布预警信息，提高应急响应的效率和准确性	灾害监测设备、公共安全检验检测设备、警报设备、监控系统等	预警

续表

应急子系统	职能	应急资源	应急阶段
指挥调度系统	指挥调度系统包括指挥中心、通信网络和指挥车辆等。这些系统用于指挥和协调救援行动，提供实时信息和指导	通信广播、指挥车辆等	响应
救援系统	救援系统指为了应对紧急事件或灾害而组织起来的一系列机构、设施和资源的集合体。它旨在提供快速、协调和有效的救援行动，以保护居民生命、财产和环境的安全	救灾器材储备、医疗救护、食品储备、排涝设备、消毒设备、动力燃料、安全警示标志等	
应急通信系统	在紧急情况下保持通信联系，实现信息的传递和协调。应急通信系统包括应急广播、无线通信网络、卫星通信等设备和服务，确保应急指挥中心、救援人员和公众之间的及时沟通	交通运输、救灾专用道路、通信广播等	
信息管理和共享平台	建立应急事件信息管理和共享平台，用于收集、整理和共享相关的应急信息。该平台可以包括灾害数据、应急资源信息、灾情监测信息等，供应急指挥中心、救援机构和公众查询和利用，提高信息共享和应急决策的效率	信息中心、灾害数据、相关技术人员等	恢复

2. 优化弹性应急空间结构

科学、合理地布局应急避难设施及其空间场所是保障都市圈应急体系高效运作的关键（吴超 等，2018）。都市圈中应急设施的空间建设不同于普通的公共服务设施，由于应急情景的不确定因素，应急设施常具有使用率低、使用频率不稳定、设施功能复合性等特点，使得在城市用地条件紧张的前提下应急设施的空间选址往往会面临建设空间不足、建设容量过高或过低的困境。有学者进行了进一步的调查，如周爱华等（2016）、吴超等（2018）、李旭阳等（2023）分别以大连、广州、北京等大城市和超大城市为研究对象进行了应急设施的可达性分析，发现这些地区的应急设施普遍存在空间分布不均衡、与人口分布匹配性低、设施可达性低的通病。优化现有应急设施空间结构，建立弹性的应急空间体系，可以从科学重组一般性与应急性物理空间、提升应急设施和交通网络的耦合两方面展开。

1）构建弹性应急空间结构

优化都市圈应急空间结构，合理配置应急性空间场所。应急避难场所一般可分为三类：固定避难场所、紧急避难场所和中心避难场所（吴超 等，2018）。固定避难场所主要面向某类频发灾害事件如地震、洪水、台风、暴雨，需科学规划建设，一般考虑位于相对中心与安全的区域，并避开潜在的自然灾害源和污染源；紧急避难场所主要面向交通事故、建筑坍塌、爆炸、突发公共卫生事件等，日常中使用的不确定性较高，因此可兼具其他公共服务设施功能，一旦发生紧急事件，需满足适灾化改造的空间需求，应规

划建设在人口密集、交通便利的区域，以便人们在短时间内到达；中心避难场所主要面向区域重大安全事故，应位于都市圈核心地带或重要区域，周边分布完整的医疗设施、通信设备、应急物资储备等，同时配备供气、供水、供电等重要设施以提供更全面的救援和支持，为提高资源利用效率，还可以兼顾多种功能，例如作为医疗中心、应急指挥中心、物资集散中心等。都市圈层面的应急体系综合规划需要协调避难场所、紧急避难场所和中心避难场所之间的空间组织，考虑整个都市圈范围内的分布、需求和联动关系，确保全面覆盖和相互协同，减少避难距离和时间成本。

2）提升应急交通网络耦合

提升应急设施和交通网络的耦合及应急设施的时空可达性。一方面，提升物流交通设施和应急设施的网络衔接与支撑能级，利用都市圈中心城市的铁水公空等对外联系优势，结合都市圈中的城镇联系网络，构建"物流总部+综合物流园区+分配中心"的应急物流交通体系，同时根据都市圈内部的城市应急分工，区分不同等级、不同类别的物流运输通道，并保持其运转畅通与运输安全；另一方面，提升应急情景中的应急物资流动的交通调度效率，增强交通设施的应急功能，在交通设施的设计和建设中考虑应急功能，如设置应急车道、紧急停车区域、应急电话、救援设备存放点等，通过建立多种交通模式的衔接和转换机制来应对可能的突发事件，提高应急救援的灵活性和效率，包括地铁、公交、轻轨、出租车等公共交通工具与救援车辆之间的衔接，此外，还可为应急救援车辆提供专用的绿色通道等。

3. 完善多情景联防联控模式

除"硬"性设施外，都市圈应急救援体系还应形成良好运行的"软"环境，有些学者认为需要构建各个应急主体信息互通、行动协同、组织柔性的框架。例如，王兴鹏等（2016）基于知识协同理论，提出了跨区域突发事件应急协作体系框架，该框架包括作为组织形式的知识协同网、作为技术支撑的知识协同平台及相应的保障机制。赵金龙等（2019）以应急指挥中心合作模式的研究视角，分别划分请求型协同机制、预案型协同机制、共享型协同机制和任务型协同机制四类协同机制，并对各个部门之间的合作方式进行了研究。

1）常态情景下协同防控模式

区域应急资源共享的本质是资源整合（武文霞 等，2017），在常态化下的应急体系建设中，主要着眼于构建应急物资流通的物理保障，通过应急物流平台的完善、人员结构的优化、仓储基地的建设等措施，提高应急物资运输保障能力，提升突发重大安全事件下的应急物资的供给水平。此外，建立资源配置与调度模型，在此基础上对信息平台、调配平台、指挥平台等协作平台进行优化，从而建立分区、分级、分类的多元主体联动机制。

在应急机制方面，着眼于构建应急资源调配的协调机制。建立都市圈区域应急管理委员会、应急指挥中心和应急管理研究中心等（赵林度，2009），明确医疗、公安、消防、交通等应急相关部门的责任，增强区域应急协同能力。此外，建立常态化的区域性重大灾害情景演练机制，在生产、生活实践中组织面向多灾情景的综合应急演练，强化互助调配衔接，确保在需要时各层级、各区域、各部门之间能进行良好分工协作并高效运转。

强化社会参与和宣传教育机制。通过组织宣传活动、开展培训和演习，提高公众的应急意识和应对能力。此外，与社会组织、志愿者团队建立合作关系，实现公众参与和社区支持，对应急工作起到积极推动作用。

2）应急情景下协同处置模式

健全自然灾害危险区域分级的评价体系，通过对不同地区的风险程度进行评估，确保灾害资源的合理配置和优先保护。联合开展跨区域、跨流域风险隐患普查，全面了解可能存在的灾害隐患，为制订防灾预案提供准确的基础数据。编制联合应急预案，明确各方责任和行动方案，确保在灾害发生时能够迅速响应和展开合作，完善联合指挥、灾情通报、资源共享、跨域救援等机制。完善都市圈区域联防联控机制，统一应急管理工作流程和业务标准。

明确多灾情景下的多部门联动应急处置模式。面向抗震救灾、防汛抗旱、森林草原起火、重大海啸等主要灾害，进一步完善多部门协同机制，如整合都市圈内不同灾害应急队伍，功能相似的队伍之间可进行兼并或重组等，同时对资源不足的队伍进行资源倾斜，实现从人员到物资的资源整合。根据各个部门的现有合作方式，完善突发事件下的全周期响应与处置机制，建立完整的应急处置链条，包括从灾前的风险隐患早期感知、识别、预警和发布，到灾中的应急物资准备、指挥通信、装备配备、紧急运输和远程投送，最后是灾后的生产恢复和协同重建等过程。通过强化区域防灾协同体系在面对自然灾害时的应对能力和效率，最大限度地减少灾害造成的损失。

6.3 新型设施智慧创新

推进新型基础设施建设是党中央、国务院的重大决策部署，也是稳定投资、扩大内需、促进经济增长的重要途径。加快建立健全有助于传统产业数字化、智能化转型的信息基础设施是当下新基建的重中之重（吴鹏等，2024）。目前，都市圈的新型基础设施建设主要涵盖三个领域：首先是信息基础设施，主要包括三大类，分别是以移动5G、物联网等为核心的通信基础设施；以人工智能（artificial intelligence，AI）、区块链等为代表的新技术基础设施；以智能计算中心、数据中心为代表的算力基础设施；其次是创新基础设施，依托国家级创新平台和实验室的支持，建设全新的人工智能创新发展实验区，并在全国范围内建立一批重要的研究机构，推动数字建筑、人工智能、存储芯片等领域的技术创新，实现国家级发展目标；最后是融合基础设施，将传统的市政、交通、能源、农业、医疗、教育体系进行融合，以实现城市的智能化。此外，还需要部署和升级智能融合的交通基础设施，以巩固和提升交通枢纽的地位[①]。

6.3.1 信息基础设施

1. 打造高速信息基础设施网络

构建多层级的都市圈网络通信基础设施体系，加深其与其他产业的深度融合，逐步形成与发展为具有乘数效应的空间建设模式。其中包括大幅度拓展 5G 网络和千兆光网的使用范围，构筑多源异构的高效计算环境，通过广泛采用人工智能技术及区块链技术提升骨干网效能。

1）建设高质量 5G 网络

致力于将 5G 网络推广至更多的应用场景，特别是基础设施建设领域。例如，在高速公路、高铁等交通工具上增加 5G 的覆盖范围，并在商业中心、交通枢纽、旅游胜地等地拓展 5G 技术的使用；在工业园区和制造业相关行业加强 5G 虚拟专网的建设，并在一些关键领域如汽车行业中开展 5G+技术的实践；加强 5G 网络的共同发展和分布式管理，促进网络漫游和农村地区的低频通信。

2）提升骨干网效能

为了满足日益增长的网络需求，部署 200G/400G 超高速光传输系统，并加强对网络的管理，以确保网络的高效运行。此外，开展网络拓展改造，加强国家级互联网骨干直联点建设，以确保都市圈骨干网络质量；大幅度提高端到端的负荷能力，并且迅速地实现 IPv6 的升级改造，以满足不断变化的网络需求。

2. 统筹部署信息基础设施建设

重点建设都市圈时空大数据平台，联通国家卫星通信网组网工程，促进网络地表设备发展，建设天地融合的信息网络。创造新供给、激发新需求、培育新动能，狠抓实干、加快步伐打造基于 5G、AI、卫星互联网等高新技术的基础信息网，实现全方位覆盖。一方面，加快信息基础设施同交通领域的融合，形成涵盖城际高速铁路等在内的智能化枢纽交通网；另一方面，加快其同能源产业的有机结合，形成包括特高压、新能源充电桩等在内的智慧能源网，同时还要重视成果的孵化，加快形成集重大科技基础设施、公共服务平台等于一体的科创产业网。

---

① 资料来源：《湖北省新型基础设施建设"十四五"规划》。

1）优化算力基础设施布局

从合理布局和完善建设两个方面，推进算力基础设施进一步发展，构筑完善、高效、可持续、具有国际竞争力的大型数据中心集群，大幅改变现有的信息技术架构，优化信息技术的发展方式，更好地支持不同的信息技术应用场景。数据中心和计算中心是当前各大都市圈投资与建设的热点，为了避免相关设施重复建设，需要统筹布局，引导算力基础设施向低成本、高效益的地区建设发展。建议在都市圈核心城市设立枢纽，实现数据的高效融合及大范围覆盖，以及实现各行各业的高效合作。

2）加快人工智能平台建设

在人工智能行业建设方面推动产学研结合，其中支柱型骨干企业深入积极探索以 AI 基础数据和重大科技领域数据资源的数据中心，探索建立安全、合规、高效的数据共享开放体系；区域龙头企业、高等院校、科研所携手互助，加快 AI 开源软硬件基础平台的研发与落地及开源社区的建设。与此同时，在产学研一体化模式的支持下，汇集骨干企业、龙头企业、高端顶尖人才等多方资源，加快推进人工智能技术在智慧政务、智慧环保等社会全领域的深入渗透，立足于社会所需，推进人工智能技术在交通、医疗等领域的典型应用场景落地，形成与打造都市圈、城市群级人工智能应用公共服务平台。

6.3.2 融合基础设施

1. 融合赋能传统基础设施

1）构建工业互联网网络

为了更好地推动工业互联网的发展，应大力提升都市圈核心网络节点的运行质量，以"域名、标识、区块链"三位一体的模式为基础，构筑一个完整高效的多级多核心节点网络。提升基础电信公司的服务水平，为消费者提供优质的、灵活的、个性化的服务。为了提升工业竞争力，应该大力发展 5G、边缘计算、时间敏感网络技术，并且加强"5G+工业互联网"工程的实施及其他技术的应用，构建更加完善的工业互联网体系，使之成为全球领先的工业互联网平台。大力发展云计算，构建风险监测、风险预警、风险通报、风险防控全覆盖的工业互联网安防体系，以提高网络安全性，保障产品和服务的可靠和稳定。

2）推广高效智能农业设施

大力发展数字农业，以提升大田经济作物、牲畜饲养、渔产饲养等各产业生产效率，加强对农业生产及其相关管理的智能化，包括建设一批高标准的农业示范基地及其示范企业。开发智慧认知、智慧数据分析、智慧管理、遥感监测等智能农业技术，加强对农作物的标识、识别和监管，建立一个统一、可靠、可追踪的农产品质量保证系统，并利

用区块链和其他先进的技术来实现对整个过程的实时监控。通过引入物联网、人工智能系统、卫星定位等先进的信息技术，加强对农村制造设备的现代化更新，实现更加高效、精准的管理工作。同时，加强对机械手、机器人、无人机的研发，实现更加先进的耕作方式。通过大力发展和普及农机作业监测、维护和诊断等技术，实现农机作业的提质增效。

加快推进农业农村电商发展，建立健全农产品冷链运输和仓储基础设施。一方面，鼓励与引导新型农业经营户广泛参与农村电商，依托互联网开展业务，同时启动与贯彻落实"互联网+农产品"出村进城工程，依托电商平台，扩大农产品营销范围，实现农产品从农村的对外输出；另一方面，要优化完善农村电子商务基础设施，加快推进农产品批发市场等平台的建设，以拓展农产品交易渠道。同时，鼓励与引导新型农业经营主体依托线上渠道，加大对农产品的宣传，并建立线上交易系统，实现农产品的在线交易。此外，高度整合涉农部门的各项资源和数据，打造农业农村大数据中心，广泛收集与共建共享农村产业数据，并利用大数据技术，深度剖析与解读农村优势产业、特色产业、拳头产业，以助力农村农业高效化、现代化、精细化发展。

3）推动交通设施数字化升级

智能交通是传统交通设施的有效补充，面对都市圈的庞大的交通需求，交通设施的现状与增量供给显然都不够充足，智能交通依靠实时、准确的数据共享与信息处理，通过交通管理与调度、组织与协调，提供合理有序、安全畅通的交通方案。因此应大力发展5G、物联网、建筑信息模型、地理信息系统、北斗导航等前沿科学技术，并将其融入城市与区域路网的规划、设计、施工及维修当中，促使车路协同、自动驾驶的实现，从而实现城市路网的全面智慧化，并促进城乡之间的交通和物流。依托机场、港口，开发多种物流方案，包括智能仓库、集装箱配送、冷链物流和电子商务，促进各领域的信息资源得到有效的交流和利用，以便不同地区之间更好地协作。

2. 部署智慧城市多领域建设

1）建设智慧低碳能源设施

利用数字化与智能化手段，面向能源生产、储存、利用与再生等环节进行管控优化，为都市圈提供清洁能源供给方案。高度集成物联网、大数据等先进技术，以需求为导向，以安全为底线，加快建成全域工业物联网通信网络，以更好地满足电厂多元化需求。在火电、水电等能源领域，以5G技术为依托，全面升级工业监测与控制网络，推进人工智能等高新技术在生产控制、运维等关键领域形成特色应用。在智能变电站领域，加大无人机、应用机器人的投入，加快智能调控系统的改造升级，以实现电厂作业智能化、电厂巡检自动化。在智能充电领域，一方面，依托城市加油站等既有的场地资源，加快智能充电桩的落地与应用；另一方面，深入摸索与建立新能源换电系统，加强智能换电站的建设，以此为新能源汽车产业的稳健发展提供强有力的保障。在智能电网领域，要打造适应性强的能源网络互联机制，实现电、气、热等多种能源的高效转换和协同转化。此外，搭建智慧能源服务平台和"源-网-荷-储"互动调控体系，实现能源的自动化检测和需求的智慧响应，强化政府、企业、能源供应商和服务商的多方主体的能源综合管理和服务能力。

2）建设协同智慧水利设施

创新"水利一张网"，使其具备更好的数据收集、传输与分析功能，不断拓展监测站网，增强监测能力。加强对重要江河湖泊的水文监测，以及对大、中、小型及其他特殊类别的水库的安全性、水质状况的检查，加强对水利项目的施工质量的检查和大、中、小型工程的安全性的实时监督。加强对城镇、乡镇和村庄三级的供排水系统的监控，并加强对敏感地区和关键区域的监控。为了更好地解决水利问题，需要启动都市圈水利大数据资源目录的编制并打造一个能够实现互通共享的数据资源体系，该体系将包括收集、存储、管理、共享水利大数据，通过运用数据分析与挖掘技术，更好地支撑相关政策的制定。

3）建设智慧医疗教育设施

围绕智慧医疗、智慧服务、智慧管理三个方面，加速综合型医院智慧改造建设。加快医疗专网、远程医疗服务平台和视频云服务平台建设，推动都市圈互联网医疗服务平台与不同类型和层次的医疗服务主体合作，提供线上线下一体化的综合医疗服务，实现医疗资源的高效配置和优质医疗资源的高效利用。搭建集医院综合运营系统、医疗废弃物综合管理系统、智能能源监控系统等于一体的医院综合管理平台，实现医院管理的提质增效。建设都市圈级医疗健康大数据中心，整合人口信息、电子健康档案等卫生健康信息资源，完善电子病历数据库，实现电子健康档案和电子病历的跨医院、跨平台、跨区域的共建共享，形成各项医疗数据资源相互联通的全民健康信息平台，同时依托大数据，建立健全配套的传染病预警和响应机制，优化完善与之相应的基础设施，以切实提高重大公共卫生安全事件防控水平和应急水平。

为了更好地促进智慧校园的发展，应该大力发展各种智能学习场所，如网络课堂、模型制作中心、电子阅读中心、自动驾驶车辆中心、自动投币机中心、自动驾驶培训中心、自动驾驶考场等。以 5G 技术赋能打造综合的教育信息化平台，并在此平台上实现对不同领域的信息交流与分析。通过引入 AI 技术，进一步发展针对不同地区、不同学校、不同人员的细致化、多样化的教学方案，为高等院校、中小企业的人才培养方式带来革新，促进学生的专业技能训练、安全管理、环保、技术等方面的发展。利用"专递教室""名师课堂教学""名校网上教学"等多种渠道，不断拓宽优质教育资源的范围，减少地域及学校之间的教学差异，促进全民素质的平衡提升。

4）建设智慧社会治理设施

以构建都市圈大数据平台为核心，与其他市级大数据平台相连接，形成完整的大数据中心，并构建"横向到边、纵到底、统一出口"的数据通道，使数据资源可以在不同级别行政部门之间流通和传输，提升整体的治理运营效率。为了更好地促进"城市大脑"的发展，应打造一个跨层次的、全面的"一屏感知"系统，整合政府、企业、个人的信息，包括技术、经济、法律、文化、教育、医疗、环保、交通、安全、能耗、能力、环境监督管理、社会环境监督，将其融入城市治理、生态环保、公共安全、紧急救援等多个领域。此外，在都市圈、市级两级，搭建智能空间大数据分析网络平台及三维空间地理信息系统网络平台，提高整个大中城市的智能化水平。

6.3.3 创新基础设施

1. 构建创新基础设施体系

当前创新基础设施的布局缺乏系统性，缺乏空间链和价值链的构建，无法形成集群效应。此外，由于前期投资较高、盈利周期较长，这些设施的长期可持续发展受到了一定的限制。为了解决这些问题，需要综合考虑各种因素，从系统层面进行顶层设计，推动设施建设的有序化和集群化发展，着力建设有力支撑国家发展的重大科技基础设施，发挥科教优势发展产教融合创新平台。

1）布局源头创新基地

为了满足国家战略需求，应该迅速建设一批具有先进水平的实验室、重大科技基础设施等，并在都市圈内统筹布局一批重点科学研究平台，以此来提升创新能力，并最终成为科技创新的重要策源地。通过整合高校院所和大型企业的科研资源，将其纳入国家实验室的布局之中，支持重点院校和科研单位，充分利用自身优势资源，广泛积极参与都市圈实验室体系建设，以加快助力优秀成果和前沿成果的落地。支持各都市圈推进光电国家研究中心、智能制造国家研究中心、量子信息科学基地、国家水科学研究中心等建设。引导高校院所、龙头企业围绕国家战略、区域发展需求，在医学、地学、农学、纺织等领域谋划建设一批国家重点实验室；在公共卫生等领域建设一批国家临床医学研究中心、国家医学中心。支持与鼓励高水平研究型大学加快建成跨学科、跨领域的前沿科研平台，增强原始创新能力（朱巍 等，2020）。

2）强化科技基础设施支撑

建立更多的先进科学设备设施，如微生物、作物表型组学、磁阱型聚变中子源、第4代同步辐射光源、超级计算机中心及用于研究地质结构的复杂设备。加快谋划空天信息、脑科学、原子频标等重大科技基础设施建设。将各类资源有倾向性地支持打造科研工作管理中心、精准计算研究与信息技术创新研究所，以及一系列研究和科技创新网络平台，以满足不断变化的科技需求，尤其是在数据库、生命医疗工程科技、纳米与量子、人工智能和新材料等基础研究方面。培育国际一流的科学技术创新服务中心，为科技创新提供基础性支撑服务工作，并积极打造产学研合作平台，促使企业、科研机构、教学机构更好地开展合作。

3）完善区域创新载体

以都市圈优渥科研资源和人力资源优势为支撑，实现区域的科学布局，释放区域创新潜能。建设区域创新载体如武汉都市圈光谷科技创新大走廊，加强产业链和创新链的联动协同，形成区域创新共同体，全面强化区域创新能力。对于资源雄厚、经济发展迅速的城市，则加快打造区域性创新高地和产业创新基地，建设共性技术研发和科技成果转化服务平台，推动都市圈外围中小城市的产业转型升级和绿色发展。推动都市圈中心城市在国家创新发展格局中发挥战略支撑作用，同时鼓励与支持其他城市打造区域创新中心，利用自身的优势资源，发展特色高新产业，并依托产学研一体化模式，通过政府、企业、重点高校和科研所的协同合作、资源互助，搭建智慧城市创新示范区，为区域智慧光纤等高新技术产业的发展提供助力。

2. 搭建高科技创新创业平台

着力推动企业技术创新平台、新型研发机构、创业孵化载体、公共服务平台等多类型高科技创新创业平台的统筹优化，不断完善基础研究、应用研究、技术开发与转化、创业孵化、产业培育链条，打造更高定位、更高质量、更高水平、更高效率的创新创业平台体系。

1）深化"产学研"创新平台体系

通过加强对企业的引入、强调市场需求的引导、推动产科研的有机结合，大力发展国家级的科技创新型平台，包括信息光电子产品、数字化设计和制作、先进存储、区块链、北斗引导、新型显示、海洋生物医疗和智慧制造业等战略性新兴领域（中国工程科技发展战略研究院，2023），并鼓励各大高校、领域龙头企业积极参与，共同创造出更加具有竞争性的技术、产业和制造业技术创新发展环境。通过对当前的工程研发、企业技能、科学技术和重要的实验室的改造和完善，打造一个具备全球竞争力的高水准的科学技术创新平台，支持与鼓励企业在美国等区域搭建海外研发中心、海外创新中心等，吸引海外高端人才和先进技术。

推动科研基础设施开放共享。牢牢抓住各都市圈在科研、人才等方面的资源优势，提高区域创新综合能力，引导重点高校重要科研平台的对外开放，形成社会广泛参与、创新要素资源有效流通的科研环境，发挥高校院所在重大技术攻坚中的重要与关键作用。加大国家级、省级等高新产业园区的投入，鼓励重点高校与企业的深度合作，以加快前沿科技成果的转化与落地。

2）布局"一体式"公共服务平台

围绕当地主导产业建设一批包括设计研发、试验检测、知识产权交易保护等于一体的公共服务平台，为企业提供产品研发、小试生产等技术服务，以及技术咨询、技术服务、技术培训、成果交易转让等专业化服务。构筑都市圈科技创新体系，引导科创服务型机构、企业在重要科技创新发展区如光谷科创大走廊落户，以支持都市圈广大腹地区域的科技创新，提升整体科技创新能力水平。积极引进培育知识产权、科技咨询、创业投资、科技金融、人力资源、法律等专业科技服务机构。

第 7 章 产业提升路径

都市圈作为具有更高生产要素浓度和更强吸收能力的开放系统，正逐渐取代单一城市节点，成为产业发展的主要空间载体和国家及地区经济增长的核心动力源。培育现代化都市圈需要良好的产业体系作支撑，产业韧性的提升对都市圈的稳定发展至关重要，是都市圈网络建设的关键。目前，都市圈产业发展面临产业结构不平衡、产业升级转型困难、产业网络结构不稳定、协同创新能力不足等一系列问题，亟待探索都市圈产业高质量发展的路径及提升策略。本章按照"产业体系协同创新—重要集群多元集聚—产业园区整合优化"的思路（图7.1）展开。首先，产业体系协同创新，要从现代农业体系、现代制造业体系、现代服务业体系三个方面优化产业网络结构；其次，推动重要集群多元集聚，要将优势集群、创新集群、应急集群三大集群作为建设的主攻领域；最后，要从产业定位、产业结构、产业布局等方面整合优化产业园区。本章的部分研究内容来源于作者团队近年来的研究成果（陈梦雨 等，2023；化星琳 等，2023；伍岳，2023）。

产业体系协同创新		
现代农业体系	现代制造业体系	现代服务业体系
都市农业优化	高端要素培育	重点要素聚集
产业多元融合	整体效率优化	跨界融合发展
服务体系健全	创新驱动循环	新兴业态培育

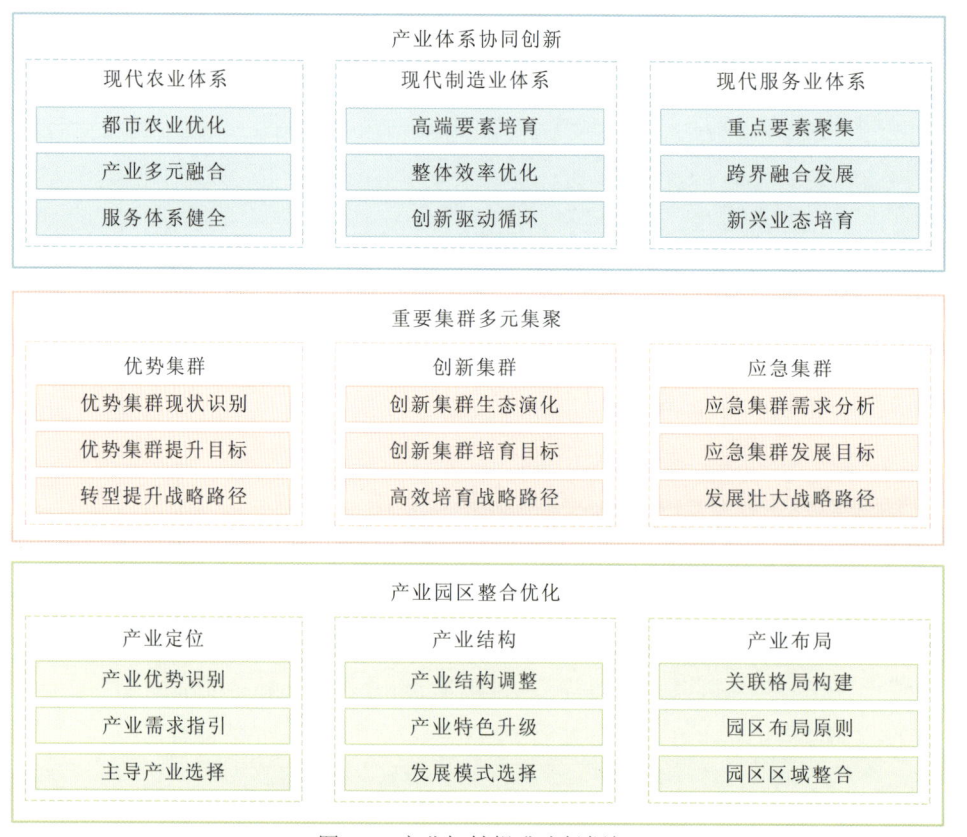

重要集群多元集聚		
优势集群	创新集群	应急集群
优势集群现状识别	创新集群生态演化	应急集群需求分析
优势集群提升目标	创新集群培育目标	应急集群发展目标
转型提升战略路径	高效培育战略路径	发展壮大战略路径

产业园区整合优化		
产业定位	产业结构	产业布局
产业优势识别	产业结构调整	关联格局构建
产业需求指引	产业特色升级	园区布局原则
主导产业选择	发展模式选择	园区区域整合

图 7.1 产业韧性提升路径框架

7.1 产业体系协同创新

构建产业协同创新体系是建设现代化都市圈、提升都市圈网络韧性、实现一体化发展的重要内容，需要通过农业、制造业、服务业的融合发展，充分发挥市场配置资源功能，优化产业网络结构，提出促进现代化都市圈产业体系建设路径，以协同机制变革作为保障，为都市圈发展提供有效着力点。

7.1.1 现代农业体系

1. 都市农业优化

都市农业是指在城市或城市周边地区进行农业生产的一种新兴模式，旨在通过合理利用有限的城市空间和资源，满足城市居民对食品的需求，提供新鲜、安全的农产品，促进城市生态环境的改善，并推动经济可持续发展（杨振山 等，2006）。目前我国农业体系发展存在以下挑战：一是，都市圈内土地资源有限，都市农业在规划过程中缺乏整体策划和技术支撑，成为边缘性存在，限制了都市圈的农业发展；二是，信息化时代的到来加速了市场变化，如何应对市场变化，以及市场需求的多样性、提升农产品特色等成为提升农业产业升级的核心。为了提高食品安全性、改善城市绿化与环境，促进可持续发展，应大力发展都市农业，提升都市农业产业韧性。

1）规划强化，促进资源整合优化

根据都市圈发展需求，制订都市农业发展规划，合理划定农业用地，推动土地整合和调配，优化土地利用结构，提供土地保障。通过土地流转、扩大农业用地规模、提高土地利用效率等手段，使农业用地更加集约化、规模化，并将分散的农田合并成大块种植区，提高农业效益和农民收入。明确都市农业在城市规划中的定位和布局，同时促进农业与城市的融合发展，打破传统的城乡二元结构，实现农业生产与城市经济、社会、文化的有机结合。如在城市规划中加入农业景观设计，可将农业生产区作为城市绿化带和生态廊道的组成部分等。

2）技术支撑，推动可持续创新

设立农业科技研发基地，吸引农业科研机构、高校和专业团队入驻，加大对都市农业相关技术的研究和开发投入。利用云计算、大数据和人工智能技术，建立农业数字化管理系统，推动种植技术、智能设备、数据分析等领域的创新发展，采用先进的农业技术和生产模式，注重资源的高效利用和环境保护，提高生产效率、节约资源、减少环境污染。

3）机制保障，提升品牌知名度

建立都市农业产品的质量监管机制，加强对产品质量、食品安全等方面的检测监管，提高消费者对都市农业产品的信任度，制订都市农业产品的生产标准和认证制度，确保产品质量和安全，推动市场认可。同时注重特色种植、特色产品开发，强调本地文化、地理环境和优势资源等方面的特点，打造独特的品牌形象，加强市场营销和宣传，提高品牌知名度和市场影响力。

2. 产业多元融合

要实现农业体系的协同创新，需要产业多元融合（刘振滨 等，2018）。现阶段，必须突破现有传统农业的发展模式，优化都市农业产业结构，提升产业韧性，走产业多元融合的发展道路。应适时优化农业布局，推动城市群农业生产的协作与互助，确保农业供应链的稳定。都市圈的农业结构布局决定了都市圈中各个区域的农业定位，以及都市圈现代农业在当地经济中的行业地位。

1）推动现代农业与加工业深度融合发展

将农业与农产品加工紧密结合，打破行业壁垒，通过农产品深加工延伸产业链，建立产业联盟或合作机制。例如，将农产品精深加工为方便食品、健康食品、农副产品等，通过创新产品包装、加工、品牌延伸等方式，增加产品的附加值。同时，建立农产品加工园区或农产品加工企业集群，提供加工设施和技术支持，推动农产品加工的发展，通过密切合作，实现农产品供应链的高效运转和产业协同发展。

2）促进现代农业与康养文旅多元互动

结合当地的自然资源和文化特色，发展特色农业产业，组织农民技能培训和农业文化展示，举办农产品展销会和农产品制作体验课程，推广农业文化体验。将农业与旅游业相结合，开展农业观光、农家乐、农事体验等活动，丰富农村旅游产品。开展农业与绿色产业的交流与合作，如农产品供应给酒店、餐厅和健康养生机构，推动农业与康养文旅的有机融合。

3）建立畅通的现代农业供应链系统

现代农业发展与建设应与供应链各环节建立长期稳定的合作关系（许玉韫 等，2020），与农民合作社、农业合作社等组织建立良好互动，确保农产品的稳定供应和品质控制。与零售商、餐饮企业、电商平台等建立合作伙伴关系，拓展市场销售渠道。建立信息共享平台，加强农民、生产商、批发商、零售商等各个环节的沟通与合作。及时分享市场情报、供需信息和物流动态，提高信息透明度，实现供应链各环节的协同配合，提升供应链的畅通运作与韧性水平。

3. 服务体系健全

现代农业依赖于高效的农业设施来提高产量和品质（胡建，2012），而目前大部分都市圈内的农业设施建设相对薄弱、缺乏现代化的农业生产设施和基础设施。例如，部分地区缺乏农业温室设施、智能化的种植系统、灌溉系统和气候控制设备等，限制了都市圈内农业的高效、可持续发展。

1）健全农产品的物流体系

提高农产品的运输效率和保鲜能力，建设冷链物流设施，优化配送网络，加强冷链物流信息化管理，实现对冷链运输环节的监控和追溯。确保农产品从产地到消费者的快速流通，并保持产品的新鲜度和品质。采用科技手段提高物流运输的效率，如利用物联网技术进行货物跟踪与监控，优化路线规划和配送计划，降低运输成本和时间。利用智能化技术提前预测需求，合理调配资源，提高物流运输的灵活性和响应速度等。

2）建立农产品集散中心

在都市圈内建设农产品集散中心，作为物流的枢纽，方便农产品的汇集、分拨和销售。集散中心可以提供仓储、分类、包装、加工等服务，并与各个环节的参与者建立紧密合作，形成协同效应。鼓励农业企业、物流公司、零售商等主体之间建立合作关系，形成物流资源的共享和优势互补。通过合作，可以减少物流环节中的重复投入和浪费，降低运营成本，并提高物流效率和服务质量。

3）加强科技创新和研发支持

加大对农业设施技术创新和研发的投入，推动农业设施的智能化、节能化和生态化发展。鼓励科研机构、高校和企业开展合作，促进技术的转化和应用。同时，制订并完善农业设施建设的标准和规范，确保设施的质量和安全，加强对设施的监管和检验，落实设施的维护和管理责任，保障农业设施的正常运行和使用。

7.1.2 现代制造业体系

1. 高端要素培育

现代制造业体系是构建现代都市圈的关键要素（林樱子 等，2022），是都市圈产业发展的核心动力之一。实现该体系协同创新，必须深入理解其内涵并解决都市圈中各城市间的制造业体系协作问题，厘清都市圈内制造业体系内部各城市的协同问题，明晰都市圈内构建现代化制造业体系的着力点。随着我国经济从工业化中期过渡到后期，调整产业结构、推动产业提质增效、增强产业适应性以满足经济发展的需求迫在眉睫，加快高端要素培育是促进现代制造业协同创新驱动发展的关键。

高端要素包括先进技术、高级人才、高附加值产品、研发与创新能力及管理与运营能力（刘艳，2014）。其中先进技术包括生产技术、工艺和装备等，例如数字化制造、物联网、人工智能、大数据分析等先进技术应用能够提高生产效率、产品质量和创新能力；高级人才包括具备高水平专业知识和技能的科研人员、工程师和技术人员，其在研发、设计、制造、管理等领域拥有丰富经验和专业能力，能够推动创新和技术进步；高附加值产品具备创新设计、高品质、个性化定制等特点，能够满足不断升级的消费需求，提供更高价值和利润空间；此外，研发与创新能力，以及管理与运营能力也是高端要素培育的重点，是不断推动技术进步和产品升级、确保高端要素有效运作和产生价值的关键（原毅军 等，2019）。需大力促进产业间的合理密切联系，提升高技术、高附加值的产业占比和基础产业和装备制造业水平，培育实力雄厚的企业，占领产业的中高端环节。要实现制造业的跨界创新，必须将传统制造与新兴的互联网、云技术、大数据等信息技术深度整合，改变传统的生产、销售和盈利方式，从而创造出多种新的经济模式。高端要素之间相互关联、相互促进，共同构建现代制造业的核心竞争力，只有充分培育和整合这些要素，制造业才能实现持续创新、高质量发展和竞争力全面提升。

2. 整体效率优化

都市圈内制造业的发展水平直接展现了该都市圈的综合实力与核心竞争能力，体现出其在满足经济社会发展需求方面的能力高低。以推进高品质的协同创新为目标，通过改善设计、精确的资源配置、智能化生产、综合管理和定制服务等环节的紧密结合与互相促进，打造出质量上乘、效率高效、智能程度高、资源利用低损耗、对环境友好的制造业体系（林樱子 等，2022），从而实现制造业体系整体效率的提升。

1）加强都市圈制造业产业链协同发展

制造业产业链协同发展是指在不同主体在产业链上各个环节之间进行合作与协调，共同推动整个产业链的优化和高效运作（陈梦雨 等，2023）。上游材料供应商、中游零部件制造商、下游成品制造商及相关服务提供商等各环节主体可通过建立稳定的合作关系，通过资源共享、共同研发和创新，减少不必要的库存和物流环节，实现资源合理配置，从而实现规模经济和分工协作，提升产业网络韧性，降低生产成本，优化提高协同效率，提升整体竞争力。

2）制造业生产流程的整合与再造

首先通过生产时间、资源利用率、产量、废品率等数据收集，对整个制造业生产流程进行精细化分析，识别生产现状、瓶颈和低效环节；其次明确提升制造业效率的目标，例如减少生产时间、降低成本、提高产品质量等；然后对制造业的生产流程进行重新调整与设计，合理分配人力、物力和财力资源，优化生产序列、调整工作站布局、引入先进的技术和数字化解决方案，如物联网、大数据分析、人工智能和机器人等；进而提高生产的自动化程度，减少错误和人为干预，提高生产效率和质量。

3. 创新驱动循环

1）空间布局层面

根据区域和城市的科技水平和创新需求，形成多元化、开放式、协作式的科技创新网络，从协同创新的角度来建设制造业产业体系，是建设现代化都市圈、实现一体化发展的重要内容和关键所在。结合现状，围绕核心城市布局重要的科技创新节点，形成具有强大驱动核心与辐射效果的都市圈协同创新网络结构（陈梦雨等，2023）。充分利用都市圈内核心城市高校、科研院所、国家重点实验室、国家工程中心等方面的优势资源，构建以基础研究为主导的科技创新平台，并通过人才联合培养、项目合作、组建产业联盟等方式，引领带动其他城市参与科技创新活动。

2）协同关系层面

应搭建以企业为主体，政府和高校、科研院所为支撑的科技创新机制（何郁冰，2012）。企业是主要的需求方，提供市场需求、技术问题和资源支持等，负责实际生产和经营活动，通过协同降低创新成本，提升核心竞争力；高校和科研院所具有专业人才、科研设备、研究经验等方面的优势，作为知识创造、创新产出的重要载体，对产业创新的整合与扩散起到至关重要的作用；政府、金融机构、中介机构等是创新辅助主体，对核心创新主体予以支持与保障。应强化企业在科技创新中的主导地位和自主权利，并通过税收优惠、财政补贴、金融扶持等方式，激励企业增加研发投入和产出。同时，加强政府在规划引导、法规制定、监督评估等方面的作用，并发挥社会组织和公众在科普宣传、舆论监督等方面的作用。促进以市场为导向，需求为驱动的科技创新过程，实现"创新投入—创新产出—创新收入"的良性循环，促进科技成果转移转化应用，提高科技创新水平和效率。

7.1.3 现代服务业体系

1. 重点要素集聚

构建现代服务业体系是深化供给侧结构性改革的核心任务，对于培养新的发展动力、推动产业升级转型具有关键作用。要实现服务业体系协同创新，需要实现服务业体系的重点要素聚集，促进都市圈网络多要素高效整合与协同互动。

1）专业化人才集聚

高素质、专业化的行业专业技术人才、管理人才、创新人才等是现代服务业发展的重要支撑，其应具备较高的专业知识、创新能力、沟通协调能力和客户服务能力，应加大人才培养力度，通过人才引进政策和项目，吸引高层次的人才来到集聚区。

2）创新技术集聚

现代服务业需要依靠先进的技术与创新来提供高质量的服务，包括信息技术、互联网技术、人工智能、大数据分析等前沿技术与创新手段，应加强产学研创新合作，推动技术创新与研发，提供创新基金和项目支持，帮助重点要素在集聚区进行技术创新。

3）金融支持要素集聚

现代服务业的发展需要充足的资金支持，包括风险投资、创业基金、银行贷款等金融支持要素。金融支持能够激发产业的创新活力和技术升级，通过为科技型企业提供创业投资、研发资金等支持，鼓励企业进行技术创新和产品研发，提高产业的竞争力和附加值，从而助力企业实现规模扩张、技术创新和市场拓展。

2. 跨界融合发展

不同地区的现代服务业在资源配置上存在差异（杨亚琴，2005），跨区域融合发展，一方面可以实现资源的优化配置和利用，实现资源共享和知识交流，推动产业的升级和创新发展，优化都市圈服务业结构；另一方面，单一地区的市场规模有限，跨区域融合发展可以实现市场的拓展。通过整合不同地区的市场需求，形成更大的市场规模，吸引更多的投资和资源，从而调整都市圈区域产业分布结构，优化都市圈资金流动结构，实现区域协调发展。

促进现代服务业跨界融合发展，需要政府的大力支持，相关部门应制订与完善相关政策，如财税优惠、减少行政审批等方面，以吸引企业进行跨区域合作和投资，鼓励现代服务业的跨区域融合发展。同时加大对交通、通信和物流等基础设施建设的投入，尤其要建打通跨界毗邻地区的基础设施接驳线路，提高地区间的联系和便利性，降低跨区域合作的成本。此外要建立跨区域的交流合作平台，例如产业联盟、商会等组织，促进企业之间的信息交流、资源共享和合作。

3. 新型业态培育

科技革命、产业革命及大数据、物联网等新技术使都市圈内的服务业业态和模式产生了新的增长点，新兴服务业是现代经济发展的先导，是社会运转的主要载体，应加大对新兴业态的培育与支持力度。

1）深化服务业市场化配置改革

通过制定和完善相关政策法规，加大对服务业的支持力度，取消不合理的限制和准入壁垒，简化审批程序，提高服务业市场准入门槛，鼓励更多的企业和个体经营者进入服务业领域，促进市场竞争。推动各地区间、城乡间服务贸易的自由流动，打破地域壁垒，构建统一的服务业市场。探索建立与完善适应新业态监管体系，深入应用现代科技，以及加大国家财政的政策支持力度。

2）建立完善的创新创业生态系统

在都市圈内营造良好的创新创业环境，提供创新创业的基础设施和服务支持。加强对创新创业资源的整合和优化配置，建立科技创新创业孵化器、创业基地、科技金融服务平台等创新创业载体，提供场地、设备、资金、导师等支持，帮助创新创业者降低成本、共享资源。推动现代服务业与高校、科研机构、企业等多方合作，加强产学研用协同创新。通过成立联合实验室、技术转移中心等平台，促进科技成果的转化和应用，推动服务业创新发展。

3）促进多产业融合协作发展

要将现代服务业新型业态与其他相关产业进行紧密结合，结合现代技术和信息化手段，创新整合服务模式。现代服务业新型业态可以与教育、医疗、旅游等产业进行合作，提供个性化、定制化的服务，形成产业链和价值链的协同效应。例如，将新型互联网技术与传统行业相结合，推动智能制造、物联网等新兴产业的发展。

7.2 重要集群多元集聚

产业集群作为现代化城市圈中产业发展的关键组织模式，对推动城市圈经济增长有重要作用。要促进产业集群高质量成长，应聚焦培育龙头企业、优化产业链、激发技术创新、加强品牌打造和完善配套设施。本节围绕优势集群、创新集群、应急集群三大类型，考虑分层次和多空间地域影响，提出优势集群转型提升、创新集群高效培育、应急集群发展壮大的发展目标与战略路径，为都市圈产业现代化发展提供支撑。

7.2.1 优势集群

1. 优势集群识别

都市圈优势产业集群是指在都市圈内，一种或多种产业基于资源禀赋、技术积累、企业集聚等原因形成的相互关联、相互促进的产业群体。发展优势产业群体对于推进城市群现代化、增强产业弹性和效能提高具有关键作用，要实现优势集群的多元集聚，需要优势集群识别与布局优化，识别都市圈优势集群的主导产业及关键发展要素。

识别产业集群的方法可分为定性和定量两个方面，如黎继子等（2005）通过经验分析与实地调查中国纺织服装产业，识别出当地的纺织服装优势产业集群。吕可文等（2018）通过对河南省禹州钧瓷产业集群的案例分析，发现资源禀赋与历史文化传统塑造本地钧瓷产业集群发展的初始优势，政府-市场的协同作用，成为其逐渐发展为区域优势产业的后生核心力量。杨月元（2021）基于区位商法和BIS模型，分析出广西边境加工产业集群的发展水平和特征，进而识别出加工产业集群程度较高的区域。吕蕊等（2019）基于

生态系统服务系统模型及其相关研究方法构建了河西走廊农业产业集群识别模型，对优势产业集群进行了识别与特征描述。季凯文等（2016）运用因子分析法以及区域比较法，确定了江西省12个工业重点产业集群。

2. 优势集群提升目标

目前，优势产业集群发展存在较多问题，一是产业集群集成创新能力不强，基础研发领域投入不足，缺少突破性创新成果；二是产业链整体水平较低，配套企业水平普遍不高，关键环节在某些行业中缺失，对外依赖度高的核心零部件使产业链供应链稳定性面临风险（陈梦雨等，2023）；三是领军企业的带动作用不足，行业内影响力有限，缺少有强大号召力的大型企业；四是支撑行业的集聚企业作用有限，科技企业数量少且规模小，新兴产业发展能力不强。应大力谋划具有地域根植性的世界级先进制造业产业集群，发挥优势集群的资源优势、规模优势及体系优势，实施优势产业集群战略性发展工程及支柱产业的升级与提质工程。

3. 转型提升战略路径

随着全球价值链在各个区域内的不断融合，产业集群的转型与升级趋势呈现出都市圈一体化发展、产业链协同化整合、创新链产业链耦合发展三个阶段，并以此为依据提出都市圈优势产业集群优化建议，探索创新驱动都市圈优势集群转型升级路径。

1）都市圈一体化整合

都市圈内的地区通常由于地理位置接近、基础设施完善等因素，形成了相对紧密的经济联系网。通过产业一体化发展，城市可以形成产业链条和价值链的完整闭环，实现分工协作和优势互补，提升整个都市圈的产业韧性，集聚优势产业，形成规模效应，吸引更多的投资和人才，推动产业的创新与升级。都市圈各地区应依据现有优势与潜力进行错位发展、差异化分工布局。针对产业发展不平衡、同质化严重等问题，应加强都市圈内各地区的产业发展规划对接，选择重点突破的产业链环节，吸引培育一批企业主体，构建大中小城市优势互补、协同发展的产业体系。推动生产性服务业向专业化和价值链高端延伸，推动生活性服务业向高品质和多样化升级，打造具有全球竞争力的产业创新高地。

2）产业链协同化整合

都市圈内的企业往往涉及相互关联的产业环节，通过产业链的协同化整合，促进都市圈产业链上下游企业协作配套，推动产业升级和技术创新。加强不同环节之间的紧密协作，有助于加强技术交流和合作，提升整个产业链的竞争力和附加值。都市圈各地区要携手共同推动先进产业建链、延链、补链、强链，打造具有优势与竞争力的产业集群。探索总部经济、共建园区、飞地经济、联合招商等合作模式，推动都市圈内各地区利益共享、风险共担。

3）产业链创新链耦合

产业链与创新链的深度结合是增强产业链安全与稳定的关键途径（高洪玮，2022）。一方面，基于产业链布局创新链条，利用科技力量，针对产业发展中的弱点构建能够应对风险的创新体系，为产业链提供有效支持；另一方面，以创新为驱动，构筑产业链条，借助科技资源优势，快速实现创新成果转化应用，推动产业链升级优化。推动产业链与创新链融合发展，紧密把握科技助力经济社会发展的趋势，依靠产业链布局推动创新链，通过创新链改善资金链，突破科技创新领域的"孤岛现象"。应发挥核心城市科创资源密集的优势，加强创新协同、产业链协同，促进创新要素自由流动与高效配置，促进创新链与产业链深度融合，加快现代产业体系建设，以创新推动产业结构迈向中高端水平，增强优势产业竞争力。

7.2.2 创新集群

1. 创新集群生态演化

都市圈创新集群是深入实施创新驱动发展战略、加快推进创新型国家建设的重要抓手和载体（郑江淮 等，2023）。创新集群以较为集中的高技术产业为基础，由企业、科研院所、高校、政府、中介服务组织等多主体共同构成。要实现创新集群多元集聚，探索创新集群生态演化规律、总结创新集群的演化规律十分必要。

都市圈创新集群的生态演化规律是一个动态的过程，可分为初始阶段、成长阶段、壮大阶段、稳定阶段及变革阶段，不同阶段呈现出不同的特征和发展趋势。在初始阶段，创新资源（如人才、技术、资金等）的集聚逐步形成了都市圈创新集群，这些创新资源的集聚为后续的创新活动提供了基础；随着创新资源的集聚，集群内的企业、机构开始展开技术交流和合作，通过分享知识、经验和资源，创新集群中的各参与者可以相互促进，推动集群进入快速成长阶段；随着集群的发展壮大，创新生态系统逐渐形成，包括创新的核心企业、配套的供应链企业、研究机构、政府支持等多个要素，这些要素相互作用、相互依赖，形成了创新的有机网络；在创新集群生态演化的稳定阶段，企业和机构通过不断的创新活动提高自身的创新能力，同时，创新生态中的合作机制得到进一步优化，促进集群创新能力的提升；在一定时期后，创新集群可能面临市场竞争的压力或技术进步的挑战，需要进行变革和升级。这可能涉及技术转型、产业升级、组织结构调整等方面的改变，以适应新的发展趋势。

2. 创新集群培育目标

要实现创新集群多元集聚及快速发展，要以现代化都市圈建设为导向，增强中小企业核心竞争力，激活区域经济，提升产业链与供应链的弹性和关键部分的支持力度。要加快完善创新体系、高水平打造科技创新平台、高标准投入科技研发、高要求推进体制机制创新、高质量培育集聚创新人才、高层次构建创新创业生态，围绕创新链、技术链、产业链打造由众多大、小城市共同构建的创新共同体；打造多元知识集群，共建高端制造集群体系，完善优化都市圈产业创新机制。

3. 高效培育战略路径

加快培育发展都市圈创新集群，需要提出高效培育的战略路径，完善都市圈创新战略实施总体布局，利用重点都市圈创新资源集聚优势，推动重点都市圈率先实现创新驱动转型，使之成为都市圈经济高质量发展的战略支点。

1）聚焦数字经济发展机遇

数字经济指信息技术与经济活动的融合，是一个以数字化转型、互联网经济、大数据和人工智能、创新创业以及社会变革为核心内容的发展概念，正在改变和重塑着我们的经济和社会（赵涛 等，2020）。以数字化为核心驱动力，推动经济增长、创新和转型成为新时代经济发展的必经之路。应聚焦数字经济发展机遇，提升新型信息基础设施建设，完善工业互联网安全体系，促进高级安全应急设备使用，构建资源共享与管理平台，增强数字化管理能力。加快传统产业数字化智能化改造，以数字化蝶变推动创新集群发展壮大。

2）聚焦协同创新能力提升

协同创新被认为是联动战略性新兴产业创新主体、整合创新资源、提升创新效率的高效创新模式，提高集群创新能力，关键在于区域内不同创新主体是否能建立有效的合作机制，实现创新资源的整合和创新效率的提升（苏屹 等，2023；赵佩佩 等，2021；白俊红 等，2015）。产业集群的协同创新核心在于企业、公共及政府机构、金融等各方利用产业链异类资源进行的跨领域、跨地域及跨学科的官方或非官方合作与交流网络构建源（康雨薇 等，2021；谭宇文 等，2020；郭燕青 等，2017）。因此，要加强创新主体之间联系的强度，提升创新主体协同关系的质量，提升协同创新网络结构的稳定性与安全性，促进要素流动、加强知识互补、突破创新壁垒，继而提升都市圈创新集群的集成创新能力。

3）聚焦集群发展的组织形态

创新集群的优势在于通过知识溢出效应、资源集聚与共享、供应链优势、创新生态系统等作用，提升创新效率、创造更多产业价值。着重于培养和发展创新集群的组织模式，加速汇聚创新企业、新型研究开发机构、高等学府、科技服务机构、咨询服务企业、金融与法律服务机构及行业组织，促使创新资源与产业因素有效整合，推进不同创新实体间的相互影响和集成效应，实现创新资源的高度集中、产学研一体化的深入发展和关键核心技术的强有力攻关。

7.2.3 应急集群

1. 应急集群需求分析

随着工业和城市化不断深入，人口和生产资源等越来越集中，区域的产业链、供应链和价值链变得更加复杂，导致各类承受灾害的主体的暴露度、集中度及脆弱性显著提高。应急产业集群的发展可以整合各类紧急救援资源，包括人力、物资、技术和信息等，提高城市与区域应急响应的效率和质量。应急产业集群跨越不同行业、领域和地区，是一种新兴的综合性产业集群，与其他经济部门进行交叉融合和相互渗透。要实现应急集群多元集聚，需要预留都市圈应急产业集群发展空间，增强应急产业集聚，需要探索应急产业发展的关键需求点，包括安全需求、市场需求、发展需求等，应充分做好前期调研和产业规划，加强形势预判，把握政策导向，提出应急集群的发展目标并加以科学论证，为下一步应急集群产业发展方向提供技术支撑和建议，提出发展壮大的战略路径。

2. 应急集群发展目标

1) 灾害事故风险防控更加高效

都市圈应急产业集群的首要目标是提升应急响应能力，包括灾害预警、紧急救援、物资调配等方面。安全风险的分级管理和隐患排查整治机制得到进一步优化，提升各类灾害及其链条的综合监控、风险感知及预警能力，城镇基础设施抗灾性、关键产业安全生产标准明显提高，化学品、矿业、交通、建筑施工、火灾等大型安全事故有效控制，严格防范安全事故应急处理导致的二次环境事件。灾害事故信息报送迅速准确，灾害预警信息面向公众的覆盖率达 90%。

2) 应急要素资源配置更加优化

科技、人才、信息、产业资源的配置应更合理和高效，形成规模适宜、层次体系完整的创新人才团队，自然灾害防治与应急管理的国际合作机制不断完善。应整合各方面的资源，包括人力、物资、技术和专业知识等，以便在紧急情况下能够迅速调动和利用这些资源。

3) 应急管理体制机制更加完善

领导和指挥体制、职能布局、机构架构及协作机制变得更加合理化，通过建设健全一体化的应急指挥系统和应急管理体制机制，实现应急资源的高效调度和指挥，提升快速响应和处置能力。

3. 发展壮大战略路径

1）坚持需求牵引

在满足安全需求方面，必须全面关注城市圈的公共安全和应急响应的薄弱环节，重点推进能够增强该地区防灾减灾及应急管理水平的相关产业（王建光，2015）；在满足市场需求方面，激活市场需求对促进应急产业成长至关重要，以满足政策目标，助力安全产业成为国家经济的新动力；在满足发展需求方面，融合前沿科技，促进产业向高品质和高端化方向发展，推动应急产业智能化进程，以适应当下复杂的突发事件应急管理需求。

2）推动产业集群发展

利用国家储备和优质企业现有的能力资源，建设多个应急物资及生产力储备中心。针对不同地区紧急事件特性与产业发展，形成区域性应急产业链。发展都市圈应急产业集群需要注重基础设施的建立与完善，包括建设应急指挥中心、应急物资储备中心、应急救援装备库等。这些设施可以提供紧急情况下的指挥、调度和救援所需的前线支持，提高应急工作的效率和质量。

7.3 产业园区整合优化

产业园区是现代化产业集群的重要载体和组成部分。都市圈产业园区建设过程中需要有正确的理念指导，梳理产业发展的逻辑、路径、模式，才能适应现代产业体系的复杂性，使得不同性质、不同空间结构、不同聚集模式的产业集群协同发展。面向产业体系和产业集群的建设要求，梳理产业园区和产业集群的关联机理，通过产业定位的识别与选择、产业网络结构的优化与升级、产业布局的调整与整合，对现代化都市圈建设中产业园区路径进行解读，最终实现区域产业园区的整合优化，落实都市圈产业现代化发展措施，促进现代化都市圈建设的产业路径提升。

7.3.1 产业定位

1. 产业优势识别

识别产业园区的发展优势以及基本诉求，统筹确定园区产业定位，是合理调整产业结构，促进产业园区特色化发展极为重要的一环（向乔玉 等，2014），关系到园区建设和配套体系的构建。要识别产业优势、协调都市圈产业园区定位，首先需要对典型的理论加以研究，例如比较优势理论、产业集聚理论、产业价值链理论和企业生命周期理论，

以便作出更加合理的产业定位；其次需要充分考虑资源禀赋，充分发挥本地区的资源优势，以科学发展观为指导，以有效利用为前提，依靠产业聚集度、地理位置、交通等方面的区位优势，在原有产业的基础上，发展壮大相关产业；最后需要加强分工协作，相互协调发展，以科学发展观为指导，以有效利用为前提，进行产业定位。

2. 产业需求指引

分析产业园区发展应积极响应现代化都市圈建设背景下高科技与人才需求、频繁的国际交流合作需求、绿色生态环境品质需求等。

1）高科技与人才需求

科技是推动产业园区创新和研发的核心驱动力，园区需要引入先进的信息技术、智能制造、生物技术等高科技手段，吸引国内外优秀企业入驻园区，形成良好的产业聚集效应，以提高企业的技术水平和竞争力。产业园区同样需要大量的高水平的科研人才和技术专家，为企业提供创新和研发支持，推动园区产业升级和转型。

2）国际交流合作需求

产业园区通常聚集了各种类型的企业。加强与国际合作伙伴进行交流合作，一方面，有助于引进新的科学技术知识，加快技术更新换代，促进技术创新和转移，推动产业园区企业提升自身技术水平。与国外优秀的高校、科研机构、专业人士进行合作，能够引进高级人才和专业技能，提高人才素质和团队创新能力，有助于本土人才的培养和交流，提高整体人才素质。另一方面，通过国际交流合作，产业园区可以获得更广阔的市场机遇，与国外企业建立合作关系，可以开拓国际市场，促进产品和服务的出口，推动园区形成国际化的产业链和价值链。

3）绿色生态环境品质需求

产业园区应倡导绿色循环经济理念，持续开展绿色制造体系建设，完善绿色工厂、绿色园区、绿色供应链、绿色产品评价标准，引导企业创新绿色产品设计、使用绿色低碳环保工艺和设备，优化园区企业、产业和基础设施空间布局，加快构建绿色产业链供应链。通过建设废弃物资源化利用的系统和设施，实现废弃物的最大程度回收利用。

3. 主导产业选择

产业园区主导产业的选择应根据园区的产业优势、发展需求、地理位置、资源禀赋等因素共同确定，旨在发挥园区的优势和特色。主导产业的选择需要考虑政策及市场导向，分析产业园区营造持续发展所需要的软环境等相关能力，衡量产业的经济产业和社会价值，统筹确定产业园区的主导产业和限制发展产业。在主导产业类别选择方面，主要基于绝对优势理论、相对优势理论、要素禀赋理论、两基准理论、增长及理论等。目前，学者们主要采用定性定量相结合的分析方法对主导产业进行选择，如朱鹏（2017）

通过问卷调查法与政策分析法，建立工业园区的分析模型，利用分层指标法确定了产业园区的主导产业门类；温士苇（2018）综合产业环境与产业效率两个方面的评价结果对产业地进行主导产业的选择；鲁达非等（2019）认为要按照市场经济的发展趋势来选择产业园区的主导产业，并利用压力指数分析了地区产业发展由生产性行业向服务性行业转变的需求与趋势。

7.3.2 产业结构

1. 产业结构调整

产业结构作为产业园区经济结构中的核心内容，体现产业园区经济的比较优势和竞争力水平，决定产业园区的经济增长水平，直接影响产业园区的经济产出。对于都市圈内的产业结构的调整与优化策略，虽然研究的都市圈的类型、发展阶段和范围有所不同，但策略大多是从低端产业外移、产业结构调整，扩大三产比重、加快基础设施建设等角度提出缩小都市圈经济差异的具体措施（叶堂林 等，2019；李青 等，2015）。此外，不同产业门类的优化策略存在较大差异。关于服务业，一部分学者从文化旅游产业的角度出发，研究都市圈内的集聚发展与协同合作，还有一部分学者针对都市圈内服务业的发展方式及产业结构进行研究（李丽 等，2020；李帅帅 等，2020）；关于农业，学者从都市圈农业的发展及空间格局的角度进行研究，也有一部分学者提出都市圈应当发展都市农业；关于制造业，学者大多从都市圈制造业的分布、特征、集聚度进行研究，如毛琦梁等（2014a）对首都圈制造业产业分布及其变化的地域与行业特征进行实证分析，发现工业发展整体上表现出由中心向外围扩散的趋势。对于战略性新兴产业，大部分学者从与都市圈传统产业协调发展的角度进行探讨，也有部分学者借鉴国内外战略性新兴产业的发展经验对其发展路径提出优化策略。

2. 产业特色升级

经济发展过程中，需要根据都市圈、产业园区的不同发展阶段，适时进行产业调整。一方面可以通过不断优化和调整产业结构，进行产业创新升级，促进产业园区资源配置由粗放式发展向集约化发展转变，提升产业特色和竞争力。通过引导产业向绿色环保、低碳高效的方向发展，提升生态环境品质，也可以推动资源的可再生利用和循环经济的发展，实现经济、社会和环境的协调可持续发展；另一方面，可以推动产业链的整合和优化及进行新兴产业的培育，从而为经济增长注入新的动力。通过引进先进的技术和知识，提高生产效率和产品质量，能够刺激经济的发展，带动就业、提升居民收入水平。上海市聚焦科技创新与产业升级，推行"产业园区特色提升计划"，通过打造高标准园区促进产业高质量发展，致力于建设具有更明显优势、更强实力和更独特特色的园区经济体系。上海已分两批共认定55个具有特色的产业园区，涉及生命健康、高端装备、先进材料、汽车、信息技术等领域，专注于关键领域和核心环节，推动源头创新，增强产业的引导作用，致力于打造产业发展的新高度和产城一体化的新标杆。

3. 发展模式选择

都市圈发展应提供多样化的产业园区建设模式，强调产城融合，引导产业园区特色化发展，更多地承载大量城市要素和生产活动，继而推动都市圈产业园区的升级转型。

1）专业化园区

专业化园区是指针对特定的产业或领域而设立的园区（丁荣余 等，2004），集中发展某个特定产业，例如高新技术产业园区、生物医药园区等。这种模式适用于某个特定产业在技术、人才、资源等方面具有较强的竞争力和优势，其拥有良好的发展前景和市场需求，有望成为经济增长的引擎。园区可通过集聚相关企业和资源，形成产业集群效应，提供更完善的配套服务和支持，进一步提升该产业的竞争力。

2）综合型园区

综合型园区是集多个不同类型产业于一体的园区。这种园区模式能够促进不同产业之间的相互融合和协作，形成产业链条，提供更广泛的就业机会和经济增长点。同时，综合型园区也可以通过丰富的产业组合来分散风险，减少对单一产业的依赖。某个特定产业在地区内具备较为完整的产业链，且与其他产业之间存在较密切的协同关系和价值链延伸时，可以选择发展综合型产业园区。此外，若地区传统产业面临产业升级与转型需求，可选择发展综合型产业园区，引进新兴产业和高新技术企业来推动经济发展。该园区可以提供适宜的环境和支持，吸引不同类型的产业投资和创新，推动产业结构的升级和多元化。

3）创新型园区

创新型园区的核心是以技术创新和研发为导向的园区。它聚集了高科技企业、科研机构和创新人才，提供创新资源、技术支持和政策扶持，促进科技成果转化和经济发展。创新型园区通常与高等院校、科研院所紧密结合，形成产学研一体化的创新生态系统。当地区具有较强的技术研发实力和创新能力，并且有一定数量的高科技企业时，可以选择发展创新型产业园区。创新型园区可以提供研发设施、科研支持和专业服务，为企业提供良好的创新环境和平台，促进技术创新和产业升级。

4）特色小镇模式

特色小镇模式是将具有独特文化特色、自然资源或产业特点的地区打造成小镇，从而吸引游客和投资者，促进旅游业发展和特色产业兴起。特色小镇注重文化传承、体验旅游和特色产品开发，通过打造独特的小镇形象来实现经济繁荣。若一个地区拥有丰富的历史文化、自然景观、民俗风情或艺术创作等资源，并且有一定数量的文化创意企业，可以选择发展特色小镇模式产业园区。该类园区可以依托地方文化特色，培育和发展相

关的创意产业，促进文化传承和创意经济发展。

7.3.3 产业布局

1. 关联网络构建

产业关联是指不同产业之间在功能上相互支持和依存的经济技术关系，它反映了产业分工体系中的协作和竞争机制，对于分析和优化产业结构、促进产业升级、提高区域竞争力等具有重要意义。传统的产业关联研究主要基于投入产出理论和技术，利用投入产出表或者里昂惕夫逆矩阵等数据描述和测度产业关联效应的强度，并以此为依据划分关键和非关键产业。然而，这种方法存在一些局限性，如忽略了产业关联的结构特征、难以识别强关联和弱关联、缺乏动态分析等。为了克服这些不足，一些学者引入复杂网络理论和方法来研究产业关联问题。复杂网络是一种用来描述复杂系统中大量元素之间非线性相互作用的数学模型，它可以有效地揭示系统的拓扑结构、功能机制和演化规律。

产业园区的关联网络构建是将不同的产业主体视为网络中的节点，主体之间通过信息技术和网络技术实现的连接、协作和交互，从而构成产业关联网络，将主体之间的关联关系视为网络中的边，从而构建出产业园区经济基础结构的复杂网络模型，并利用复杂网络的各种指标和算法来描述和评价主体关联的结构特征、演化动态和优化策略（陈梦雨 等，2023）。产业关联网络可以揭示出产业内部的专业分工、协作合作、竞争对抗等现象，以及产业之间的上下游联系、替代互补、技术溢出等效应。微观企业个体视角下以企业间的复杂交易和供应关系为连接，可构建企业供应链网络，运用社团检测算法能够识别出不同行业内部的企业集群（汪传江，2019；王伟 等，2018）。

2. 园区布局原则

空间布局规划是推动产业园区开发建设的关键环节，要整合优化产业园区空间布局，需要依据布局原则，探讨产业园区的需求、产业结构，适应产业发展进行结构设计和空间布局，构筑都市圈内上下游产业相关联的产业格局。

1）因地制宜原则

从都市圈园区自身建设角度出发，通过综合分析都市圈环境、行业环境甚至社会环境，评估和分析自身的核心竞争力，进而制订相应决策。持续性地收集都市圈产业园区的发展数据，尝试预测未来产业园区发展的各种情景，例如快速发展、适度发展、缓慢发展等，并预测产业园区发展与产业集群和产业体系的相互联系，并赋予相应情景的发生概率，继而控制产业园区发展中的不确定风险。

2）成链发展原则

园区规划需以培养和完善优势产业链为核心，应建立加强产业链整合的发展机制，

促进企业和项目在产业链扩展上互相配合、协同工作，创建一个互联互支、共同促进的发展模式。

3）集约发展原则

园区布局应加强用地集约化和节约，严控生产及其辅助用地比例，严格落实工业项目的投资密度、建筑密度和容积率等关键指标，致力于提升工业土地的综合使用效益。

3. 区域园区整合

目前，大量产业园区存在主导产业不突出、产业集群协作能力不强及企业同质化竞争等问题，推动区域工业园区整合与提升对产业集群发展、要素集约利用、发展动能集中布局具有重要意义。一是，应掌握每个园区的情况和特点，从产业结构、企业规模、资源配置、基础设施等方面对地区产业园区进行现状分析及特征识别，筛选出规模较小、产出较低、产业特色不鲜明且层次不高、管理规范化程度有待提升的园区。二是，制订整合目标、范围及规模，如整合多个产业园区实现资源共享和协同发展，或者整合特定行业的园区打造产业集群等。三是，基于调研和评估结果，根据各方利益、法律政策要求和操作可行性确定适合的整合方式，包括合并园区、建立合作机制、设立联盟组织、共享资源、飞地合作等。四是，进行规划设计与实施，需要综合考虑产业发展、环境保护、社会效益等多个方面的因素，制订产业布局、空间发展、交通网络、基础设施建设等规划并实施，定期对整合效果进行监测和评估。

第8章 空间提升路径

基于前文内容，本章深入探讨都市圈空间提升优化路径。首先从层级、职能、传导三个体系的角度分析都市圈城乡体系优化路径，接着以通勤圈、核心圈、社区生活圈为重点分析都市圈内部圈层组织的优化方法，最后解析生态空间、农业空间和应急空间等韧性空间的空间提升策略（图8.1）。本章的研究内容与选取案例主要来源于作者团队近年来主持完成的部分工程实践与研究成果（陈驰等，2023；陈浩然等，2023；朱晓宇，2022）。

```
城乡体系优化路径
  层级体系          职能体系         传导体系
   中心城市          专项职能         传导机制
   外围城市          分工联系         传导效率

圈层组织优化路径
   通勤圈            核心圈         社区生活圈
   通勤范围         核心圈组织        要素配置
   空间结构         边缘圈组织        组织优化

韧性空间优化路径
   生态空间          农业空间         应急空间
   生态格局          农业格局        适灾空间改造
   生保共治         乡村生活圈       弹性空间预留
```

图 8.1 韧性空间提升路径

8.1 城乡体系优化路径

8.1.1 层级体系

都市圈城乡空间的核心-外围结构是都市圈空间显性化的最重要方面。研究都市圈层级体系，需要整体把握都市圈城市各自的功能定位和城市间的协调发展关系，也需分析

各城市的比较优势和关键问题，实现都市圈各层级之间的职能互补和协同，促进产业创新和升级，增强都市圈的整体竞争力。同时，通过建立高效的要素传导机制，可以降低都市圈各层级间交易成本和运输成本，提高资源配置效率。因此，研究都市圈层级体系，有助于促进都市圈的高质量协调发展。本节从中心城市、外围城市两个空间层级出发，识别不同层级的现状特征，为现代化都市圈体系优化提出建议。

1. 中心城市

1）中心城市现状特征识别

作为都市圈的核心，中心城市承担着政治、经济、文化、科技中心等多方面的职能。中心城市的发展水平与质量与都市圈整体竞争力和协调性密切相关。

都市圈中心城市规模过大，人口密度过高，导致资源环境压力增大，生态系统退化，城市病现象严重；中心城市功能过于集中，产业结构不合理，导致经济增长依赖投资，创新能力不足，经济效益下降。包括成都都市圈、武汉都市圈在内的长江经济带都市圈普遍存在中心城市首位度高但外溢效应不明显的现象；中心城市管理体制缺失，政策法规待健全，导致城乡差距扩大，民生问题突出。其中，南京都市圈已形成较清晰的层级体系，涵盖了特大城市、大中小城市和县域城镇等，形成了以南京为中心的多层次、多样化的城镇体系，同时以都市圈中心城市南京为核的通勤、产业、生活圈"三圈"正在形成，目前城镇规模结构合理，等级分化明显。但是，根据《南京都市圈发展规划》，南京都市圈整体实力、空间效率、同城化水平等与发达国家成熟都市圈相比仍有不小差距，特别是城市间分工协作水平有待提升。

2）中心城市强核集聚发展路径

（1）增强中心城市集聚能力。集聚是规模经济形成的必然前提，也是都市圈中心城市优化的重要途径，可以促进产业升级和创新，增强区域的竞争力和吸引力（柯善咨 等，2014）。中心城市是都市圈的核心和引擎，对都市圈的发展与空间优化、产业升级有着重要的影响。中心城市通常具有较强的经济规模、创新能力、服务功能和辐射力，能够吸引和集聚周边城市的人口、资本、技术等要素，形成统一的市场和产业链，促进区域内的协调发展和竞争力提升。

增强都市圈中心城市的集聚能力，需要从以下几个方面着手。①促进基础设施建设，推进信息互联互通、交通一体化、公共服务均等化，缩短中心城市与周边城市的时空距离，打造"一小时通勤圈"。②优化产业结构和布局，发挥中心城市在高端制造业、现代服务业、科技创新等方面的引领作用，支持周边城市发展特色产业和优势产业，形成产业链协同和分工合作。充分发挥中心城市的核心竞争力和创新优势，激发周边城市的产业活力和差异化发展，构建都市圈内的产业生态系统。③深化要素市场改革，促进人才、资金、技术等要素在都市圈内自由流动和高效配置，激发中心城市和周边城市的创新活力和发展潜力，增加中心城市和周边城市的协同效应和整体效益。④加强规划引领和政

策协调，制定统一的发展目标和标准，建立有效的协商机制和激励机制，推动中心城市和周边城市的协同发展和共同治理。

以南京都市圈为例。南京都市圈是以南京为中心城市的单核都市圈。根据《南京都市圈发展规划》，南京都市圈坚持"极核带动、同城先行、轴带辐射、多点支撑"，其核心是增强南京市的集聚与辐射能力。《南京都市圈发展规划》拟构建"一极两区四带多组团"的都市圈空间格局，其中"一极"即发挥都市圈中心城市南京的龙头作用，从城市创新、产业、资源、基础设施、服务保障方面，强化城市的集聚与辐射能力，引领都市圈更高质量同城化发展。促进同城化发展是增强中心城市集聚能力的一个重要手段。南京都市圈促进"两区"同城化片区一体化发展的方法主要有：促进基础设施和公共服务一体化，打破南京与周边城市之间的行政壁垒，强化创新、产业体系、生态多领域的同城共建。

针对武汉都市圈层级体系目前存在的主要问题，包括"单核"城市与其余城市差距较大、扩散效应不明显，圈内协调发展和整体竞争力不足。优化路径为弥合城市体系断层，在圈内培育一批大中型城市，作为都市圈网络的支撑点和都市圈经济的增长极，需要在产业政策、投资政策、户籍政策上支持大中型城市的发展，完善城市层级体系。

（2）促进中心城市辐射能力。中心城市需要与周边城市实现功能互补、产业错位、资源共享的协同格局。如何促进都市圈中心城市辐射能力提升，是现代都市圈建设的重要课题。

同样以南京都市圈为例，根据《南京都市圈发展规划》，都市圈将构建以中心城市南京为中心，向外辐射形成四条发展带。四条发展带的发展重点不尽相同，依托当地密集优势资源，分别从创新驱动与转型升级（沪宁合）、绿色智造转型与长江大保护（沿江）、生态产业化和产业生态化发展（宁淮宣与宁杭滁）方面，充分促进了都市圈的中心城市辐射能力。

南京都市圈提升中心城市辐射能力还体现在规划实践中强化区域产业链引领能力，推动加工组装等非核心环节向都市圈其他城市转移（潘娟，2022）。在服务业方面，增强服务辐射带动能力，为周边中小城市产业升级提供多元化、专业化、高品质的服务。进一步地，推动制造业从加工生产向价值链高端环节延伸。通过产业链和价值链的延伸，促进中心城市辐射能力延伸，同时解决传统产业功能升级与功能疏解问题。

基于以上经验，都市圈促进中心城市辐射能力，可以从以下几个方面开展。①建立健全城乡融合发展体制机制和政策体系，深化户籍制度改革，消除城乡二元结构，促进人口在都市圈内自由流动，进而提升中心城市的辐射能力。②健全都市圈一体化发展机制，建设轨道上的都市圈。加强中心城市与周边城镇的互联互通，形成高效便捷的交通网络，降低交通成本和时间成本，提高中心城市的经济效率和区域影响力。③加快推进城乡融合发展，形成都市圈中心城市引领带动周围区域高质量发展的空间动力系统。利用中心城市的技术、资本、人才等创新要素向周边地区扩散，带动县域经济转型升级，增强都市圈经济的自主发展能力和吸引力。

2. 外围城市

1）都市圈外围城市现状特征识别

《"十四五"新型城镇化实施方案》指出，我国城市面临着大中小城市发展协调性不足的问题。都市圈层级体系的构建，要求区域中心城市和外围中小城镇根据自身的发展实力和区位优势，发挥自己的优势功能，与其他城镇形成良性互动和协同发展。

外围城市是都市圈的重要组成部分，与中心城市形成互补关系，承担着支撑、分担、协作等多方面的重要职能。以成都都市圈为例，根据《成都都市圈发展规划》，成都都市圈总体上还处于起步阶段。都市圈在生态宜居建设方面特色突出，外围城市资源禀赋优越、人文底蕴厚重，但成都都市圈外围城市发展目前存在交通通达深度不够、产业协作配套不强、优质公共服务供给不足、国土空间布局不优等问题。长江经济带南京都市圈、武汉都市圈外围城市在发展过程中也面临着类似的问题。

总体而言，都市圈的外围城市目前面临的一系列发展问题，制约了其与核心城市的融合发展，主要体现在：①外围城市与核心城市之间的产业协作不强，同质化竞争激烈，错位发展的态势尚未全面确立，导致了资源的浪费和效率的降低（孙承平，2021）；②由于行政级别较低，外围城市发展得不到保护，资源配置受限，造成都市圈发展的不平衡和不协调；③在碳中和、乡村振兴等方面缺乏有效的空间规划和协同治理，难以应对生态环境和社会民生等方面的挑战；④在新基建、科技创新、公共服务等方面，外围城市与核心城市存在较大差距。

2）外围城市互补协同发展路径

（1）合理利用优势资源着力发展小城市。小城市是都市圈发展的重要组成部分，也是城乡协调发展的重要载体。着力发展小城市，可以缓解大城市的人口压力，提高中小城市的经济活力，促进区域间的均衡发展。在发展小城市的过程中，应重点发展具有较强的产业基础、人口规模、区位优势和发展潜力的小城市，促使其逐步成长为中等城市，从而提升都市圈的层级体系和整体实力。

发展都市圈小城市，要充分利用各地的优势产业资源，调整产业结构，促进优势互补。要加强小城市之间的产业联系和资源整合，形成特色突出、产业链较为完整、具有较强竞争力的产业集群。要推动产业创新和转型升级，培育新业态，提高都市圈小城市的核心竞争力。同时，发展都市圈小城市，要根据实际情况制订合理的规划和政策，不能一刀切地简单复制大城市的模式。要适度增加城区建设用地的供给，保障小城市的基础设施和公共服务水平，同时打造宜居宜业宜游的生态环境，满足城镇化进程中"市民化农民"的住房需求。

对武汉都市圈而言，外围城市在加强与武汉的联系和协作的同时，也要发挥自身特色和优势，提升自身发展水平和竞争力，实现自主可持续发展。一方面，加大基础设施建设和改善，提高城市功能和品质。外围城市要加大对城市道路、水利、电力、通信、

环保等基础设施建设和改善的投入，提高城市功能和品质，为经济社会发展提供有力支撑。另一方面，调整和优化产业结构，提高其发展水平与效益。外围城市要根据自身的资源禀赋和产业基础，加强产业结构调整和优化，提高产业发展水平和效益。要淘汰落后产能，转型升级传统产业，增强其核心竞争力和附加值；也要培育壮大新兴产业，发展战略性新兴产业，增强其创新能力和成长性。

（2）促进有潜力达到小城市的县城发展。党的二十大报告指出，要积极"推进以县城为重要载体的城镇化建设"。县城是都市圈的重要组成部分，需要补齐设施、公共服务、产业等方面的短板，增强县城的综合功能和竞争力。促进有潜力达到小城市的县城发展，要根据县城的自然资源、历史文化、产业特色等因素，打造具有鲜明特色和专业优势的县城，形成差异化和互补性的发展格局。同时，要强化县城的人口吸引力，通过完善住房、教育、医疗等方面的配套设施，吸引更多的城市居民和农村人口向县城转移，逐步发展成为卫星城，促进城乡人口均衡流动。

除外围县城以外，城市周边城镇也应当共同支撑都市圈发展，加强与中心城市的交通联系，承接中心城市的部分功能和人口，缓解中心城市的发展压力。要充分利用城市周边城镇的区位优势和资源禀赋，发展特色产业，提升城市周边城镇的经济活力和生活品质。要加强重点镇与周边农村的联系，推动农业产业化、现代化、生态化。此外，都市圈还需要建设一批专业镇，通过聚集产业链、创新链、供应链，打造具有高附加值、高技术含量、高知识密度的专业镇。

在长江经济带都市圈建设实践中，南京都市圈是一个具有"多组团"结构的都市圈，除南京这个核心城市外，还包括县城、重点镇等不同层级的城镇。优化南京都市圈的城镇体系，需要推进县城补短板、强弱项，促进县城特色化专业化发展，提高县城的综合实力和竞争力，使其成为区域经济发展的重要支撑。同时，需要强化重点镇的人口吸引力，提高重点镇的功能和服务水平，使其成为区域经济发展的重要节点。此外，还需要建设一批卫星城和专业镇，形成以南京为中心，以卫星城和专业镇为辐射点的空间结构，增强南京都市圈的内部联系和协调性。

8.1.2 职能体系

都市圈作为中国城镇化推进的重点区域，在城镇规模不断壮大、产业结构调整优化的同时，实现城市职能体系快速转型。本小节依据城镇职能结构空间分异的特征，解析都市圈整体职能、各个城镇分工职能及城市之间分工联系的现状及特征，提出优化思路与分工合作重点。

1. 专项职能

1）城市职能体系识别

（1）职能体系的概念。对都市圈而言，城市职能是指圈内某一城市在政治、经济、文化生活中所担负的任务（张复明 等，1999）。都市圈内部各城市的职能分工和协作关系，构成了都市圈的职能体系，反映了都市圈内部的经济、社会和空间联系，是都市圈发展水平和质量的重要标志。都市圈职能体系优化，可以促进都市圈内部的协调发展、功能互补、资源共享、环境共治，提高都市圈的整体竞争力和发展质量。

城镇职能研究有利于认知城市在区域中所处的地位和功能。围绕核心城市对区域分工体系进行合理优化，是都市圈功能整合、发挥空间优势的重点。因此，需要从圈内职能体系特征出发，探索城镇职能形成的基础性因素，厘清其相互关系与作用机制，在明晰都市圈现状与发展潜力的基础上，明确都市圈内部城镇专项职能，并对其职能互补性进行深入挖掘，形成差异化发展战略，完善都市圈职能体系。

（2）职能体系的识别。不同都市圈的职能体系结构不同，主要体现在核心城市中心性、城市职能的分化程度、城市职能的联系强度三方面。①都市圈核心城市职能的中心性越高，说明其在都市圈内部的影响力和辐射力越强，可以用核心城市在人口、经济、就业、交通、教育、科技等方面指标占都市圈总量的比重来衡量。②都市圈城市职能的分化程度反映了都市圈内部各城市之间的经济分工和协作水平，以及各城市发挥自身优势和特色的能力，可以用产业结构差异、产业专业化程度、产业集聚程度等来衡量。③都市圈城市职能的联系强度反映了都市圈内部各城市之间的互动频率和密度，以及信息流、人流、物流等流要素在区域内部的流动水平，可以用通勤率、客运量、货运量等来衡量。

梳理既有研究，发现对区域城市的职能体系的分类没有统一的标准，主要通过构建单维度或多维度的评价体系，对区域范围内的城市职能展开识别。例如，田文祝等（1991）应用聚类分析等方法研究了我国城市的工业职能，概括了我国城市工业职能体系结构。薛东前等（2000）根据中心性强度、城市吸引范围等指标，从政治、经济、文化和交通等多视角分析了省会城市的职能特点。部分学者通过层次分析法开展城市职能体系识别，决策目标层为城市综合职能，子目标层为基础、成长和目标职能（周恒 等，2021；黄俊 等，2018）。

2）城市专项职能优化

（1）专项职能明确定位。专项职能是城市在圈内经济社会发展中所承担的特定角色和功能。都市圈内部，职能分工以城市间职能互补为基础，城市专项职能的合理布局是都市圈功能整合、和谐运作、发挥空间优势的关键。

促进都市圈城市专项职能的明确定位，可以采取以下路径。①探索城镇职能形成的基础性因素和共同作用机制，包括自然条件、历史文化、产业结构、人口规模、交通网络等，这些因素影响着城镇的发展方向和潜力，决定了城镇的专项职能。②科学确定都市圈内部城镇专项职能的职能互补性，可能包括经济、科技、交通职能等。这些专项职能可以反映城镇的特色和优势，也可以促进城镇之间的协作和联动。③形成差异化发展战略，根据城镇的专项职能和综合职能，制订不同的发展目标和措施，以实现城镇的差异化定位和竞争力提升，进而将不同的城市及专项职能结合成紧密协作的区域网络。

南京都市圈对城市专项职能进行了分工定位。在科技研发职能方面，支持都市圈各城市规模企业在南京设立研发中心，充分利用南京的科技资源和人才优势，提高研发效率和质量。探索建立"研发在南京，生产在周边"的合作机制，实现产业链条的优化配置和梯度转移，支持企业开展研发创新，激发企业的创新活力和动力。成都都市圈将成都规划打造全国重要的经济中心、科技创新中心、世界文化名城和国际门户枢纽，完善德阳、眉山、资阳宜居宜业功能，也体现出都市圈明确的专项职能定位。

（2）专项职能协同发展。都市圈城市专项职能的协同发展，有利于提高都市圈的整体竞争力和创新能力，推动都市圈高质量发展。促进都市圈城市专项职能的协同发展，要求都市圈内部各类城市根据自身的资源禀赋、发展定位和比较优势，形成差异化的专业化职能，同时通过交通设施、统一市场、产业分工、协同创新、公共服务多方面的协同，实现优势互补、错位发展、协同创新的新格局（马振涛，2021）。

可以通过以下措施促进都市圈城市专项职能协同发展。①建立划定标准和分类引导，明确都市圈内部各类城市的定位和发展方向。②加强基础设施建设和互联互通，提高都市圈内部的交通便利和资源流动。③构建统一开放的区域市场体系，促进都市圈内部的要素配置和产业集聚。④实施产业分工协作和协同创新战略，激发都市圈内部的创新活力和竞争力。⑤提高公共服务水平和均衡性，缩小都市圈内部的发展差距和福利差异。⑥建立有效的区域协调机制和制度安排，增强都市圈内部的合作意识和共同利益。

南京都市圈积极促进都市圈专项职能协同发展，在推进科技创新与产业发展协同的过程中，形成以科技创新职能为引领，以产业协同职能为特色的现代化都市圈。在科技创新职能方面，围绕产业链布局创新链，强化协同创新引领作用；在产业协同方面，推动产业分工协作发展，重点建设多个共建园区与合作产业园，推动成立产业发展联盟，鼓励交流合作。

2. 分工联系

1）城市分工网络构建

职能分工是区域一体化发展的基础，也是区域获取竞争优势的关键。关于城市分工，现有研究从城市产业、创新网络分工等方面开展了一定的研究。刘心怡（2020）基于主成分分析法、地理引力模型与社会网络分析方法，分析了区域城市创新规模水平演化特征，构建了城市创新网络结构，对创新分工开展研究。田琳（2021）构建了基于生产性服务业企业联系的城市网络，分析了上海都市圈整体网络结构与细分行业结构。

现有规划对城市分工网络的构建提出了要求。《南京都市圈发展规划》要求，重点促进中心城市与周边城市同城化发展，健全同城化发展机制，着力推动产业专业化分工协作、公共服务共建共享、生态环境共保共治等。

为了促使城市合理分工，提高城市的经济效率和竞争力，需要优化产业结构，使之适应城市的资源禀赋和发展定位。要积极发展大、中等城市，优化产业结构，消除制约要素、产业流动和集聚的障碍，形成规模经济和集聚效应（王姗，2017）。此外，各级地方政府要根据本地区的优势和特色，扶持主导产业，与核心城市和其他城市建立分工协作关系，实现互利共赢。要完善城市的层级体系，注意各层次城市之间的纵向分工和横向分工，发挥中间层级城市的关键作用，提高区域的协调性和竞争力。

2）城市分工网络联系优化

（1）促进大中小城市纵向分工。促进大中小城市纵向分工对城市分工网络的优化具有积极意义，大中小城市之间的差异化、专业化功能的纵向分工，能够促进都市圈大城市和周边中小城市的有机互动，实现优势互补、协同创新。大中小城市之间的产业、交通的纵向协同，将促进区域内的资源配置和产业集聚，缩小区域内的发展差距和福利差异，并且通过大中小城市之间的纵向人口流动和功能疏解，缓解超大、特大城市的人口、资源、环境压力，释放周边中小城市的增长潜能。

构建合理的都市圈城市分工网络，促进都市圈大中小城市纵向分工，需要做到以下几点。①要以提升大城市的辐射引导能力为目标，分析不同分工的大城市的多样化环境促进创新与产业发展，进而带动中小城市专业化发展的过程。同时，打通与近域都市圈大城市的要素流通通道，结合大城市自身功能疏解与近域大城市的高度协作，发挥大城市的辐射引导作用。②要以提升中等城市的纽带承接能力为目标，依据都市圈对中等城市的规模数量的需求，研究中等城市促进都市圈内部形成层级互动的结构，支撑中等城市在重大制度改革方面先行先试，提升中等城市产业衔接与转移能力。③以提升小城市的高效互动能力为目标，基于小城市在大中小城市协调发展格局中的基础作用，探索腹地小城市与中心城市高效互动的内涵。缓解都市圈内部城市结构两极分化、建构结构完善的多层次城市体系，根据不同发展目标的小城市因地制宜制订差异化发展路径。

南京都市圈是我国东部沿海地区的重要经济增长极，拥有雄厚的产业基础和创新能力。南京都市圈促进大中小城市纵向分工的举措主要有以下几点。一是南京作为中心城市，集聚高端要素资源，培育新兴产业和战略性新兴产业，提升核心竞争力。二是周边中小城市依托自身优势，积极承接产业转移，发展特色产业和优势产业，提升区域协调性。三是强化区域优势产业协作，培育具有国际竞争力的万亿级产业集群，打造具有国际影响力的品牌企业和龙头企业，形成互补互助的产业协同机制。四是合力发展现代服务业，加快服务业内容、业态和商业模式创新。同时，加强政策支持和公共服务平台建设，依托平台促进城市纵向分工。

（2）促进同层级城市横向分工。促进同层级城市横向分工，是都市圈职能体系优化的重要途径。通过横向分工，可以使不同城市发挥各自的比较优势，形成互补和协同的关系，从而提高都市圈整体的效率和竞争力。同时，横向分工也有利于促进要素在区域内自由流动和优化配置，激发市场活力和创新潜力，形成规模和集聚效应。横向分工还有利于缩小城市之间的发展差距和福利差异，实现区域内的平衡发展和可持续发展，促

进都市圈城乡一体化发展（李博雅 等，2020）。要促进同层级城市横向分工，需要从分类引导功能定位、基础设施互联互通、构建统一开放市场体系、均衡发展公共服务等多个方面着手。

以武汉都市圈为例，优化城市分工网络联系的具体措施如下。一是促进武汉都市圈高层级城市发展，加强与同等级城市的经济联系，共享资源和市场。高层级城市应协同核心城市发展和分担核心城市功能，实现城市之间的职能协调与功能互补，避免重复建设与无效竞争。优化城市结构，促进功能更新，增强高层级城市的创新能力与生活品质，激发城市活力（王姗，2017）。二是完善武汉都市圈城市规模比例关系，补充中间层级城市，促进城市间的协调发展。选择都市圈内部具备条件的中等城市，着力培育大中型城市。加快产业结构转型升级，培育新兴产业和战略性新兴产业，提升中间层级城市的竞争优势，形成多中心、多层级的城市体系。三是发挥武汉自身的经济优势，提升经济势能，增强辐射作用。促进都市圈同城化发展，加速都市圈基础设施建设。加快构建交通枢纽，提升都市圈互联互通能力，促进人流、物流、信息流等要素流动。

8.1.3 传导体系

传导作为一种特定的空间关系形式，是推动和优化都市圈中心城市发挥辐射扩散作用的路径保障，本小节将从传导视角研究都市圈内不同层级间城镇的关系，总结城市间的传导问题，构建都市圈空间传导体系，进一步厘清传导机制，对如何提升传导效率展开分析，最终为优化都市圈传导体系提出建议。

1. 传导机制

1）传导机制建构

（1）都市圈传导体系的内涵。2019年5月23日正式印发《关于建立国土空间规划体系并监督实施的若干意见》，我国规划体系进入了国土空间规划的新阶段，"五级三类四体系"的框架已经建立。这对都市圈发展规划提出了更高的要求，要求都市圈内部实现空间协调、功能互补、生态共建、服务共享。国土空间规划体系为都市圈发展规划提供了顶层保障，也为现代化都市圈建设带来新要求与新变革。

如何将国家层面的管控内容和发展目标有效地落实到地方层面，是新阶段规划的一个难点。从规划的传导路径来看，一是规划层级之间的纵向传导，二是不同类型规划之间的横向传导（曾源源 等，2022）。其中，规划层级传导主要存在于总体规划中，是指国家、省、市、县等不同层级的规划之间的衔接和配合，保证上下级规划的一致性和连贯性。规划类型协同重点关注国土空间规划中不同类型的规划，如总体规划与详细规划、专项规划和详细规划之间的衔接机制（图8.2）。

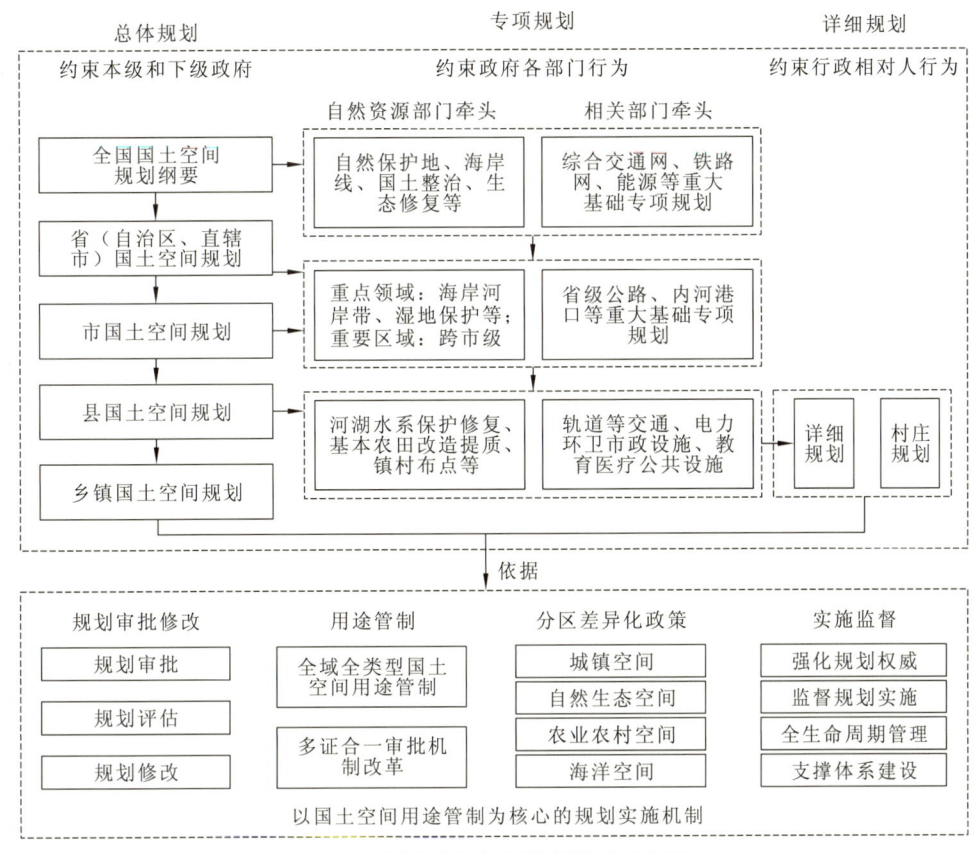

图 8.2　国土空间规划编制体系示意图

资料来源：徐晶（2020）

传统规划体系存在"总控脱节"现象，即总体规划与控制性详细规划之间缺乏有效的衔接和传导，导致总体规划的指导作用不足，详细规划的科学性不高，规划目标难以落实，规划效果难以评估。为了解决这一问题，需要设置中间层级规划。都市圈发展规划能够作为总体规划不同层级间、不同规划类型间的桥梁和纽带，明确了都市圈的功能、空间、产业、设施、生态等内容（张琪 等，2021；李晓策 等，2020）。

在下一步建设中，都市圈城乡体系优化需要重点关注实施传导体系构建，即建立健全都市圈发展规划与各级各类专项规划、控制性详细规划的协调机制，协调各级规划中都市圈相关指标的传导，确保都市圈发展目标和要求在各级各类规划中得到有效落实。

（2）都市圈空间传导的机制。都市圈国土空间规划传导体系涵盖了区域、城市两个规划层级与多类规划内容。都市圈国土空间韧性传导不仅聚焦在单个城市的内部空间规划，而且是城市与区域间跨层次、多方向、多领域的联动反馈过程。具体而言，一是都市圈层级确定区域整体韧性目标、分配调控韧性要素和规划城镇体系格局，横向与不同领域的各类韧性专项规划统筹协调；二是城市层级着重与上一层级确定的目标战略、等级规模、职能分工、分区布局、关键指标等方面进行衔接落实，关注相同层级城市横向之间的网络协同。

因此，可以从横向、纵向两方面，建构都市圈空间韧性传导的机制（图8.3）。规划纵向传导机制关注各层级之间应急联动的协调和高效，保证灾害发生时低层级可以借助高层级的力量迅速应对（彭翀等，2020），包括设施对接、信息通畅等；规划横向传导机制通过城市间的人口流动、产业合作、交通联系等构成一体化网络，形成合力共同保障国土空间安全与韧性发展。

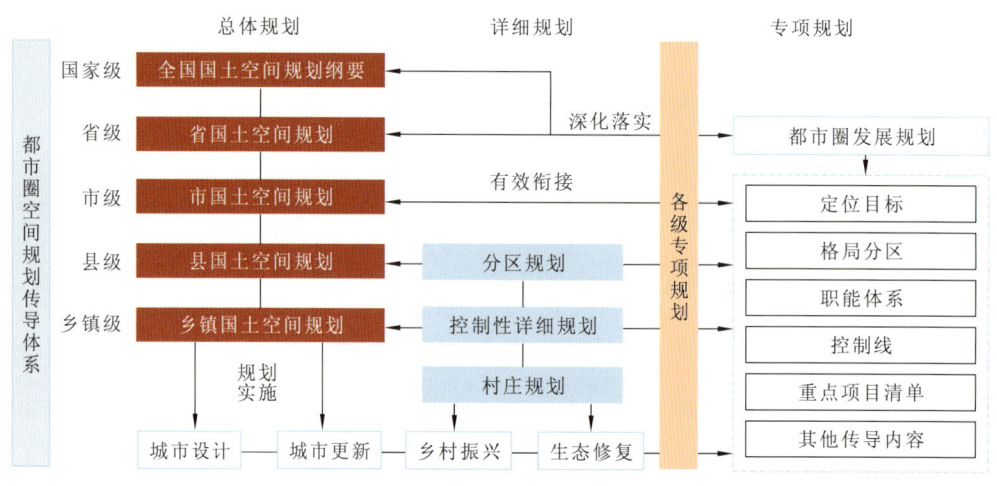

图8.3 都市圈空间规划实施传导体系示意图
资料来源：杨浚等（2019）

2）构建跨层级的都市圈传导体系

都市圈空间规划是上位规划的具体化和落地化，要紧密衔接国家和省级的指标和空间布局要求，体现国家战略意图和区域协调发展的目标。为了实现都市圈空间规划的有效管控，要通过三个层次的相关规划深化细化，即各级总体规划、详细规划及专项规划。这三个层次的规划相互协调、相互支撑，形成有机的整体。同时，都市圈空间规划要将建设目标和指标层层分解落实，从总体到分区、从分区到重点区域，明确各级各类空间的功能定位、发展方向、建设强度和保护措施，实现有效传导，确保都市圈空间规划的可操作性和可执行性。

一方面，从都市圈整体层面看，规划传导体系需要统一明确都市圈发展的总体目标和战略方向，综合考虑经济、社会、生态等多方面因素，制订合理的空间组织和城镇体系格局，优化资源配置和产业布局，提高都市圈内部的竞争力和协同效应。同时，都市圈层级还需要与国家层面和省级层面的各类专项规划（如防灾减灾规划、绿地系统规划等）进行对接和衔接，确保都市圈发展符合国家战略和省级要求，形成上下一致的政策导向和行动指南。

另一方面，从都市圈内部城市层面看，规划传导体系需要根据都市圈层级确定的目标战略、等级规模、职能分工、分区布局、关键指标等内容，制订具体的空间规划和实施方案，明确城市自身在都市圈中的定位和角色。同时，城市层级还需要关注相同层级

城市横向之间的网络协同，加强基础设施、公共服务、信息交流、应急联动等方面的一体化建设和运营，形成互利共赢的合作关系和机制，提高区域都市圈的协调性和韧性。

以南京都市圈为例，为了提升南京都市圈的社会治理水平和应对突发事件能力，《南京都市圈发展规划》提出需要完善跨区域社会治理体系和应对突发事件合作机制。一是加强城市管理联动，统筹规划城市基础设施、公共服务设施、生态环境保护等方面的建设和管理，形成高效便捷的城市运行体系。二是建立跨区域公共安全信息共享和协调机制，加强公共安全保障，加强公共安全监管和执法合作，维护社会稳定和公共秩序。三是打破民生服务行政壁垒，推进教育、医疗、养老、就业、住房等领域的资源整合和服务共享，实现民生服务的均衡化和便利化。四是加强文化跨区域交流和合作，弘扬都市圈的历史文化和地方特色，提升文化软实力和影响力。同时，推动跨区域应对突发事件合作，包括健全联防联控机制、建立应急协调平台、加强应急演练和救援合作、建立安全生产责任体系和联动长效机制等方面的措施。通过以上方式，可以提高都市圈的应急响应能力和风险防范能力，有效应对各类突发事件。

2. 传导效率

1）传导效率现状问题剖析

根据以上传导机制，可以从横向与纵向传导的角度剖析现行国土空间规划体系中都市圈层面的传导效率问题。

（1）不同类型规划协同的横向衔接缺失。都市圈规划协同的横向衔接缺失会影响都市圈规划的科学性、可操作性和有效性。一方面，总体规划、详细规划、专项规划在都市圈体系传导层面的衔接缺失，可能导致规划分工不清晰的问题。例如，规划编制内容趋同，导致分工不明确，规划传导效率降低。国土空间总体规划应该从宏观层面确定都市圈发展的目标、方向和原则，详细规划应该从微观层面落实都市圈发展的措施、标准和项目。两者应该相互协调，形成上下一致、层层推进的规划体系。另一方面，专项规划之间的横向衔接缺失，可能导致规划实施问题。这是由于规划事权与公共事权不对应（徐晶 等，2020）。专项规划是针对都市圈发展中的重点领域或突出问题而制订的具体规划，如交通、产业、生态等。专项规划应该以总体规划为依据，与总体规划保持一致性和协同性。同时，专项规划应该考虑不同行政区域之间的利益协调和资源整合，避免重复建设或错位发展。

（2）规划层级传导的纵向对接错位。传导体系所承接的上下级规划之间的相互关系和约束，主要包括刚性约束和弹性引导两种方式。刚性约束是指上级规划对下级规划的强制性要求，必须严格遵守；弹性引导是指上级规划对下级规划的非强制性建议，可以根据实际情况灵活调整。

从传导体系纵向对接的角度来看，国土空间规划已建立"五级三类四体系"的框架，但仍然存在刚性约束和弹性引导不统一的问题。一方面，刚性约束与弹性引导的主要内容不确定，没有明确法规解答，导致规划要素传导不明确。例如，各级国土空间总体规划对都市圈空间优化的刚性约束和弹性引导分别包括哪些内容，如何界定和衡量，目前还没有统一的标准和方法。另一方面，规划刚性约束可能限制了下位规划的弹性发展。例如，国土空间总体规划对下位规划中都市圈发展的空间管制过于严格或不合理，可能影响下位规划的适应性和灵活性，造成资源浪费或发展滞后。因此，需要在国土空间规划传导体系中明确刚性约束和弹性引导的内容和范围，平衡上下级规划之间的关系和协调。

2）构建高效率的传导体系

在现代化都市圈建设中，规划构建高效率的传导体系主要包括以下几个方面。

第一，建立有效的都市圈规划协调机制，明确各级各类规划之间的分工和关系，形成统一指导、分级负责、协调推进的工作格局。具体而言，明确规划编制体系层次，纵向横向之间各类规划各有侧重、协调互补（徐晶 等，2020）。纵向上，由总体规划的"粗"到详细规划、专项规划的"细"，构建由国家、省、市、县、乡镇等不同层级的规划相互衔接和传导的机制，保证规划内容的连贯性和一致性；横向上，要形成由总体规划、专项规划、详细规划等不同类型的规划相互协调和支撑的机制，保证规划内容的完整性和多样性（李莉 等，2021）。

第二，权责对等，创新规划编制审批体系，将规划内容分为全局性事务和地方性事务两部分（徐晶 等，2020）。全局性事务涉及国家安全、生态安全、国土空间开发保护总体格局等重大问题，由上级政府统一编制审批；地方性事务涉及地方经济社会发展、城乡建设管理等具体问题，由地方政府自主编制审批。这样既可以保障国家层面的统筹协调和顶层设计，又可以激发地方层面的主体责任和创新活力。

第三，明确规划传导刚弹管控机制，强化规划的政策和制度属性。建立规则明晰、落实性强的刚弹管控机制，有助于提高规划体系传导效率（曾源源 等，2022）。具体来说，加强规划的刚性约束和弹性引导，要实现刚性链接，在规划传导过程中，要明确各类规划之间的约束关系和传导要素，确保上下级规划之间的一致性和落实性；要预留规划空白，在规划编制过程中，要根据不同区域和领域的发展特点和需求，合理留白一些空间或政策，为未来发展提供可能性和灵活性；同时促进弹性管制，规划实施过程中，要根据不同情况和阶段，采取不同的管控手段和激励机制，促进规划目标的实现和调整。

为了推进都市圈一体化协调发展，长江经济带各都市圈需要规划构建高效率的传导体系。其中，南京都市圈分类引导都市圈空间传导模式，创新都市圈一体化协调机制，建立以下三级运作机制：①定期召开都市圈领导联席会议，由南京市和其他成员城市的主要负责人参加，研究解决都市圈发展中的重大问题，促进项目信息交流，协调重大事项；②建立重点领域政策协同机制，由南京市和其他成员城市的相关部门负责人参加，提高政策制定和执行的一致性，探索制定都市圈地方性法规和统一标准，消除政策障碍和行政壁垒；③建立成本共担利益共享机制，由南京市和其他成员城市的相关企业和社会组织参加，探索建立联合招商等产业合作发展机制，推动都市圈房地产市场平稳健康发展，实现资源共享和互利共赢。通过以上三级运作机制的建立，南京都市圈将形成一个高效、协调、创新、包容的区域经济联合体，为长江经济带发展作出贡献。

8.2 圈层组织优化路径

8.2.1 通勤圈

都市圈强调核心大城市及其通勤圈范围内的各类城镇空间的协同发展，国家"十四五"规划纲要提出要依托辐射带动能力较强的中心城市，培育发展一批同城化程度高的现代化都市圈。认识通勤圈范围内的空间结构和要素配置有利于推进通勤圈建设和组织优化，更好支撑现代化都市圈的培育发展。

1. 通勤范围

通勤范围是都市圈概念界定和范围划定的重要参考依据之一，外围地区与都市圈核心城市的双向通勤率、通勤时间是都市圈通勤范围的主要参考指标。20 世纪 60 年代，日本提出"大都市圈"的概念，认为其外围地区到中心城市的通勤人口不得低于本身人口的 15%（董晓峰 等，2005）。张京祥等（2001）认为都市圈是以当日往返通勤范围为主形成的日常生产、生活地域范围。崔功豪等（2006）认为一般以距离城市中心或者副中心约 1 小时的通勤范围为作为大都市圈的边界。

1 小时通勤圈构成了我国都市圈的基本范围。当前关于都市圈范围划分研究较多围绕通勤圈、交通圈、产业链和供应链等多维度标准展开，其中 1 小时通勤圈主要探讨外围地区与中心城市就业岗位带来的职住关系。2019 年，国家发展改革委在《关于培育发展现代化都市圈的指导意见》中提出都市圈要以 1 小时通勤圈为基本范围。汪光焘等（2021）总结了我国主要城市的都市圈通勤空间特征，认为中心城通勤区范围最大尺度是半径 40 km，外围辐射拓展区的空间尺度半径为 60～80 km，在此范围内能够实现 95%以上的职住平衡，而耗时 1.5 小时是通勤上限，也是都市圈通勤空间延伸的边界。

2. 空间结构

1）典型空间结构

都市圈因其发展阶段的不同而呈现出不同的空间结构。已有的都市圈理论研究认为都市圈的发展可以概括为雏形期、成长期、发育期和成熟期四个主要阶段（图 8.4），不同的发展阶段呈现出不同的空间结构模式（薛俊菲 等，2006；陈小卉，2003）。

雏形期呈现出"核心-放射"结构。工业化初期，城市之间以及城市与农村之间依托不断发展的交通建立联系。随着城市进一步向外发展，出现了城镇组合，这些城镇组合以城市为中心，按照生产要素就近性组合形成（张京祥 等，2001），呈现"核心-放射"形态，城市沿着主要轴线发展，其圈层结构也不甚突出。

(a) 雏形期　　　(b) 成长期　　　(c) 发育期　　　(d) 成熟期

图 8.4　都市圈空间结构

资料来源：薛俊菲等（2006）

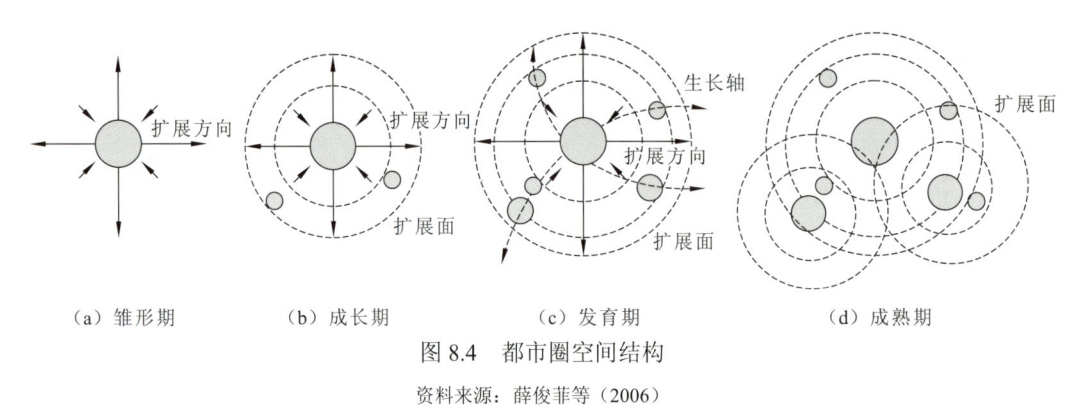

成长期呈现出"核心-圈层"结构。随着工业化的不断加深，城市规模继续扩展，大城市在区域发展中占据主导地位，城市从向心式集中转变成为放射状向外扩张，在大城市郊区形成副都心圈。此时期核心城市扩散作用显著，并转向圈层扩展，都市圈呈现出圈层结构。

发育期呈现出"核心-圈层-多轴线"结构。大城市的进一步发展，人口规模迅速增加及一系列城市问题的凸显，使得郊区化导向明显（董晓峰 等，2005）。此时都市圈以圈层扩展为主，同时产业和劳动力的外移使得副都心日益壮大，形成新的圈域，并沿轴线生长。

成熟期呈现出"多中心-网络化"结构。城镇群体空间在区域层面仍呈现出大分散的趋势。网络化的交通推动形成了城乡交融、地域连绵的大都市群体空间。此时期都市圈空间结构由单中心向多中心转变，空间走向均衡发展（薛俊菲 等，2006；张京祥 等，2001）。

都市圈的形成机理决定了都市圈核心-边缘的结构特征。随着中心城市人口的不断集聚，其首位度逐渐提升，当这种集聚达到一定程度时，首位城市开始面临集聚不经济。进而经济活动和人口开始从中心城市向周边地区扩散，形成了一种大范围内集聚与小范围内扩散的态势。在这种背景下，中心城区周边的生产性服务业开始聚集，制造业也围绕这些服务业区域进一步发展。随着时间的推移，整个都市圈逐渐形成了核心地区以服务业为主导，边缘地区则以工业为主要的空间布局。

圈层状结构是都市圈空间结构的首要特征（董晓峰 等，2005），较多研究关注都市圈的圈层划分，将都市圈划分为都市圈核心圈层、中间过渡圈层和外围圈层的结构。张京祥等（2001）认为，以中心城市为核心，根据影响强弱及功能组织可以划分为核心城市区、都市区、都市圈和大都市圈四个圈层。董晓峰等（2005）认为发育较为成熟的都市圈呈现出核心圈层、过渡圈层和副都心圈层的空间结构。汪光焘等（2021）将都市圈划分为核心圈、外围圈和机会圈三个圈层，其中核心圈相当于都市圈中心城市建成区，外围圈是以兼业和非农化趋势为特点的都市圈城乡接合部地区，机会圈是为中心城市提供服务的都市圈近郊地区。汪光焘等（2021）提出我国都市圈的识别标准，根据周边城市与核心城市的网络连接度将都市圈划分为核心圈层和关联圈层。钮心毅等（2018）以时空距离和关联强度为基础划分为核心圈层、近域圈层、郊区圈层和外围圈层。在圈层

划分方法上，主要从经济距离、经济引力、通勤率方面建立评价指标体系，并进行定量测度。韩刚等（2014）结合经济距离、引力、通勤率指标，明确长春都市圈的圈层构成。罗成书等（2017）基于经济距离、经济引力和场强三大定量指标，分析了杭州都市圈的圈层空间结构。范晓鹏等（2021）结合城市引力、城镇人口密度、历史文化资源分布综合划定西安都市圈圈层结构。

2）空间要素配置

都市圈的空间要素配置，重点在于研究都市圈内部城市空间繁杂要素的关联、组合与演化规律。对都市圈空间而言，其内部要素繁多，要素划分的方法也较多，可以从静态要素和动态要素两方面进行分类。例如，将静态要素按空间属性划分为点、线、面三要素（杨吾扬，1989），或按景观结构分为基质、斑块、廊道三要素（卞坤 等，2011）；也可以将动态要素按照都市圈经济联系方式分为人口流、物流、信息流、资金流、技术流等多种要素（刘承良 等，2007）。

（1）节点。都市圈空间要素的配置中，节点具有布局和等级的性质，是都市圈空间结构要素的核心（卞坤 等，2011）。节点的空间布局直接影响都市圈空间的结构，是要素配置的重点环节；节点的等级也与结构有着紧密的联系，在网络结构之中，网络权力越大，相应的节点等级越高，具有更大的辐射力，这些节点在区域空间之中起到发展状况调控者的作用（陈修颖，2003）。

（2）通道与流。都市圈内部连接各节点要素的线状设施称为通道，都市圈内部重要的通道如道路交通、通信线路、能源水源供应线等，基础设施连通是各种生产要素流动的必要条件。部分学者认为，都市圈的一项基本特征是要素的跨界流动（方煜 等，2022）。随着较高等级节点城市的发展势能外溢，中心城市与周边城市在地理相邻的背景下，产生经济社会活动的集聚与扩散，随着地区间的物质、能量、信息交流，各种经济社会要素流随之产生（刘生龙 等，2011）。通道建设与流的加强是促进都市圈要素配置与结构重组的重要途径（陈修颖，2003）。

（3）网络。网络是都市圈空间结构的脉络，其本质是都市圈内部各项经济活动，通过各种流形成的一种关联系统。这种网络不仅包括有形的网络，也包括虚拟网络，共同支撑着现代化都市圈的高效运行。都市圈多中心、多节点的网络空间结构，能够通过中心城区进行职能疏导、改善区域分工合作、提升规模经济、实现可持续发展（魏国恩 等，2021）。

8.2.2 核心圈

核心圈作为都市圈发展的核心区域，是人口和资源要素高度集聚的区域。可以划分为核心区和边缘区两个部分，研究核心区和边缘区的空间范围、集聚特征和功能构成，探讨空间组织优化路径，有利于实现核心圈空间结构优化、功能合理集聚与疏解，增强核心圈自身综合实力，更好发挥核心圈辐射带动能力，进而推进都市圈能级跃升。

1. 核心区组织

1）核心区范围及特征

核心区通常以核心城市的中心城区为主，包括核心城市半径 15～30 km 的空间范围，是城镇空间最为密集的区域，也是特大城市核心功能拓展和疏解的主要区域（葛春晖 等，2018）。核心区是都市圈服务业最为集聚的区域，承载了金融、贸易、研发、专业服务和高端消费等功能。胡波等（2015）认为 15 km 半径范围是首都特大城市地区的中心圈层，形成以高端、中枢职能为主的核心功能集聚。上海大都市圈提出在围绕全球城市上海 0～15 km 的核心圈层形成了全球城市功能的核心区，上海核心区在经历了服务功能的集聚和制造功能的疏解过程后，其全球城市核心功能将进一步集聚（郑德高 等，2017）。

2）核心区空间组织优化

国内较多学者探索了我国都市圈核心区域的空间组织优化策略，主要围绕核心区功能提质、设施网络化联通等维度，强调核心区自身的功能疏解及对边缘区的辐射带动。北京特大城市地区提出在遵循首都功能和产业圈层拓展的规律基础上，贯彻分圈层布局的理念，以合理组织区域的功能、交通和生态体系。核心区应当将优化提升首都核心功能，疏解非首都功能作为首要任务，在 30 km 范围的近郊新城区域，作为承接中心城功能疏解的重点地区，发挥承接产业转移作用，提升公共服务水平，优化产业功能区建设；同时完善轨道交通网络，增强与中心城区交通联系，提高通勤效率（胡波 等，2015）。郑德高等（2017）认为都市圈圈层组织优化应该关注城市核心功能的网络化组织和非核心功能的疏解和扩散，对上海大都市圈而言，要增强核心区集聚全球城市核心功能，引导核心区功能疏解和转型提质；同时多样化的轨道交通网络尤其是城际轨道、市域快轨的建设，加强了核心区与边缘城镇的快速便捷联系，有利于形成更加紧密关联的额都市圈网。吴挺可等（2020）认为武汉城市圈核心圈层功能疏解乏力，核心城市中心城区二产向近郊区扩散，但并未突破核心圈层空间范围；同时核心圈层城镇空间处于内部填充的集聚发展态势，并呈现向外围扩散的趋势。对核心圈层而言，一方面，要加强外部资源吸引集聚，推动核心功能提质，引领圈腹地发展，实现都市圈能级跃升；另一方面，要加强非核心功能疏解，核心区应强化科教创新、先进制造、物流和金融等功能，推动低端制造业等传统行业非核心功能向边缘地区疏解，实现核心区空间资源的更合理布局。

2. 边缘区组织

1）边缘区范围及特征

边缘区可以概括为都市圈近域圈层和郊区圈层等非核心区域范围，包括中心城市近郊区及周边城镇，城镇空间集聚程度相对低。这些区域是核心区产业转移、人口和功能疏解的重要承接区域，是都市圈一般制造业、基础物流、休闲旅游等功能集聚区。上海大都市圈的近域圈层和郊区圈层以金融后台、教育科研等专业化功能和制造、研发功能为主，形成了若干城市副中心和产业新城（郑德高 等，2017）。北京特大城市地区的边缘区以承接中心城功能疏解、支撑核心区配套功能为主，范围包括核心城市近郊新城和周边城镇（胡波 等，2015）。此外，边缘区与核心区存在发展水平的差异，边缘区往往存在产业集聚能力不足、设施配置水平较低、人口吸纳能力弱等问题。如部分都市圈郊区新城与核心区距离较远、联动性较差，土地城镇化导向的集聚模式和产城融合不足导致人口产业集聚功能甚微（吴挺可 等，2020）。

2）边缘区空间组织优化

边缘区空间组织优化主要从功能集聚与协作、次级中心培育、交通一体化引导、生态格局管控和公共服务资源配置等方面展开，关注核心区功能承接、边缘区城乡统筹等内容。①引导中心城市非核心功能在边缘区差异化集聚。在考虑与核心城市协作分工和优势互补的基础上，形成特色化的功能分工和产业集群，进一步推动核心区与边缘区形成功能联系紧密的一体化地域；通过建设跨界协作区等方式，实现与核心区的功能对接（吴挺可 等，2020；葛春晖 等，2018）。然后，重点发展基础条件较好的次级中心，形成新兴的专业新城和功能集聚区，提升产业发展和公共服务水平；聚焦新城综合性节点城市功能的培育，形成具有综合性辐射带动能力的节点城市（胡波 等，2015）。②强化交通网络支撑，边缘区交通网络优化在于增强边缘区与核心区，以及边缘区内部主要节点之间的紧密联系，以优化要素流动和服务获取。③由于边缘区城镇化程度相对低，仍存在大量生态和农业空间，因而其生态格局管控对都市圈生态格局保护具有重要影响。梳理边缘区各类生态基本要素，联动核心区，构建多层次、多功能、复合型的生态格局；构建区域协同保护的生态廊道，链接核心区生态斑块（陈世栋 等，2017）。④优化边缘区公共服务设施配置。传统城镇体系之下，基于行政的资源配置带来公共服务设施的非均衡分布，造成部分地区资源过度集聚和服务供应不足，这种现象在人口集聚度不高、空间分布分散的边缘区更为显著。上海大都市圈将主城区外的新市镇和城镇密集区划分城镇圈，以城镇圈统筹城乡公共服务资源，实现城镇圈内各级城镇和乡村地区功能相互补充、公共服务设施共享，进而优化郊区空间组织，促进都市圈外围区域城乡统筹（徐毅松 等，2017）。

8.2.3 社区生活圈

社区生活圈是指在城乡居民日常步行范围内，满足全周期工作与生活等各类需求的基本单元，国土空间规划所关注的核心议题之一，便是如何构建一个既安全又便利，同时健康并适应新型生活和生产方式需求的社区生活圈。本小节以平疫结合型社区生活圈为例，探讨其要素配置和空间组织优化。

1. 要素配置

平疫结合型社区生活圈的构建主要依赖于三大核心要素：设施模块要素、空间结构

要素及组织治理要素。

1）设施模块要素

平疫结合型社区生活圈的最基本构成要素即设施模块，是指承担不同服务职能的设施，可以总结为养老医疗设施、商业设施、交通出行设施和文体休闲设施四类。设施的数量、品质及其可达性，直接关系到其服务功能的发挥。随着老龄化社会的日益加剧，养老医疗设施，如医院、社区医疗服务中心及老年人活动中心等，在社区中的地位愈发重要。尤其在疫情防控期间，这些设施不仅提供日常的养老医疗服务，还具备快速检测、诊断、治疗感染人群的能力，并具备改造为传染病隔离空间的潜力。商业设施在城市层面主要以大型购物中心、超市及商业街等形式存在，满足市民的多样化购物需求；而在社区层面，则更侧重于满足居民日常生活便利的社区商业设施。在疫情防控期间，商业设施更成为居民获取基本生活物资的关键途径。交通出行设施则是连接人们工作、生活、文化娱乐活动的纽带，包括道路和各类交通工具，其便捷性直接反映了区域间的通达度及居民生活的便利程度。文体休闲设施则直接关系到社区居民的幸福感，是居民日常休闲娱乐、保持身心健康的重要场所。无论是城市层面的大型体育场馆、文化馆，还是社区层面的社区中心、公园等，都在居民生活中扮演着不可或缺的角色。此外，这些文体休闲设施在紧急情况下还可以作为临时用地，展现出其多功能性。

2）空间结构要素

空间结构要素涵盖社区生活圈的内部与外部空间结构。其中，内部空间结构主要由设施服务点、活动空间及连接二者的路径共同构建。值得注意的是，这一内部空间结构并非一成不变或存在某种固定最优模式，它并非基于固定的地理位置，而是一种灵活的、基于步行路网、公共空间和设施点的协同组合。在疫情来临时，为阻断病毒的传播路径，保障居民健康安全，社区生活圈的内部空间结构会进行相应的调整与重组。

外部空间结构则是指社区生活圈在城市整体空间布局中的位置，它能否满足抗击疫情和物资供应的需求至关重要。实际上，社区生活圈的抗疫效能很大程度上取决于其转运救治易感人群和病人的能力，以及日常生活的物资保障能力。这具体体现在大型设施，如三甲医院、传染病防治医院和大型商超等城市基础设施的数量、布局和结构上。设施点在空间上的分布特征，如集聚、离散或随机分布，以及是否呈现带状分布或裂变式集聚分布结构，都是评判其能否满足社区生活圈抗疫需求的关键因素。

3）组织治理要素

如果说设施模块和空间结构是着眼于物理要素的构建的话，那么组织治理要素则更多通过看不见的手来调节社区生活圈的运行。社区生活圈作为一个典型的基层社会系统，主要由基层政府、社会组织、企事业单位、居民自治机构、居民等组成，这些主体之间相互联系，构成特殊并稳定的组织结构，并且表现出多层级、多功能的特点。在日常和面临突发情况时，多部门组织协调有序配合，充分利用有限力量，协同处理困难。此外，

信息沟通、舆论影响也是组织网络重要的一块，是保证社区及生活圈各部分高效运转的基础条件之一。社区在日常和紧急情况下均应具备能快速、准确获取信息流，保持高效率信息处理的能力，在大数据背景下探索信息发布与传播的新渠道，保持渠道畅通与舆论稳定。

2. 组织优化

1）整合功能要素，提升设施质量

一方面，要差异化提升设施数量和覆盖度。在日常情景下，居民的生活便利度与社区生活圈及其周边设施的数量、可达性和质量息息相关。根据社区的建成年代、空间位置及人口结构，可以将社区生活圈划分为改善类和新建类，并分别采取针对性的提升措施。新建类社区生活圈多位于城市边缘或经济开发区，设施可达性相对较低，特别是商业和医疗设施。因此，建议根据现有覆盖情况填补空白，并考虑这些区域居民可能更倾向于线上服务，应推动线上线下生活圈的同步建设。而改善类地区通常设施密度较高，用地紧张，因此应弱化设施规模，强化业态和模式控制，通过集中式布局和一站式服务中心来满足居民需求。

另一方面，全面提升设施服务质量。通过"5~15 分钟"步行距离分级配置"基础保障类设施"和"品质提升类设施"，实现生活服务、便民服务、医疗保健、科教文化、休闲娱乐、交通出行等各方面的全面覆盖，促进社区居民的健康生活管理。在基础保障类设施上，应围绕居民的基本生活需求，结合人口数量和服务半径等标准进行合理布局，确保服务的全面覆盖和公平均衡。同时，进一步加强社区生活圈的韧性，合理规划应急避难场所，实现平时和疫时的灵活转换。在品质提升类设施上，关注新趋势、新变化，根据居民需求进行有针对性的补充，提供多样化、特色化的公共服务，以满足居民日益增长的生活需求。

2）优化空间结构，改善资源配置

社区生活圈的空间结构优化应当从两个关键层面着手。一是社区生活圈外部重要资源的空间布局优化，旨在增强应对突发性公共卫生事件的韧性能力。其中，大型医疗设施和大型商业超市的布局尤为重要。二是通过社区生活圈内部空间要素的合理配置来确保安全稳定的社区空间环境，如内部的交通流线、设施布局和公共空间组合优化。

在社区生活圈外部重要资源均衡布局方面，一是科学规划大型医疗设施的布局，从过度集约转向均衡分布，实现医疗资源的"去中心化"。医疗设施的数量、规模和服务范围需与区域人口相匹配，确保各区医疗资源配置的公平性。同时，建立"平疫结合"的医疗设施布局体系，通过场地布置和功能流线的改造，使设施能够在需要时快速转换功能，满足疫情隔离的需求。此外，对于大型应急医疗设施，在空间上预留"留白"，为城市防灾规划中的其他设施如大型体育场馆、中小学等预留空间单元，并做好相应的防疫基础设施及功能建设。二是关注大型商业超市的布局优化。当前，我国大部分城市的超市分布呈现出"大型超市+超市+社区超市"的格局，但中心区域超市过于密集，导致资源浪费和服务范围重叠，而边缘区域则缺乏大型超市。在疫情发生时，大型超市资源的稀缺性变得尤为突出，难以满足居民一次性多品种大量的购买需求。因此，未来大型超市的建设必须注重区域的均衡布置。对于已建的超市，可以考虑开通线上购买渠道，形成线上线下相结合的供应模式。在疫情发生时，附近居民可以选择线下购物，而较远的居民则可以通过线上下单后统一配送的方式购买所需商品。以此构建起一个"居民下单、商超配送、集中物流、社区工作人员（志愿者）送达"的闭环供应模式，确保社区生活圈的稳定运行和居民的基本生活需求得到满足（图8.5）。

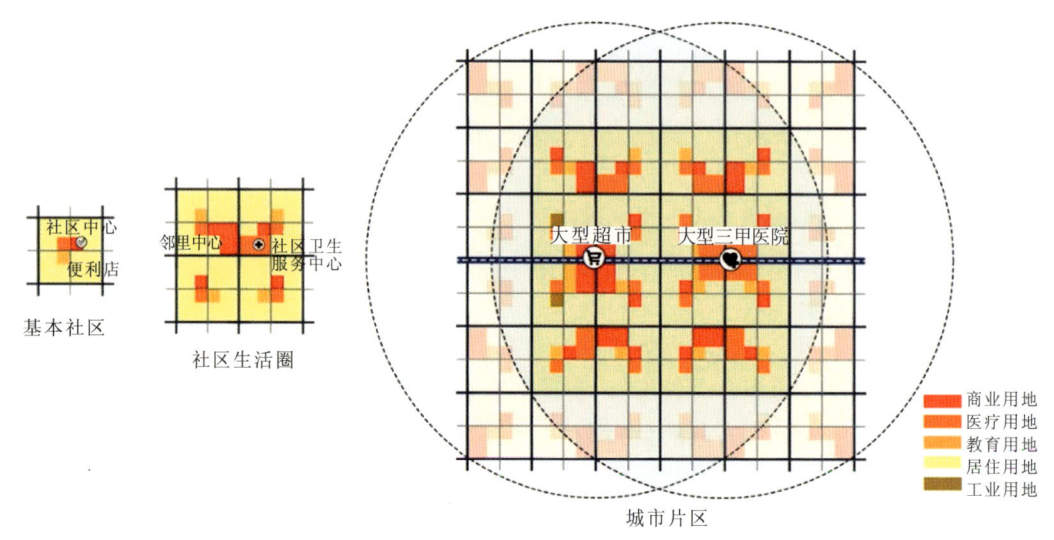

图8.5 大型医疗设施、大型商超的空间布局示意图

资料来源：朱晓宇（2022）

社区生活圈内部空间要素的合理组织对于构建平疫结合型社区至关重要。设施服务点、公共空间和步行路网三者的有机组合，共同构成了社区生活圈内部的空间结构与模式。首先，科学有序的道路体系是构建平疫结合型社区生活圈不可或缺的基础。在交通流线上，建议设置双重通道，旨在避免疫情发生时居民与医护人员流线相互干扰，确保救援工作的顺利进行；预留通畅的急救通道，并与附近的医疗设施紧密衔接，以便在紧急情况下迅速转运患者；设置门禁和关卡，确保社区的封闭性，以便在必要时快速封闭部分道路并控制车辆流通，有效防止疫情的跨区域扩散；预留无接触运输通道，为生活物资的及时补给提供便利。其次，全面覆盖的公共服务设施是构建平疫结合型社区生活圈的重要保障（图8.6）。在规划过程中，综合考虑平时和疫时的不同需求，对公共服务设施进行分类、分级布局。平时应基于居民的生活需求，合理安排居住与公共服务设施、商业设施之间的关系，为居民提供便捷的服务。而在疫时，设施需具备快速转换功能，确保超市、菜场、药店等健康安全保障类设施的正常运转。社区活动中心、社区医院等场所应提前预留应急空间，以应对可能出现的疫情扩散情况，提供临时性隔离场所。最后，转换灵活的公共空间是构建平疫结合型社区生活圈的关键所在。在公共空间的规划

第 8 章　空间提升路径

设计中，应遵循"平疫结合"的原则，充分考虑其在选址布局、面积、开敞度等方面的应急转换能力；提前制订公共空间分时使用规则，明确疫时管理细则，确保公共空间能够在紧急情况下迅速投入使用，为疫情防控提供有力支持（图 8.7）。

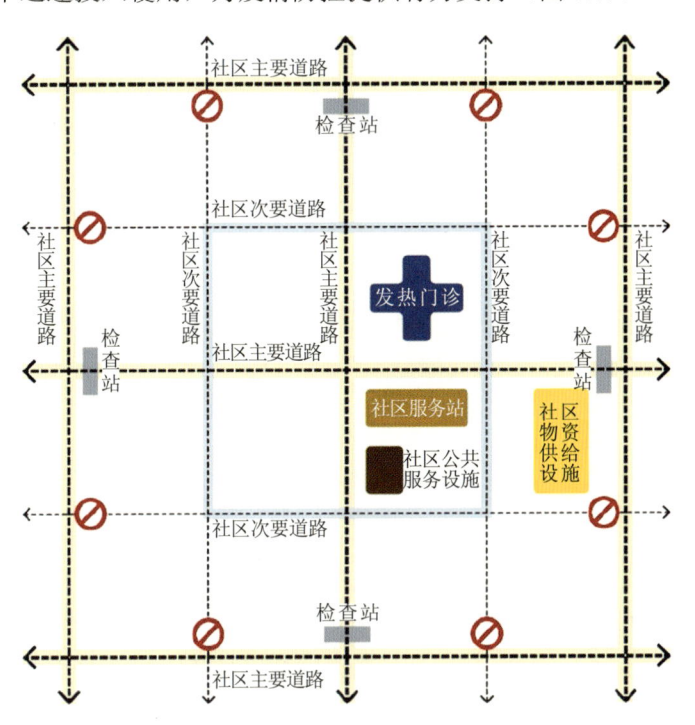

图 8.6　疫情时期社区生活圈内部道路体系
资料来源：周文竹（2021）

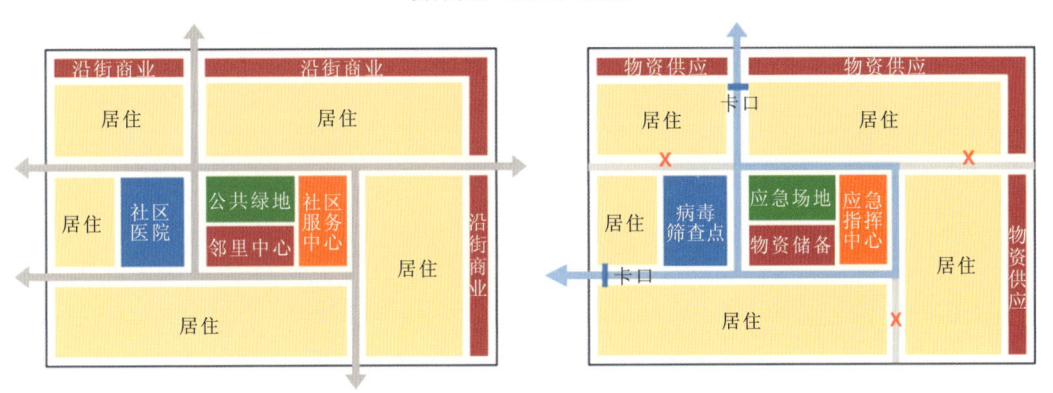

（a）平时社区生活圈模式　　　　　　（b）疫时社区生活圈模式

图 8.7　平时、疫时社区生活圈内部空间结构
资料来源：朱晓宇（2022）

3）完善组织网络，创新社会治理

首先，构建多方协同的组织体系。虽然当前部分社区正在探索党建引领基层治理的模式，但普遍来看，社区仍然过于依赖行政力量，多元主体之间尚未形成统一的治理共识。

因此，应当积极推动"政府+社会"多方协同的防疫共同体建设。这个共同体应当包括社区党组织、居委会、物业公司、志愿者及共建单位等各方力量（图 8.8）。通过定期召开联席会议，共同参与群防群治工作，协商解决重大事项和共同面临的难题。为了确保防疫共同体的高效运作，各方应当明确各自的职责，合理分工，并制定共治互助的应对方案。

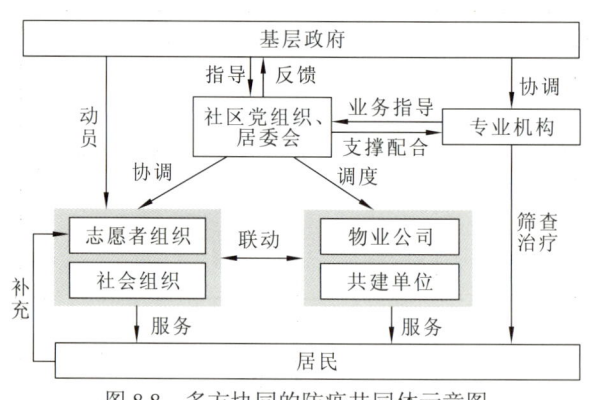

图 8.8 多方协同的防疫共同体示意图
资料来源：朱晓宇（2022）

其次，建设精准高效的智慧平台。通过智慧化治理手段，进而提供更精准的服务，满足居民的需求。例如，依托大数据资源平台，进行风险监测、轨迹查询和信息发布等工作，同时还可以提供便民服务，智慧平台将有助于提高社区治理的效率和水平（图 8.9）。此外，实行科学有效的应急管理。一方面需要提升预防能力，在街道和社区层面建立和完善疫情灾害的平时预防机制。这包括统筹协调道路体系、避难设施、隔离体系等各类空间要素，全面排查可能的风险点和健康隐患，从源头上强化管控，提升社区空间的韧性。另一方面需要制定应急预案，确保在突发事件发生时能够迅速响应。应急管理预案应当贯穿建设实施、联防联控和韧性恢复的全过程，根据事件的响应等级，启用和调整相应的应急管理机制。

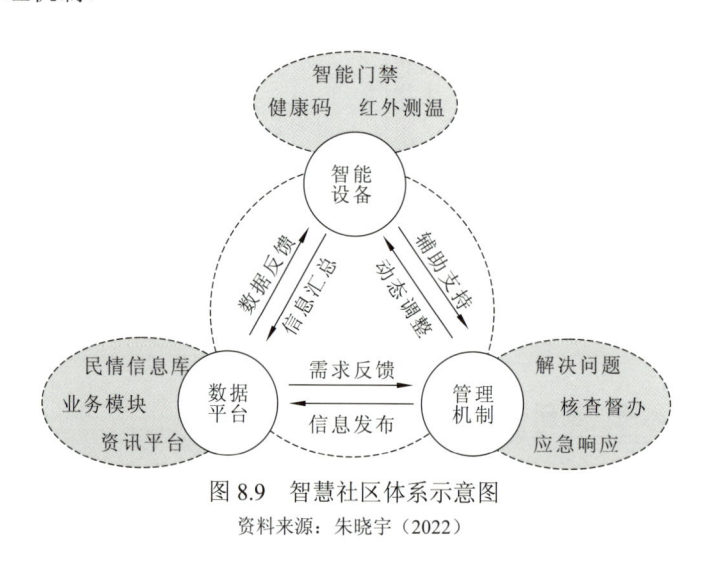

图 8.9 智慧社区体系示意图
资料来源：朱晓宇（2022）

8.3 韧性空间优化路径

8.3.1 生态空间

1. 生态格局

1）景观要素分析

生态空间是重要的韧性空间之一，其安全与社会经济的可持续发展息息相关，运用生态网络规划连接破碎的生境斑块，构建科学的生态安全格局成为现阶段提升生态韧性的重要支撑（王子琳 等，2022）。本书运用形态学空间格局分析（morphological spatial pattern analysis，MSPA）方法，综合运用多项指标来识别都市圈中综合价值较高的生态源地及生态节点，通过分析坡度等多种因素来构建生态阻力面，最终运用最小阻力（minimum cumulative resistance，MCR）模型和重力模型识别生态廊道，以生态网络为桥梁来分析生态安全格局，科学提升武汉都市圈区域整体的生态安全及韧性水平。

由于数据更新时间问题，本书使用的武汉都市圈范围与最新范围有所差异，后续研究将以最新范围为准。首先将都市圈内的林地作为前景，其他用地类型归为背景，将导出的 TIFF 文件导入 GuidoToolbox 软件进行 MSPA 景观格局分析，得到武汉都市圈基于 MSPA 的景观格局分析图，如图 8.10 所示，景观要素统计结果见表 8.1。

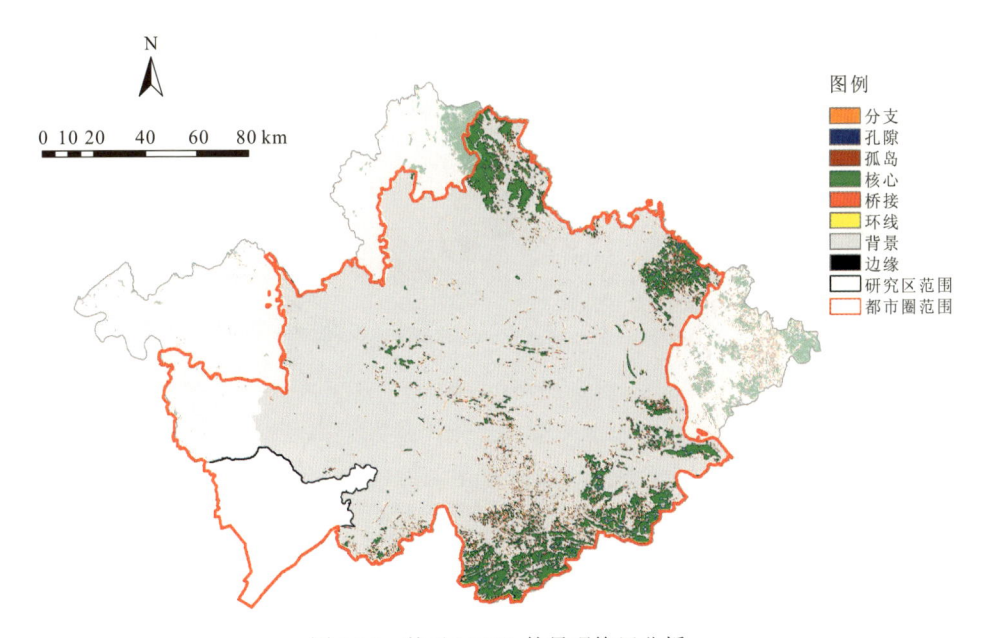

图 8.10 基于 MSPA 的景观格局分析

表 8.1 景观要素统计结果

景观类型	面积/km²	占林地总面积比例/%	占研究区总面积比例/%
边缘	848.04	26.50	3.25
分支	277.14	8.66	1.06
孤岛	112.97	3.53	0.43
核心	1 735.82	54.24	6.64
环线	21.42	0.67	0.08
孔隙	42.01	1.31	0.16
桥接	162.97	5.09	0.62

结果表明，武汉都市圈核心区面积占林地总面积最高，核心区面积越大，连通性越强，其区域整体的生态质量越高（赵昊天 等，2022）。在整个研究区的分布情况来看，核心区主要位于北部、南部和东部，但在空间上连通性不足；而在整个研究区的中心和西部，只有少数碎片化的核心区斑块。除此之外，边缘区和孔隙区能够一定程度上降低外来扰动，其占比仅次于核心区；而分支、桥接、环线、孤岛等其他景观要素对于生物群体的移动和迁移及物质交流与流动具有重要意义，从其占比和空间分布来看，目前研究区范围内的物质流动不强，斑块之间的联系较弱。

对基于 MSPA 方法处理的数据进行提取，结合武汉都市圈研究区概况，利用 Conefor2.6 软件，选取斑块重要性（dPC）科学提取研究区范围内的重要生态源地，作为生态网络构建的生态源地。具体公式如下：

$$dPC = \frac{PC - PC_{remove}}{PC} \times 100\% \qquad (8.1)$$

式中：dPC 为某斑块的重要程度；PC 为斑块可连通性指数，可由 Conefor2.6 软件直接获得；PC_{remove} 为在删除该斑块后变化后的连接度（秦子博 等，2023）。最终选取 dPC 数值较大的 6 个核心斑块作为研究区重要生态源地，其余作为潜在生态源地，如图 8.11 所示。

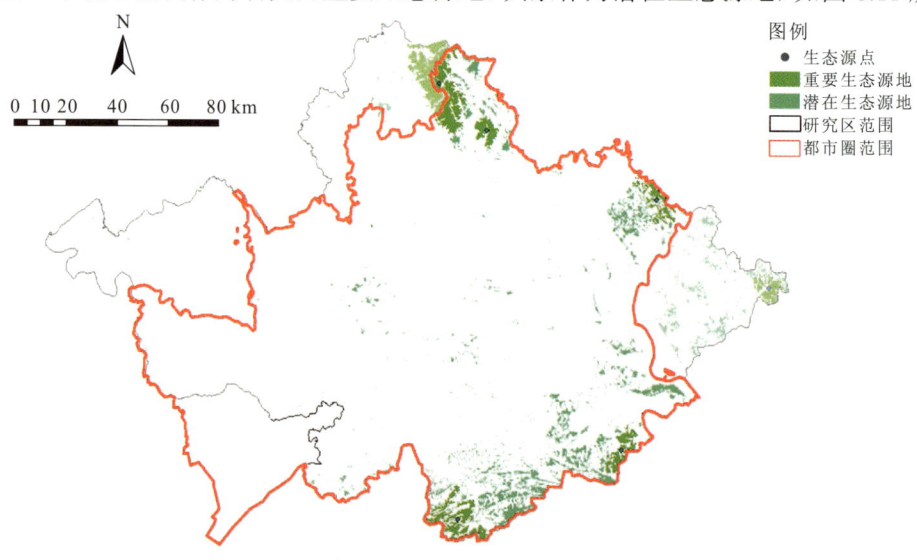

图 8.11 生态源地分布现状

2）生态网络构建

生态网络是以生态源地、生态廊道和生态节点为主要构成元素，以景观生态学为理论基础的一种反映一定区域范围内生态规律和功能的复杂体系（尹海伟 等，2011）。其中生态源地一般指的以自然生态功能为主的具有提升和维系景观功能的成片斑块。而在整个生态网络中，能够传导景观生态流且与周边生态基质属性不同的线状要素一般被称为生态廊道（张远景 等，2015）。生态节点则指对景观生态活动中起关键性作用的地区，也是各类生态要素流动受阻较大的区域（傅强 等，2017）。

综合考虑下选取土地利用类型要素、高程要素、坡度要素、归一化植被指数（normalized difference vegetation index，NDVI）要素和道路要素等因素作为生态阻力因子，结合各类因子正向和负向影响对各类用地赋予阻力值，然后运用max-min法对所有阻力因子进行归一化处理，确定权重后叠加得到研究区的综合生态阻力面（图 8.12）。结果表明，武汉都市圈中部和东南部的阻力值最大，北部、东部和南部的阻力值较小。其原因在于武汉是沿长江发展的城市，中部地区以水系为轴线向外拓展城市建设用地，外部8个城市环绕在武汉市区周围，阻力较大的区域基本位于这8个城市的建设用地中。北部、南部和东部林地较多，人类活动少，构建生态廊道的阻力较小。

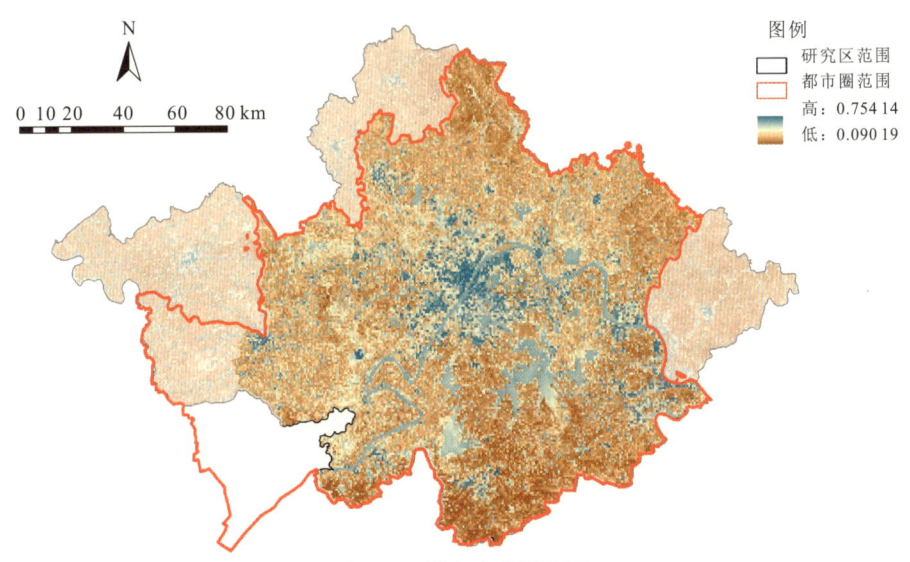

图 8.12 综合生态阻力面

然后利用最小累积阻力（MCR）模型，结合武汉都市圈的综合生态阻力面构建生态网络。其中，MCR 模型是用来计算物种从生态源地转移到其他地区所消耗成本的代价模型，是识别物种迁徙及相关生态物质交流路径的有效方法（张继平 等，2017）。具体计算公式如下：

$$\text{MCR} = \int \min \sum_{j=m}^{i=n} (D_{ij} \times R_i) \tag{8.2}$$

式中：D_{ij} 为在某一类景观类型中一个点 j 到点 i 的空间距离；R_i 为生态物质经过空间 i

所需克服的阻力值（赵昊天 等，2022）。

综合所得到的生态源地和生态阻力面，利用 ArcGIS 软件中成本距离工具构建最小成本路径线。运用重力模型所构建的矩阵来评估不同斑块之间的相互作用强度，从而划分武汉都市圈生态廊道等级，识别出重要生态廊道。具体计算公式如下：

$$G_{ij} = \frac{N_i N_j}{M_{ij}} = \frac{\left[\frac{1}{P_i} \times \ln(S_i)\right]\left[\frac{1}{P_j \times \ln(S_j)}\right]}{\left(\frac{L_{ij}}{L_{max}}\right)^2} = \frac{L_{max}^2 \ln(S_i \times S_j)}{L_{ij}^2 P_i P_j} \quad (8.3)$$

式中：G_{ij} 为斑块 i 和 j 的相互作用力大小；N_i 和 N_j 为两斑块的权重值；M_{ij} 为 i 和 j 斑块间潜在生态阻力的标准值；P_i 为斑块 i 的生态阻力值；S_i 为斑块 i 的面积；L_{ij} 为斑块 i 和 j 之间的累积生态阻力值；L_{max} 为最大生态阻力值（赵昊天 等，2022）。

根据重力模型测算源地之间的相互作用强度（表 8.2），将生态廊道划分为三个等级，作用力大于 5 的为一级生态廊道，小于 1 的为三级生态廊道，其他为二级生态廊道，并结合重要生态源地和生态节点，构建武汉都市圈的生态空间网络（图 8.13）。从源地之间的作用强度来看，源地 1 和源地 2 之间的相互作用力最大，而源地 1 与源地 5 之间的相互作用力最小，这是因为源地 1 和源地 2 之间距离较近，且两个斑块的生态质量较高，故能够促进生态要素的流动；而源地 1 和源地 5 相距较远，斑块面积较小，故生态要素流动阻力相对较大。从廊道的分级结果来看，相距较近的源地之间产生一级廊道的概率较大，而研究区东部二级廊道较为密集，需要加强该区域生态廊道的保护和构建，从而为武汉都市圈东部生态屏障的建设提供支撑。

表 8.2 生态廊道相互作用强度矩阵

生态源地编号	生态源地编号					
	1	2	3	4	5	6
1		30.22	1.55	0.73	0.65	0.68
2			2.39	0.95	0.82	0.84
3				5.98	1.63	0.99
4					2.20	1.02
5						5.73

3）保护格局优化

生态保护格局能够促进区域关键生态要素和空间结构的链接，对维护生态体系的中各个环节的完整具有重要意义（李妍钰，2021）。通过对生态本底的分析了解都市圈的生态网络现状，识别重点的生态战略节点，最终依据源地、廊道和节点的空间特点提出空间格局优化策略。

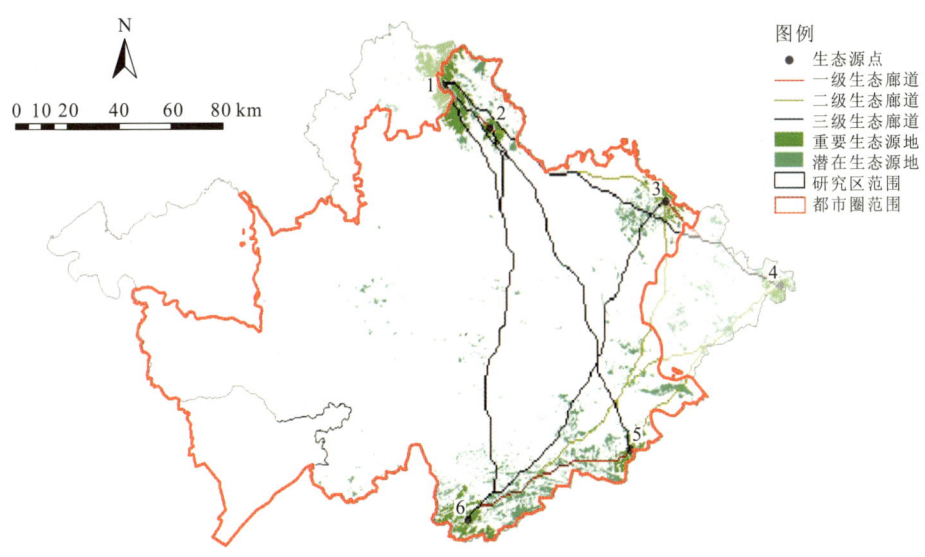

图 8.13　武汉都市圈生态空间网络现状

（1）增加重要生态源地之间的连接。生态源地应扩大其生态服务范围，以提升研究区的生态效益和生态韧性。在对整个生态网络规划过程中，除了对林地斑块进行保持和维护，还需要对重要生态源地进行系统保护，从而提升生境质量。而对于一级和二级廊道的优化，应根据不同景观要素主导的潜力廊道，明确优化的重点。除此之外，应加强城市内部公园、绿地、林地的种植，提升城市内部的生态韧性。

（2）提升生态廊道密度。在生态廊道的优化中除了对廊道进行分级治理外，还应该增加廊道密度，结合道路交通网络和城市的空间布局，以景观优化的先后原则为基础，对已有的廊道进行保护和完善，增加重要源地及潜在源地之间的廊道，提升网络密度及系统复杂度，减少城市面积扩张对生态空间完整性带来的破坏。

（3）根据武汉都市圈的生态网络及山水格局，构建"一心一轴两屏两片，多节点多廊道"的生态保护格局。"一心"为武汉市中部与长江交汇处，应结合周边零碎生态源地划定生态发展区，大力发展城市内部的生态空间；"一轴"为跨过武汉都市圈的长江轴线，通过绿地公园的建设与保护来加强生态源地之间的连通性；"两屏"为大别山脉及幕阜山脉，严格控制人为活动的干扰，划定生态保育区，构建都市圈南北两侧的生态屏障；"两片"为中部及东部不成规模的潜在生态源地构成的生态治理区，应提升片区源地的连通性和规模，加强区域生态网络的整体性；"多节点多廊道"是构成生态网络的生态节点和各级生态廊道，应结合廊道附近的交通道路对生态断裂点进行修补，提升生态节点内景观丰富度，完善区域整体生态格局（图 8.14）。

2. 生保共治

1）生态协同保护机制建立

从都市圈生态韧性的协同保护状况及推进效果来看，需要加快形成以提升区域生态

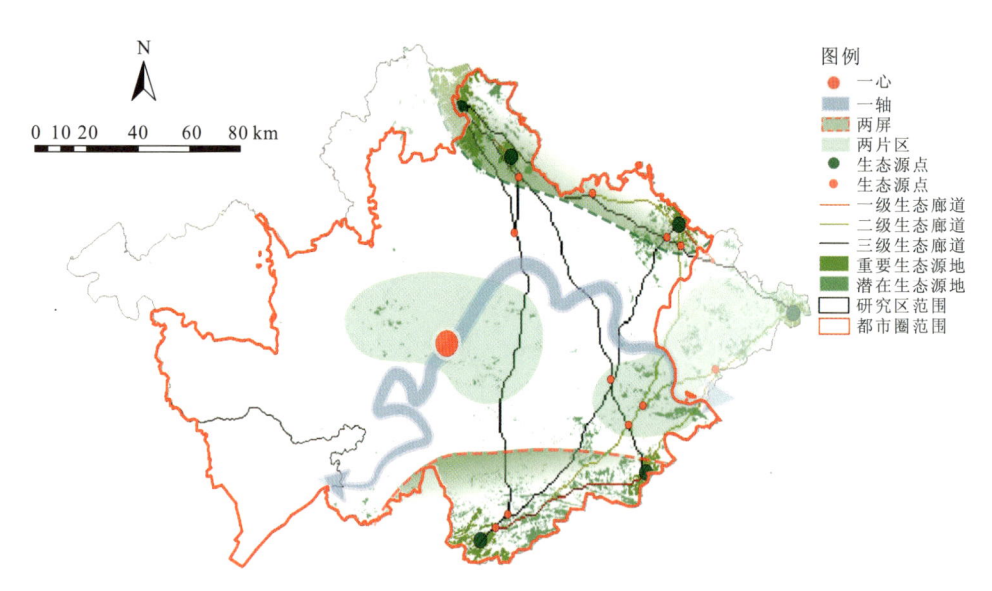

图 8.14 武汉都市圈生态保护格局

韧性为目标的统一行动方案和保障措施，完善生态协同保护的长效机制框架，保障都市圈区域的生态环境保护和韧性建设。同时面对都市圈内部生态空间碎片化的普遍现象，需要遵循区域主义观，以区域生态空间的整体性为基础，完善协同保护的机制。具体措施如下。

（1）促进生态系统协同治理。都市圈应协同长江流域治理，实施长江十年禁渔和山水林田湖草示范工程，加强支流的生态协作，提升整体生态空间的覆盖率；划定生物多样性优先保护区域，并采取一系列保护措施，加强对于威胁生物多样性的主要因素的管控，以保障野生动植物的群落生境；在山地丘陵地带修建生态屏障，构建具有高生态价值的生态保护廊道；整合重点水域的监测信息，设立生态保护综合信息平台，实行三级河湖警长制，建立常态化联防联动和多元化执法互助的警务协作机制。

（2）推动跨界生态协同共治。对于长江流域应划定长江支流治理区段，实施上下游差异化的生态治理措施，落实长江及其支流的岸线保护和开发利用要求，明确区段流域生态治理重点，优化沿江产业空间布局，综合提升区域流域生态安全能力。对于重点区域性流域应分段共治，提升流域协作的水安全能力；明确各流域的综合整治工程，通过内外协作，全区域共保，综合提升区域水安全能力。

（3）形成生态协同保护的长效保障机制。生态协同保护机制是实现提升区域生态韧性的重要手段，实施该机制需要考虑不同协同层面的作用机理和内在逻辑关系，建立完善的法律体系和行政体系，并构建包括制度体系、评价指标体系、预测监测体系等在内的生态环境协同保护的保障体系。在具体实践层面应制定科学的生态保护政策和规划，提高政策的可操作性；在技术支持层面应加强对生态保护技术的科技创新；在社会参与层面应加强公众对生态环境保护的认知和参与，激发公众环保意识。

2）生态产品价值实现

生态产品价值实现机制是实现区域生态经济高质量发展的重要手段。要建立价值实现机制，首先需要进行系统规划和设计，同时充分考虑价值实现机制的融合性、灵活性、有效性、多样性和广泛性等特点，全面建立"绿水青山"与"金山银山"的转化通道，提高生态产品的质量和供给水平，这样才能构建可持续发展的现代化都市圈。具体策略如下。

（1）挖掘绿水青山的生态经济潜力。都市圈应推进生态产业化和产业生态化，可持续地经营开发生态产品，提升区域生态系统的稳定性、生态产品供给能力和生态资源的价值转换能力。探索"生态+农业"路径，以大力发展生态农业，形成一批生态农业品牌。探索"生态+产业"路径，以生态保护红线内及沿江污染企业搬迁为重点，助力产业生态化转型。探索"生态+旅游""生态+康养""生态+气候"路径，提供优质农旅森林康养产品。

（2）建立生态产品价值转化平台。在当前的环保意识日益增强的社会背景下，各级政府和企业应积极地探索生态产品的发展和价值核算，建立生态产品补偿制度和价值核算机制，完善生态产品的价值补偿、转化、交易功能，制订一套科学、合理的生态空间评估指标，统计和出售排污、水权、碳排放权等生态产品，从而推动生态产品交易市场的发展。

（3）构建生态产品价值实现机制。都市圈应合理规划和划分行政区域，建立合作园区，实现利益的分配和风险的分担；重视生态产品的开发和生产，全面考虑生态价值和环境保护的综合效益，采用高质量的生产质量和绩效评价考核机制；实施生态价值补偿机制，对相关损失进行合理补偿，鼓励相关企业的积极参与生态保护；建立生态产品市场，促进生产产品销售与消费，完善生态产品市场交易系统。

3）临界区域协同管治

临界区域作为自然与城市的邻接区域，是进行综合整治和提升生态韧性的重要空间。随着城市不断外扩，城市外部的生态景观的整体性逐渐遭到破坏，形成了许多彼此隔离、不连续的斑块，从而导致区域生态韧性的降低（李灿 等，2013）。关于临界区域的生态修复和维育，促进临界区域这一生态敏感区营造可持续发展的生态系统，建立多元复合的动态生态平衡体系，对区域生态韧性的提高有着极其重要的作用。

（1）由消极保留变主动发展。针对临界区域生态源地被侵占的问题，都市圈内应加强城市用地管理，控制城市建设用地蔓延，加强规划刚性，将临界区域生态源地划定保护区域；对临界区域生态源地实行保护性发展，以保障基本生态功能为前提，对生态资源进行合理利用和土地集约利用；实施生态核心功能保护，保持生态源地的完整性和稳定性；在保护生态源地的基础上，引入新功能，提升地区活力，例如建设生态公园和休

闲区等，为居民提供绿色休闲和生活服务；提高环境品质，在临界区域生态源地周边建设绿化带和生态回归带，增强生态可持续性。

（2）由零星分散变组团开发。对于临界区域的生态环境保护和建设，应牢牢守住生态保护红线，制定严格管控制度以统一禁止开发和限制开发的地区。优化临界区域的生态空间格局，建立以山水屏障为基础的生态屏障，系统整合临界区域的开发与保护。对于具有特色的临界区域，应因地制宜打造具有特色的生态组团，丰富生态景观层次，提升生态系统的稳定性。

8.3.2 农业空间

1. 农业格局

1）农业空间韧性测度

农业韧性是保障人们基本生活资料的基础，对推动现代化都市圈建设有着至关重要的作用。当前，我国处于城市快速发展的过程中，这不可避免地加大了各类社会经济及自然因素对农业生产的冲击，加上长期以来各类农业基础设施的滞后发展，导致我国都市圈范围内的农业空间面临着生产环境脆弱、生产空间挤压、生产主体流失等诸多困境（潘瑜鑫 等，2023）。因此，在这种背景下，测度农业空间韧性对引导农业空间布局和提升区域整体韧性水平均具有重要意义。目前根据韧性联盟的相关定义，农业空间韧性综合了农业脆弱性和适应力的内涵，指农业空间在受到外界干扰后保持其核心功能稳定和系统均衡的能力。多项研究表明从区域角度出发，农业空间韧性兼具抵抗力和恢复力等含义，是农业现代化水平的重要体现，其可以划分为生产韧性、生态韧性和经济韧性等不同维度（表 8.3）。其中，农业空间生产韧性主要是指农业生产系统面对外来冲击和扰动时能够快速调整自身结构和功能，从而保证生产能力及效益的能力；农业空间生态韧性主要体现应对自然环境变化的适应性能力；农业空间经济韧性指的是农户和农业等多主体应对经济冲击导致的损失风险（于伟 等，2019）。在针对农业发展韧性大尺度研究中，张明斗等（2022）用指标体系法评估了我国农业经济韧性，探究了其空间差异，并用地理探测器模型确定了其影响因素。李久林等（2022）利用 PSR 模型评估了安徽省农业经济的韧性水平、时空差异和影响因素，建议通过优化农业产业布局、增强内生发展动力、扩宽投资渠道和提高基础设施建设质量等措施，推动该省农业经济高质量发展。李飞等（2016）从农业发展韧性的角度，利用空间杜宾模型实证分析了我国农业基础设施存量对农业经济增长的空间溢出效应。除此之外，小尺度研究中，部分学者认为农业韧性是乡村韧性的重要组成部分，将农业产值、企业数量、农业商品化率等经济维度结合生态、社会、基础设施等系统要素纳入指标体系中以综合评估农业韧性（蒋辉 等，2022；王成 等，2022）。

表 8.3 农业空间韧性指标体系（于伟 等，2019）

一级指标及权重	二级指标及权重
生产韧性	有效灌溉面积/播种面积
	单位播种面积农业机械总动力
	农均农业固定资产投资
	农业家庭农业生产性固定资产原值
	成灾面积/受灾面积
生态韧性	单位播种面积农用化肥施用折纯量
	单位播种面积农用柴油施用量
	单位播种面积农用塑料薄膜施用量
	单位播种面积农业用水量
经济韧性	农均农业总产值
	单位播种面积产值
	单位固定资产产值
	单位中间投入产值

综上所述，目前既有研究主要集中于国家级、省级等大尺度及乡村等小尺度的韧性指数测度、问题诊断、空间格局分析等，主要采用指标体系架构和理论分析等方法研究农业韧性指数，缺乏对于中观层面都市圈中农业空间韧性测度、空间格局演变和影响要素识别的研究。因此，推进农业空间发展安全韧性量化研究是一项重要而长期的任务。

2）农业空间韧性影响要素调控

农业现代化是国家现代化建设的短板，也是现代化都市圈建设中的重点建设内容。针对目前都市圈存在严重城乡发展不平衡情况，学者们从优化资源配置、疏解产业职能、引导农业人口转移等方面促进城乡空间融合（蒋辉，2022），其次根据都市圈中小城市邻近农业区域的特点，学者们提出以发展特色农业和生态旅游业来促进经济发展，同时担负起农业空间保护使命（谭雪兰 等，2017；杨卫丽 等，2011）。基于都市圈这一中观尺度，识别农业空间的发展规律、结构特征、韧性水平和动力机制，统筹协调基础设施、科研创新平台、智慧化设施等各类现代化影响要素，网络化建设不同韧性影响要素体系，是提升农业空间韧性，推动农业经济高质量发展的科学应变之举。

（1）加大农业支持力度，统筹推进区域农业协调发展。对于中西部地区的都市圈，由于其农业经济韧性外溢严重，未来需要重点加强相关地区的农业基础设施及其相关配套的建设，促进农业综合生产能力的提升和农业转型升级（蒋辉，2022）。同时，跨区域整体化的关联效应受到重视，政府需加大对农业科学技术活动的投入和政策扶持，推动各类生产要素在不同地区间的流动，减少中西部地区的农业经济发展差距。

（2）打造科研平台，促进都市圈内各级农业人才的集聚。对于都市圈内的不同市县，应依托不同层级的农业人才和政府人员，联合推进如农业技术研发中心、人才培养基地等线下农业科创基地的建设，逐步完善如农业科技人才交流、高校农业科研成果共享、农业技术创新共同体等线上交流平台的建设，同时以政府为主体促进各类相关政策和机制的完善，实现都市圈范围内农业资源共享和优势互补（蒋辉，2022）。

（3）强化农业智慧赋能，推动都市圈数字化农业发展。利用大数据技术及时监测农业空间，预防和抵御各类灾害，确保农业生产稳定。通过网络平台实现跨区域定期指导，因地制宜地从改善农业产业效率和水平等方面提出针对性建议。加快构建农业信息服务体系，推动数字农业、智慧农业等新型农业与信息技术融合，为农业生产注入科技活力，提高农业产业要素流动效率，促进农业产业系统韧性的形成，从而推动农业产业系统韧性的形成。

3）农业空间格局优化

为了进一步提升农业空间韧性水平，空间格局的调控与优化是不可或缺的一环。农业空间格局的研究主要包含都市农业空间格局、农业整治格局和乡村生活圈的优化。都市农业是在城市化过程中形成的集约型可持续农业，能够提供多元化服务和景观营造，研究其空间格局和发展模式对都市圈韧性提高具有重要意义（宋志军 等，2015；陈昱 等，2013）。而随着农业整治的目标和实施方式逐渐多元化，通过合理组织和调整农业空间的利用结构、方式和强度，构建农业整治优化格局已经成为提升农业空间稳定性的重要举措（孙瑞 等，2020）。在乡村生活圈的层级体系和空间类型方面，我国各省市已先后展开了不同探索，通过统筹考虑空间布局、设施规模、发展时序等城乡要素，因地制宜划定了乡村生活圈圈层（师莹 等，2021；官钰 等，2020）。自然资源部出台的《社区生活圈规划技术指南》提出乡村社区生活圈可以构建"乡集镇-村/组"两个社区生活圈层级，强化县域和乡村层面对农村基本公共服务供给的统筹。上海市出台的《上海市乡村社区生活圈规划导则（试行）》划定了"自然村-行政村"两级体系，并分别以服务半径 300～500 m、800～1 000 m 来满足老人、小孩等弱势群体的最基本需求，合理配置公共服务设施，同时在行政管理基础上结合不同乡村进行差异化配置（图 8.15）。在不同的乡村生活圈的基础上，充分考虑现有设施的空间分布、可达性和可操作性，将乡村生活圈划分为基础生活圈、基本生活圈和拓展生活圈，并合理确定各个圈层的公共服务中心，是系统性提升农业空间韧性水平的重要举措（李小云 等，2021）。综上所述，针对现代化都市圈建设的韧性提升路径，提出以下农业空间格局优化措施。

（1）构建都市特色农业模式。都市特色农业模式是以合理分配地域空间和优势产业资源为特点的一种特色化都市农业发展模式（陈昱 等，2013）。在不同的都市圈内，应以优势产业为核心，形成具有地域特色的农业生产基地，从而带动周围产业的发展。除此之外，都市圈内部还应形成产业协同发展模式，通过与工业、旅游业、服务业等相关产业的结合，建立科技示范园区、特色农业项目、休闲农场等融合化农业发展项目，形成具有特色且标准化的农业发展模式。

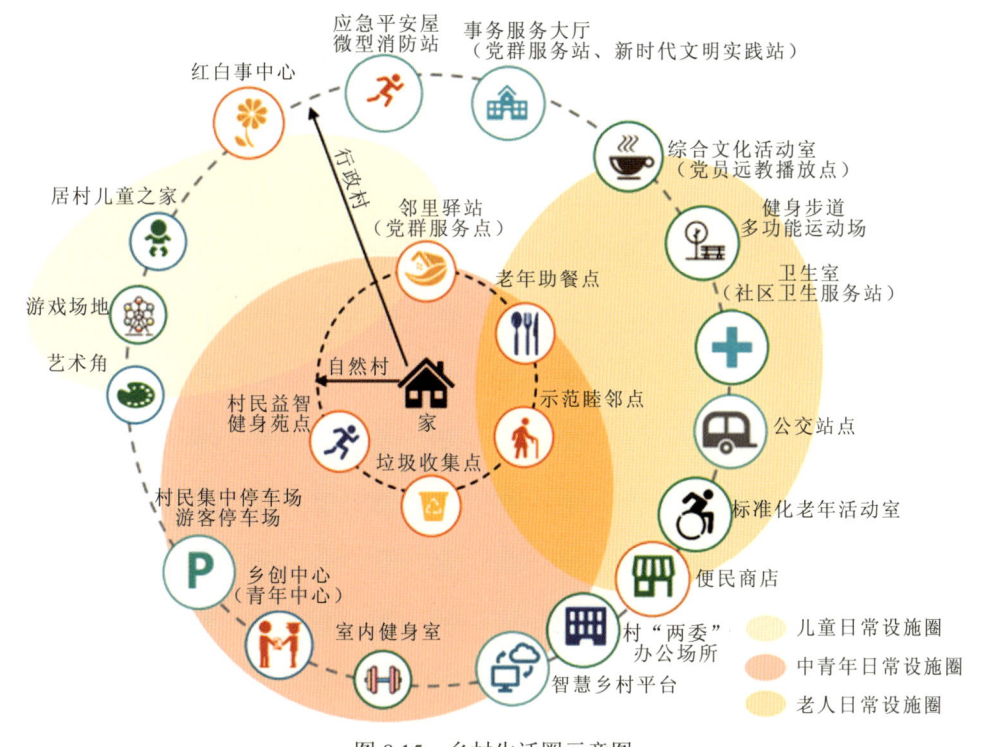

图 8.15 乡村生活圈示意图

资料来源:《上海市乡村社区生活圈规划导则(试行)》

(2) 优化农业耕地整治格局。在当前都市圈发展的背景下,耕地资源的合理利用成为提升农业生产韧性一个亟待解决的议题。首先,通过综合评估明确耕地整治的重点区域。其次,在整治过程中,应注重人地关系的调节,以缓解耕地利用面临的现实困境。最后,通过优化农业空间格局,明确耕地整治的主要任务和战略部署,促进农业用地的高效利用,实现农业空间的提质增效(孙瑞 等,2020)。

(3) 完善乡村发展格局。为了保障农业空间格局的整体优化,都市圈中除了农业空间还需要不断更新和完善乡村发展格局。首先,应构建以行政村和自然村为核心的两级体系的乡村社区生活圈,合理配置相应的配套设施,为农业空间各类设施的集约高效利用提供支持。其次,为了提升乡村社区的整体韧性,通过提供公共活动空间来增加农村居民的能动性、集体协作能力和社区凝聚力。除此之外,还需要充分发挥乡村社区的主体性,在"自下而上"的基础上主动谋求社区发展途径。

2. 乡村生活圈

1) 乡村生活圈韧性评价体系构建

乡村生活圈是指以乡村为中心,以现代农业、乡村旅游、文化创意、养生保健等多种产业为支撑的一个具有成熟的生态系统和社会关系的区域。乡村生活圈韧性主要指在面对外部扰动时,乡村地区所表现出的动态波动与适应能力,是一种动态概念,包括"抵抗—恢复—适应"三个阶段，反映了不同类型的干扰或破坏所造成的影响程度和持续时间对乡村生活圈的影响。

目前国内对于乡村生活圈韧性的研究较少，为了评价乡村生活圈的韧性水平，需要构建合理有效的评价体系。本书以乡村生活圈为基本单位，考虑其内部和外部因素，以抵抗力、恢复力和适应力为评价维度构建评价体系，指标选取遵循普遍性、针对性和可操作性原则，以主客观相结合的组合赋权法确定指标的权重，从而形成综合评价指数。其中，主观赋权采用层次分析（analytic hierarchy process，AHP）法，客观赋权采用熵值法，得到指标权重 W_j 和 V_j，再对两种权重进行加权平均，得到最终权重 M_j。计算公式如下：

$$S_i = \sum_{j=1}^{n} M_j Z_{ij} \tag{8.4}$$

式中：S_i 为第 i 个乡村生活圈的韧性水平，由上述公式计算所得的最终值范围为(0, 1)，当最终值越接近 0 时，表明韧性水平越低；反之，韧性水平越高；Z_{ij} 为各评价指标标准化后的得分。

乡村生活圈韧性评价指标体系包括 1 个目标层（乡村生活圈韧性）、3 个准则层和 24 个指标（表 8.4）。

表 8.4 乡村生活圈韧性评价指标体系

准则层	指标层	方向	计算公式	指标说明	权重
抵抗力	蓄洪区面积占比	−	蓄洪区面积/村域面积	洪水灾害后易发生次生疫情	0.012
	地质灾害易发生区域面积占比	−	灾害易发生区面积/村域面积	地质灾害后易发生次生疫情	0.013
	人口规模	−	乡村常住人口数	与应急救助压力正相关	0.032
	居民点聚集度	−	农村宅基地总面积/各乡村斑块个数	利于病毒传播速度	0.107
	老龄人口占比	−	村内 60 岁以上老人数量/总人口	疫期老年人口住院占比高	0.142
	人口流动	−	（乡镇迁出人口−迁入人口）/乡村个数	利于公共传播广度	0.008
	集中生产的规模	−	村内工厂数量	厂内人员密集，易发生群体传播	0.022
恢复力	综合服务水平	+	村内公共服务设施类型	类型越多，表征公共服务建设水平越高	0.031
	村内医疗救助能力	+	村内医疗卫生点数量	医疗卫生点数量越多，救助能力越强	0.122
	学校数量	+	村内学校数量	教育水平越高，风险防护意识越强	0.035

续表

准则层	指标层	方向	计算公式	指标说明	权重
恢复力	养老机构数量	+	村级养老服务设施数量	可作为临时医疗点	0.033
	公厕数量	+	村内标准公厕数量	利于改善环境卫生，减少病毒传播	0.008
	人均临时安置点占地面积	+	(广场用地面积+公园绿地+科教文卫用地面积)/乡村总人口	表征灾害期间临时救助安置的潜力	0.023
	乡镇级卫生院站点数	+	乡镇卫生院站点总数	表征乡镇级医疗救助能力	0.121
	乡镇医护人员千人比	+	乡镇医护人员总数/千人	表征乡镇级医疗救助能力	0.013
	乡镇常备床位千人比	+	乡镇床位数总数/千人	表征乡镇级医疗救助能力	0.024
适应力	居民点距县级医院最短路径	−	乡村居民点距县级定点应急医疗机构的最短路径	最短路径值越小，响应时间越短，表征医疗响应能力	0.091
	乡村人均拥有道路面积	+	乡村道路总面积/乡村总人口	表征交通可达性	0.009
	交通可达性	+	乡村距不同等级外部交通线的路径距离	表征交通可达性	0.018
	经济情况	+	农村居民可支配收入	社会经济水平越高，学习提升，应对下次风险的能力越强	0.032
	国土空间开放强度	+	乡村建设用地规模/村域面积	建设规模大的乡村更有希望获取政策和资源的倾斜	0.023
	城镇辐射影响	−	乡村离城镇建成区距离	邻近城镇的乡村，有更多的机会共享城镇资源	0.019
	公共安全、灾害防治相关支出	+	乡镇相关支出/乡村个数	相关资金投入越高，应对下次风险的能力越强	0.038
	信息化程度	+	广播、电视、宽带网络覆盖率	利于风险响应和灾后学习提升能力	0.024

注：部分指标参考陈驰（2023）。方向"+"为正向指标，数值越大，表示对韧性的促进作用越大；方向"−"为负向指标，数值越小，表示对韧性的促进作用越大。

2）乡村生活圈韧性提升策略

通过对乡村韧性指数的分级，将乡村生活圈韧性等级划分为低韧性、较低韧性、中等韧性、较高韧性和高韧性 5 个级别。通过分析不同维度的韧性特征，进而识别不同类

型的乡村韧性生活圈，在此基础上，从"抵抗力""恢复力""适应力"韧性能力提升的角度提出乡村生活圈韧性提升策略。

（1）"抵抗力"脆弱型提升策略。该类型乡村生活圈普遍存在老龄人口占比高的问题。首先要提供适应老龄人口需求的养老服务和社会福利设施，包括建设养老机构和提供居民点集聚度。同时，要加强公共服务设施的建设，确保资金投入合理，并促进公共服务的均等化。合理规划乡村空间，进行用地调整和管控，引导乡村发展，加强公共服务设施建设，包括医疗卫生、教育、交通等方面，以提高乡村居民的生活水平和基本生活保障能力，增强抵抗力和应对突发事件的能力。

（2）"恢复力"脆弱型提升策略。该类型乡村生活圈普遍存在医疗卫生水平低的问题。所以在改善卫生院建设和提升基层卫生服务能力的过程中，应将镇域中心村作为关键节点，建立起一种村-村韧性网络，以便在突发事件发生时能够及时响应和处理。此外，加强基层卫生服务机构的建设和卫生人员的培训，提高村庄的医疗设备水平和应急响应能力，提高人员的心理韧性，以应对不可预测的变化和突发事件。

（3）"适应力"脆弱型提升策略。该类型乡村生活圈普遍经济发展水平较低。首先应制订全面的经济发展策略，积极推动乡村经济的转型升级，鼓励农民参与农产品加工、乡村旅游、文化创意等新兴产业，提高乡村经济的适应能力。注重教育和培训，提高乡村居民的技能水平和综合素质，为乡村发展提供人才保障。此外，要推动数字乡村建设，加强风险识别和动态评估能力。

（4）"抵抗-恢复"双脆弱型提升策略。该类型乡村生活圈韧性系统最为脆弱。针对该类型存在的问题，应优先建立完善且高效的应急管理体系，同时促进乡村居民的参与和自治，提高社区共治和社区风险管理的能力，增强村庄面对外部冲击的应对能力和恢复能力，发挥社区组织和居民的力量，促进乡村生活圈的协作和互助。

8.3.3 应急空间

应急空间作为城市在紧急状态下，维护人员安全，指导疏散、隔离及提供物资储备和政府指挥的重要空间，对都市圈韧性提升具有重要意义。其中适灾空间作为应急空间的一部分，一般指在城市规划和建设中，通过采取一定的防灾措施和设计手段，使城市具有预防、减灾和恢复能力的空间。适灾空间的设置可以提高城市的韧性和抗风险能力，减少灾害对人们生命和财产的伤害。当灾害发生时，适灾空间作为应急空间的基础设施和资源可以提供庇护、救助和临时安置等服务，保障人们的基本需求。而弹性空间则是为了适应城市发展和变化而具备可调整和可适应特性的空间。在灾害发生后，弹性空间可以根据实际情况进行重组和改造，以满足应急救援和重建的需要。同时，弹性空间的设计原则也可以使其具备多功能性，不仅充当应急空间的一部分，还可以在平时服务于其他城市功能和需求。因此，本小节将适灾空间和弹性空间纳入应急空间的概念中，通过对适灾空间改造和弹性空间预留的研究，为都市圈韧性的提升提供保障和依据。

1. 适灾空间改造

1) 适灾空间内涵

当前国内外学者对于"适灾"和"韧性"的内涵及关系尚未统一，主要分为三种观点：①"适灾"是指对于外界灾害的适应能力，是"韧性"的一种结果或目标，也是政府间气候变化专门委员会提出构建气候韧性城市作为适应气候变化的行动之一。②而在"韧性"定义中，"适灾"是"准备、防御、吸收、恢复和适应"等环节的组成部分。韧性城市需要在非灾害阶段对未来灾害进行预测，制订应对措施，进而有效应对不同的灾害情景。③"适灾"是"韧性"属性的一部分。灾害韧性的八项原则之一是"适灾能力"，我国学者戴伟等（2017）总结的韧性城市特征包括"高适应性""多元性""多尺度网络联系"和"适度冗余"等。

对于适灾空间，国内研究主要从城市防灾实践、城市外部环境及空间形态等角度对空间的适灾属性进行探讨（李云燕，2014），但这些研究大多停留在对于灾害发生后的应急处理，且主要集中于单灾种和单个城市空间要素层面，没有涉及都市圈层面的研究（田依林 等，2008；张明媛 等，2008）。国外研究则主要侧重于社会网络关系的研究，从社区尺度揭示适灾韧性，对于大尺度的城市空间研究较少（张翰卿 等，2007）。对适灾空间的定义多从承灾能力和消灾能力出发，具体而言，有的学者认为在灾害风险中人是适应性主体，空间则是人与灾害之间进行交互作用的映射，故城市适灾空间是一种社会生态领域中的复杂适应系统（张威涛 等，2022）。有的学者则将"韧性"和"适灾"的概念结合起来，认为适灾能力主要强调了系统面对外界干扰时的主动吸收和化解能力（徐漫辰，2019）。还有的学者则从灾害全生命周期理论出发，从城市的预防能力、抵抗能力和恢复能力三方面对城市空间的适灾能力进行了阐释（张永欢，2022）。

目前，我国都市圈中人居环境的建设面临着巨大的挑战，有需要先从理论高度指导都市圈建设，避免或减少灾害带来的危害，保障人居环境的安全，才能有效推动现代化都市圈的建设。所以综合上述背景，未来我们需要明确各类空间要素在城市空间避灾、减灾、防灾、救灾和灾后重建的适灾全阶段的作用。在研究适灾空间时，除城市空间外，与城市外部环境密切联系的生态空间和农业空间中的具有较高韧性的斑块空间也应是研究的重点。所以研究应关注城市外部环境和城市内部空间的适灾作用，通过识别和提取适灾空间要素，对整个都市圈的适灾空间系统进行综合管治。

2) 外部环境适灾韧性提升

城市外部环境是城市扩张的区域，具有一定的适灾特性（李云燕，2014），其作为城市空间的补充，能够缓解城市空间问题，为灾时人员疏散提供避难场所和疏散地。此外，城市外部环境可以吸收和净化城市生产和生活中的各种污染物，为城市安全发展提供重要保障（张永欢，2022）。因此，在城市规划中应通过划定城市四线、规划绿地公园等措施对城市外部环境进行强制性管控，引导城市建立健康发展的空间拓展模式。据此，本

书定义城市外部环境的适灾空间是具有较大面积、能够自主抵抗和承载灾害，并具有一定恢复功能的生态源地及相关具有整体性、可容纳性的生态空间和农业空间。都市圈作为一个由相邻城市和周边地区组成的综合性城市区域，其面临的自然环境问题也具有复杂性和系统性，因此，研究都市圈的适灾韧性，需要考虑城市与城市之间的联系和相互作用，从而探讨城市与外部环境之间的适应性和相互适应性。在此基础上，进一步挖掘适灾空间的空间分布特征和影响机制，并提出相应的应对策略和规划方案，可以有效提高都市圈防灾减灾能力，保障城市和周边地区的安全和稳定发展。

（1）道路系统防灾建设。道路系统是城市适灾的骨架系统。城市快速路作为城市交通的快速通道，在紧急情况下需综合考虑区域救灾和疏散的功能（李云燕，2014）。城市主干路系统应按照用地功能片区、通行功能、通达功能等要素划分为不同的区域并建立完善的路网，为确保疏散和救援车辆在灾害发生时的及时通达，应设置临时集中逃生点。城市次干路的集散分流网络和支路系统应合理规划，以实现适当的人流车流缓冲与调整。在整个城市路网的规划过程中，应考虑疏散和通达性，提高城市的适灾能力，其中，路网密度、道路设计和车辆管理也是提高城市适灾能力的重要环节。

（2）生态景观应灾保护。生态景观是城市抵御外部扰动的屏障。都市圈应以各类自然生态资源、大型斑块、沿江沿河绿化带建设为基础，构建生态屏障。增加城市外部空间中绿地斑块之间的廊道连接，完善生态网络体系，将不同类型的绿地纳入都市圈适灾空间体系中，提升城市外部空间防灾避难功能。除此之外，对于外部空间的避难场所和避难通道周边，应增设耐火性强的树种的种植，形成防火防灾隔离带，保障防灾避难场所的安全。

3）内部空间适灾要素管治

城市内部空间是基于物质、社会、生态、认知和感知等多种属性的空间要素按照一定规律形成的结构体系。当灾害风险增加时，城市空间的适灾系统会通过自治和统筹两种方式进行运转，其对应的空间也从基层向顶层、局部向整体、分散向集中（张威涛 等，2022）。所以对于都市圈中的城市内部空间适灾要素的选取，应选择与灾害发生时直接相关的承载体，如道路交通系统和基础设施等。除此之外，从空间角度提取适灾要素是研究城市适灾性的基础。考虑都市圈内城市相关性高、区域整体性强，所选取的适灾要素必须具有普适性，能够尽量全面地描述城市空间的适灾能力。故基于相关性、空间性和普适性的原则，将用地功能布局要素、公共空间要素和基础设施要素三类要素作为内部空间的适灾要素。

（1）用地功能布局优化。用地功能布局是城市空间适灾的功能系统。为确保城市的灾害安全，在区域与城市规划中，需要考虑整体用地功能布局、局部用地、适灾空间优化等方面。同时，城市空间的设计也应该考虑防灾措施和灾害影响，以提高城市的适灾功能系统。针对不同的灾害类型和区域特点，需要制订相应的灾害适应性评估和开发强度控制措施，保证城市的可控性和灾害影响的最小化。

（2）公共空间适灾调节。公共空间是城市空间适灾的调节系统。城市公共空间一般

认为是包括街道、广场、户外场地、公园等在内，供市民休闲娱乐和室外活动的空间（王中德，2010）。其中广场及街道空间的适灾机制主要体现在调节、防护、救灾等功效上。绿地系统则主要表现在调节城市小气候，缓解城市热岛效应，降低城市噪声、滞尘和改善风环境等多重防灾作用上（章美玲，2005）。在沿江河地区应重点加强滨江沿河绿地系统建设和水土流失的防治，并设置临时避难场所、急救场所等设施。

（3）基础设施抗灾提升。基础设施是城市空间适灾的支撑体系。城市基础设施的抗灾能力是城市整体适灾能力的重要指标，具有较强的公共性和关联性，同时其覆盖面较高，所以在受灾时产生的次生灾害较多，尤其是电力、能源和排水系统灾时的脆弱性，严重时会导致整个城市的瘫痪（余翰武 等，2008）。所以应通过优化基础设施结构方式、组织管理等方面提高整体防灾抗灾能力，针对不同城市地区将现代化理念融入生命线工程的安全性和稳定性中，加强各类规划的整合和协同，是提升城市适灾能力的重要环节。

2. 弹性空间预留

1）弹性空间研究进展

在规划领域，弹性是指规划应对不确定性的适应程度，包括数量结构和空间分布两方面的弹性，但目前对于弹性空间尚未有明确定义，国内学者进行弹性空间研究时多采用"灰色用地""战略留白用地""有条件建设区""规划弹性区"等相关概念，总体上其内涵可以归为：土地预留、混合利用和空间置换，泛指一种现状与未来相混合的用地模式（罗艳华 等，2022）。早期弹性空间的规划主要从目标、时序和指标等方面进行定性研究，但现在由于规划需要数据支撑，所以大量的测算模型被引入了弹性空间概念的划定中，如柔性决策模型（尹奇 等，2006）、Monte Carlo 模拟和预测（赵钧建，2010）、粗糙优化模型（于苏俊 等，2006）、区间优化模型（李鑫 等，2016）、"现状地表"＋"适宜性评价"（辜寄蓉 等，2019）和区间优化模型与土地适宜性评价（傅丽华 等，2020）等。在弹性空间优化方法方面，学者主要通过灰色用地的动态规划方法（杨忠伟 等，2020）、基于适宜性评价的弹性空间测度（傅丽华 等，2020）、未知用途用地的战略留白机制（沈迟 等，2020）等方法，以定量定性结合的方式对一定区域内不同类型的弹性空间进行优化研究。就决策支持技术而言，规划支持系统（the planning support system, PSS）和基于主体的模型（agent-based model，ABM）是国际上的研究热点，但我国对于 PSS 和 ABM 的应用尚处于探索阶段，理论基础、适应性和拓展性都有待加强（罗艳华 等，2022）。

综上所述，对于弹性空间的划定和识别已经进入定性定量相结合的研究阶段，在评价过程中高度重视"双评价"的运用，同时诸多数学模型和技术被应用到弹性空间规划。除此之外，地理信息技术的发展也为弹性空间的划定提供了新的方向和技术支撑，大大提高了划定效率，但对于规划决策优化技术我国目前还存在理论薄弱和技术框架不足等问题，需要进一步借鉴和学习国际上的优秀经验，以寻求更加公平和协调的决策机制。所以基于上述分析，从韧性的角度出发，本书认为在都市圈范围内，弹性空间是一种城

市用地空间，主要分为灰地和白地，其核心理念在于其面对不确定的风险或灾害影响能够定量调节、定性管控、定序调整，从而保障城市有序运行。

2）灰地空间差异管控

在进行城市空间的规划布局时，不仅需要关注经济功能，还需重视城市在面对外界扰动时的稳定性、安全性等方面的需要，所以需要留足必要的弹性空间。其中灰地作为弹性空间的一种类型，其主要位于土地利用价值不太高的地方，能够引导用地进行功能置换，从而实现经济、社会、防灾减灾等多种效益的最优化（王子强 等，2017）。同时，不同的利用需求和开发模式可能因地域环境和城市规划而有所不同。为了实现弹性用地，需要采用多元化的土地利用方法来满足不同区域的需求。在灰地空间方面，应当采用生态保护、城市农业、宜居区域、生产制造区域、商业服务区域等多类土地利用模式，以满足不同类型的需求，提高城市土地资源的利用效率，促进城市的可持续发展和生态环境的保护。另外，明确重点发展区域能够确保城市规划的主次分明，有效提升不同弹性空间的利用效率。为此需要制订相应的弹性空间专项规划，针对区域内的不同场地特点、地理位置和用地需求等因素进行详细分析和研究，充分考虑社会、经济、文化和环境等多重因素的影响，制订出具有可操作性和可行性的方案。在编制弹性空间专项规划方案时，应与区域内的政府、企业、社区和居民等利益相关方进行广泛的沟通和合作，吸收各方意见和建议，提高规划的参与度和可行性。利益相关方应当共同制订合理的土地利用规划，并对规划的实施过程进行监督和评估，以确保规划方案的可行性和实施效果。此外，在规划编制的过程中，需要充分考虑灰地空间的可持续性，根据实际情况调整灰地空间的利用方向和强度，特别是要注意人口和资源的分布情况，合理分配和利用城市土地资源，以保障城市的可持续发展。最后，需要建立完善的灰地空间管理体系，有效整合相关资源和部门，加强规划实施的监督和管理，及时调整灰地空间利用方向和强度，提高城市资源的利用效率和城市整体的韧性。

3）白地空间系统组织

不同于灰地，白地是指那些处于城市核心区和片区、短期内无法确定其用途且具有较高开发使用价值的用地空间，为了保证城市规划与建设的弹性，一般会被作为城市绿地或临时性建筑等其他用途进行预留，通过后续对白地的开发，能够满足城市不同用途、不同领域的需求。因此，首先应运用多源数据识别核心区可能面临的自然灾害、社会安全、产业发展等问题，基于核心区功能导向，梳理具备改造或建设条件的空间应用场景，盘活潜在空间资源。其次为应对城市发展的不确定性，增强未来土地开发的灵活性，应充分衔接国土空间规划编制体系提出的城市弹性空间管控措施，从核心区到分区单元，再到开发地块，明确不同层级、不同类型的规划对战略留白空间的引导管控重点。此外，核心区弹性空间因其地理位置优越，土地利用价值极高，在进行功能转化时应制订严格的功能转化规则，需要综合考虑不同功能用地的互动衔接关系，避免因某类用地功能的转化而导致整体用地布局的失衡和其他用地的价值缺失，从而促进不同功能用地、建筑

和社会经济要素的有机融合,实现城市土地资源的最优化利用。最后,应实现核心区的白地空间的系统化管理。在总体规划层面应做好全域空间统筹,明确功能复合的规划目标,保障核心区的用地需求。在详细规划层面应明确弹性空间的分配原则和优先级,保障国家和城市基础设施建设和公共服务设施的用地需求。在相关专项规划层面应进一步深化落实总体规划的布局要求,衔接近期建设规划统筹弹性空间的空间布局,明确不同应用场景的配置要求。

第9章　武汉都市圈韧性提升策略

基于前文内容，本章以武汉都市圈为例，从交通、产业和空间领域提出韧性提升策略。首先，构建交通韧性评估体系，解析武汉都市圈交通网络的特征与韧性机制，提出交通优化策略；然后，对武汉都市圈制造业网络的结构、片区与节点提出韧性提升策略；最后，开展都市圈空间韧性评估，研究空间韧性特征与优化策略。本章的研究内容与选取案例主要来源于研究团队近年来的部分工程实践与研究成果（化星琳 等，2023；伍岳，2023）。

9.1　交通网络韧性提升策略

交通网络是连接都市圈乃至更大发展区域的基础纽带，交通设施网络也是众多设施实体网络中最具代表性的一种。在当下乃至未来的多变、不确定性高的发展格局下，需系统性地构建都市圈韧性发展的空间骨架，其中包括常态情景下的交通韧性，以及突发情景下的交通韧性，前者主要解决网络效率问题，后者主要解决网络安全问题。以下以武汉都市圈为研究对象，并以长江经济带中成都都市圈与南京都市圈作为对比案例，对都市圈交通网络面向常态化及突发情景下进行韧性评价与特征分析，初步探讨交通网络韧性机制，进而提出韧性提升的策略建议。

9.1.1　交通网络韧性评估

1. 构建韧性评估体系

复杂网络理论运用在区域交通分析的核心是交通拓扑网络的构建，网络的拓扑关系反映了交通实体网络的重要特性，进而构成交通网络的韧性系统，例如拓扑结构、空间布局、连接方式等（颜文涛 等，2021；Wang，2015）。基于复杂网络理论，构建韧性评估框架（图9.1），具体流程如下。

（1）将道路实体网络转换为复杂网络模型。获取地理交通数据，导入 ArcGIS 后进行拓扑关系的转译，以获取路段之间的空间连接关系。

（2）构建韧性指标体系。参考既有研究，同时考虑计算结果能在都市圈这一宏观尺度下得到较为直观的交通网络韧性差异对比，分别从集聚性、传输性、层级性和连通性四个维度，选取相应的网络韧性指标。

第9章 武汉都市圈韧性提升策略

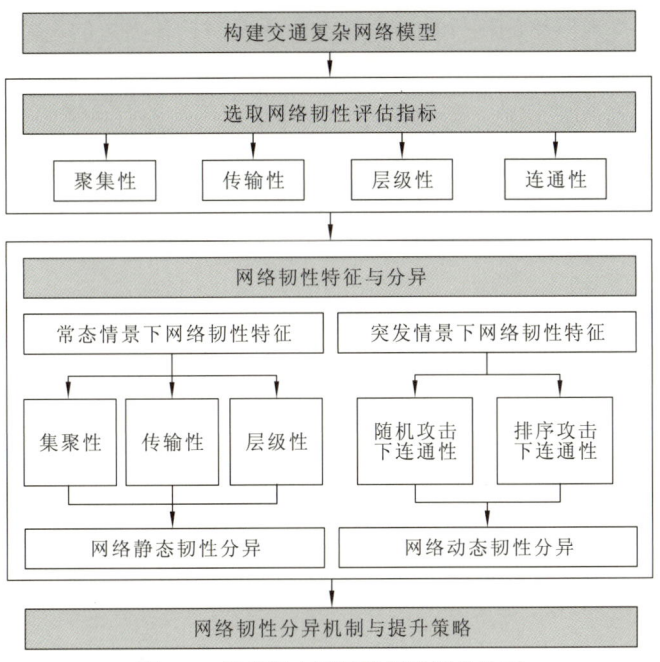

图 9.1 都市圈交通网络韧性评估体系
资料来源：化星琳等（2023）

（3）探析常态情景与突发情景下都市圈韧性特征。①在常态情景下通过节点的网络指标测算结果的空间映射，分析都市圈交通网络的空间布局、连接状况等特征分异。②在突发情景下，设置不同攻击次序导致道路中断的干扰方式，分析都市圈交通网络的动态韧性的特征分异，讨论韧性机制。

（4）针对性提出韧性提升的策略建议。根据韧性特征分异，结合各个都市圈的实际交通建设状况，制订差异化的韧性提升策略。

2. 交通网络韧性特征

1）常态情景下的交通网络韧性

（1）集聚性。在集聚性方面中，交通网络韧性体现为网络能够有效支持城市和都市圈内的人口、产业和服务设施的集聚，从而适应城市发展和人口增长。具体来说，交通网络应能够提供高效便捷的连接，使得人们能够方便地到达就业、商务、教育和娱乐等中心区域，促进城市的发展和经济活动。此外，交通网络也应能够较好地连接城市和周边地区，满足各个区域的需求，实现资源的共享和协同发展，道路、桥梁、隧道、交叉口等交通设施应具备足够的容量，能够承载日益增加的交通流量，避免拥堵和交通瓶颈的出现。

（2）层级性。交通网络的韧性在层级性方面体现为具备多层次的网络空间结构，交通网络应形成从全国到区域、城市和社区的多层次交通网络体系，其中包括高速公路、城市道路、轨道交通、公共交通等多种交通设施。不同层级的交通网络相互衔接，组成区域的重要对外联系通道及内部联系道路，满足不同出行距离和目的地的需求。

（3）传输性。交通网络的韧性在传输性方面体现为具备高效的人群和货物传输能力，不仅支持人群的各类出行需求，还需支持物流和供应链的顺畅运行，确保货物能够及时准确地从生产地运送到销售地。传输性进一步体现为网络路径的多样性，通过向使用者提供不同的交通方式和路线选择，方便使用者在不同情况下选择最佳出行方案，以应对交通需求的多样化和突发事件的影响。传输性同时也体现了网络的灵活性和适应性，通过快速调整路线、增加交通工具、提供替代交通选择等灵活的措施，及时应对交通需求的变化和外部扰动等影响，提高交通网络的适应性和应变能力。

2）突发情景下的交通网络韧性

突发情景下的交通网络韧性主要体现为网络的鲁棒性与脆弱性。突发情景下的交通网络韧性可总结为区域交通系统面对外部风险时所体现出的功能特性，主要从以下两方面进行体现。

（1）鲁棒性。交通网络的鲁棒性主要指网络的稳定性和弹性，表现为交通网络在遭受灾害或突发事件等扰动时，如自然灾害、交通事故、恶劣天气等，减轻系统受到的影响，保持基本运行能力，并在受破坏后的短时间内恢复正常运行（颜文涛 等，2021；刘志谦 等，2010）。

（2）脆弱性。交通网络的脆弱性指的是其在面对突发情景时容易受到影响和破坏的程度，主要表现为网络在受到目标攻击、节点失效、边断裂等因素时，会迅速崩溃并失去正常的功能和特性（郭卫东 等，2022；任婕，2022；张光远 等，2021）。

9.1.2 交通网络韧性特征

1. 都市圈静态韧性特征

1）武汉都市圈

武汉都市圈网络连接率较高，平均路径长度最小，网络联系便捷度较高，有利于都市圈内在应对突发灾害时能以较高的效率传送应急物资。武汉都市圈的网络聚集程度不高，其网络聚集程度较为平均，低于成都都市圈、南京都市圈。详见第3章常态情景下的都市圈网络韧性评估结果。

武汉都市圈交通网络连接水平整体较好，网络密度、网络内部连接水平均较高，同时武汉市作为中部地区交通枢纽，为推进都市圈对外联系提供了良好载体。

2）南京都市圈

南京都市圈网络密度高，整体连接水平整体优于成都都市圈，后者公路交通建设仍在起步完善阶段。南京都市圈平均路径长度相对较大，其物资扩散成本相对较高，当发生灾害或事故时，物资传输效率低，导致交通网络韧性下降，详见第3章常态情景下的都市圈网络韧性评估结果。

3）成都都市圈

成都都市圈与南京都市圈相似，平均路径长度相对较大，物资传输效率低，导致交通网络韧性下降。详见第 3 章常态情景下的都市圈网络韧性评估结果。

2. 都市圈动态韧性特征

中断模拟成都都市圈、武汉都市圈、南京都市圈交通网络连通子图变化曲线如图 9.2 所示。

1）武汉都市圈

从网络崩溃的阈值点上看，三都市圈的阈值大小由高到低排名分别为武汉都市圈（36%）、成都都市圈（34%）、南京都市圈（32%），这表明武汉都市圈在面对随机攻击时表现出的韧性最优，其次为成都都市圈，最后是南京都市圈。

在基于度值排序攻击下，武汉都市圈的韧性阈值为 25%，武汉都市圈的最大连通子图的大小就经历了快速下降，导致网络较早地进入了解离状态，连通子图的大小变化在 0～0.25 的区间中以一个相对平缓的速度下降，在 0.25 至网络阈值点的区间中下降的速率增快，在 0.35 的阈值点后，该指标大小发生突降。

在基于介数排序攻击下，武汉都市圈交通网络动态韧性表现欠佳，该阈值为 3%，而在基于介数排序攻击下，在攻击伊始时，最大连通子图大小便发生了现烈性变化，网络第二连通子图的大小也迅速达到了最大值，其余的网络子图在较短时间内相继解离。

整体而言，武汉都市圈在两种攻击下网络变化剧烈，网络韧性不足。在基于度值排序攻击、基于介数排序攻击两种排序攻击下，武汉都市圈网络崩溃阈值较低，表现出较弱的网络稳定性和较高的脆弱性[图 9.2（b）]。

2）南京都市圈

对于南京都市圈，最大连通子图指标发生了两次突变，表明南京都市圈在随机攻击下交通网络稳定性较弱，脆弱性更高[图 9.2（c）]。在基于度值排序攻击下，南京都市圈具备更好的韧性优势，网络性能较为稳定。而在介数攻击下，都市圈网络最大连通子图先是经历了烈性变化，然后以一个较为缓慢的变化速率持续至网络的最终完全失效状态[图 9.3（c）]。

整体而言，南京都市圈在面对基于度值排序攻击情景时，网络韧性相比基于介数攻击情景更具优势，网络韧性仍有待提升。

3）成都都市圈

对于成都都市圈，最大连通子图指标的下降速度缓慢，与武汉都市圈相当。成都都市圈为三个都市圈中唯一在介数排序攻击下稳定性最高的都市圈，网络首次面临崩溃的阈值点达 21%，远高于武汉都市圈 3% 和南京都市圈 8%[图 9.2（a）]。

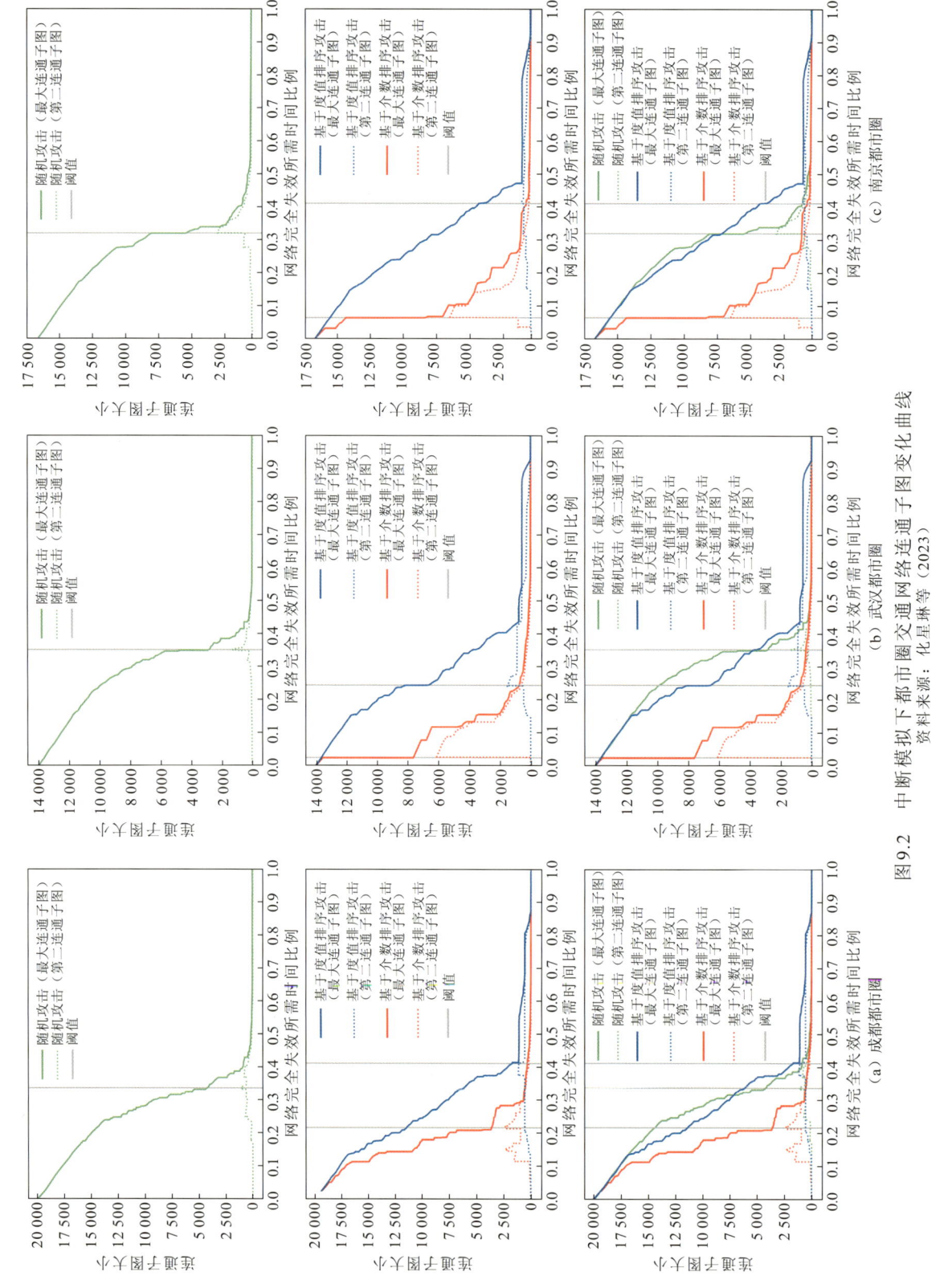

图 9.2 中断模拟下都市圈交通网络连通子图变化曲线
资料来源：化星琳等（2023）

整体而言，成都都市圈在排序攻击下较具优势，网络稳定性较强。不管是随机的无排序攻击，还是基于度值排序攻击、基于介数排序攻击两种排序攻击，成都都市圈的网络首次崩溃与网络完全失效的时长为所有都市圈中最长，并在介数攻击下体现出较好的韧性优势。

3. 都市圈网络韧性成因

1）网络拓扑结构

从网络整体角度，都市圈内部相互连接紧密有利于韧性提升，这是因为信息和流量更易在局部范围内传输和交换，当交通网络中的某个节点发生了中断，高聚集系数可以使得中断的影响仅限于局部范围内，而不会波及整个网络，从而保证了网络的韧性（表9.1）。

表9.1 成都、武汉、南京都市圈公路网络度中心性与中介中心性结构分布

主要指标	等级	成都都市圈 数量	成都都市圈 占比/%	武汉都市圈 数量	武汉都市圈 占比/%	南京都市圈 数量	南京都市圈 占比/%
度中心性	1~3	5 726	6.7	4 266	6.8	3 211	4.3
度中心性	4~5	65 029	75.6	46 818	74.7	56 952	75.7
度中心性	6~8	15 305	17.8	11 590	18.5	15 037	20.0
中介中心性	10 000 000~25 000 000	2 967	4.7	29	0.1	1 892	3.5
中介中心性	4 000 000~10 000 000	3 094	4.9	4 698	8.7	2 892	5.3
中介中心性	800 000~4 000 000	14 838	23.7	8 985	18.6	11 595	21.3
中介中心性	0~800 000	41 636	66.6	34 644	71.6	37 992	69.9

注：表中占比因修约可能不为100%。
资料来源：化星琳等（2023）。

从拓扑特征角度，就度中心性而言，都市圈存在大量中度值的道路，在灾害中有利于网络仍保持较高的网络连通性，从而提升网络韧性的整体稳定性。而对于中介中心性而言，高介数道路是都市圈受灾时保障要素流动的重要路径，是网络韧性的重要支撑。

一方面，武汉都市圈的高度值和高介数重要道路在空间分配上较不均衡，在网络中断中尤其是排序攻击中，重要的区域通道易在短时间内遭到严重破坏，致使网络快速瘫痪。另一方面，武汉都市圈存在较多次高介数的交通路段，这些网络部分在剩余网络中具有一定的冗余性与弹性，当在极高介数的道路失效后，在地理环境不足的情况下，武汉都市圈的这些次高介数道路发挥了缓冲作用。

根据网络度值评估，重点加强那些度值较低的节点之间的连接。合理规划道路布局，

确保主要节点之间的交通路径更加直接和高效。可以通过规划快速路、环路、立交桥等交通设施，缓解交通压力并提高交通流动性。此外，可以考虑修建新的道路或扩建现有道路，以增加节点之间的直接交通联系。

根据中介中心性指标，可通过重点加强那些具有较高中介中心性的路段规划建设，从而加强交通廊道的完整性，包括扩建现有交通设施、提升设施服务水平等，提升其在交通网络中的重要性和影响力。针对具有较高中介中心性的交通网络区域，加强交通调度和管理，确保交通运输的高效和顺畅，也可借助智能交通系统、实时交通信息和交通管理技术，提高交通网络的运行效率和安全性。

2）地理条件差异

度值分布结果显示都市圈的交通网络呈现出典型的空间层级，且呈现出单中心向网络化发展的形态差异（图9.3）。武汉都市圈地理格局特征为平原水网，中度值节点占比为三个都市圈中最高，且高度值路段空间均质性高、呈散点状，高度值较为密集的地区形成小型组团，呈现出一定的组团化的趋势；而成都都市圈地形多为山地和丘陵，其低度值节点占比最高，高度值公路稀疏；南京都市圈高度值路段较多，为三个都市圈中高度值占比最高的都市圈。详见第3章常态情景下的都市圈网络韧性评估结果。

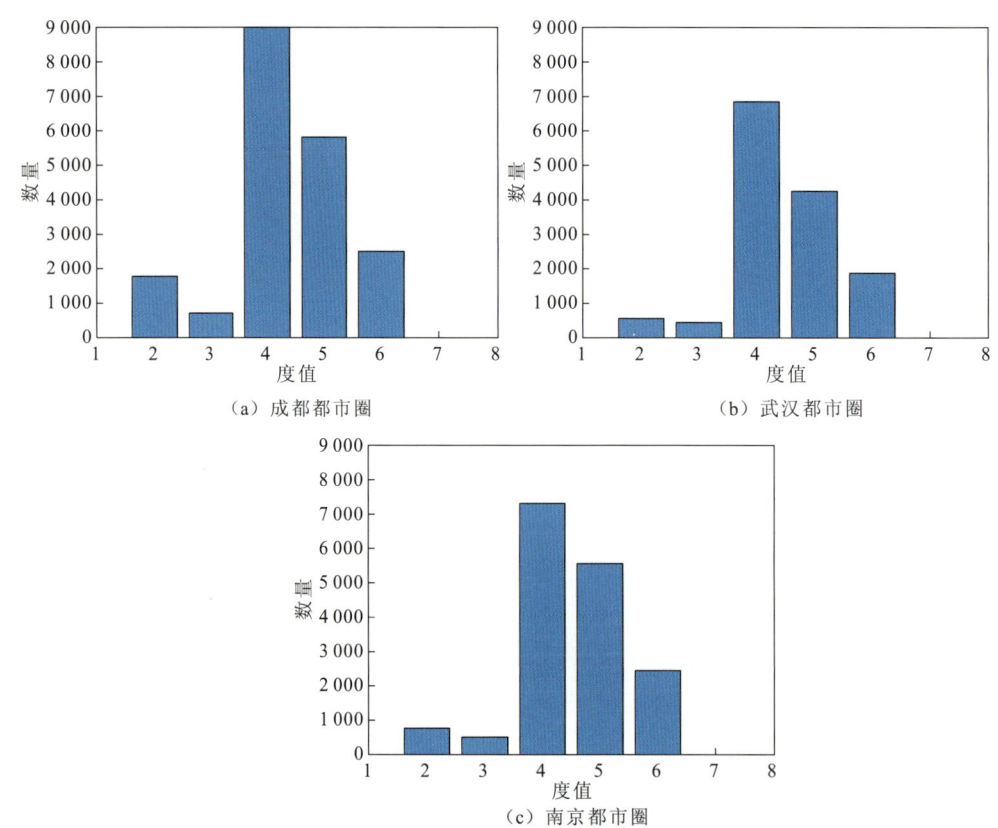

（a）成都都市圈

（b）武汉都市圈

（c）南京都市圈

图9.3 成都、武汉、南京都市圈交通网络度值分布直方图

图片来源：化星琳等（2023）

基于都市圈自然地形对网络常态韧性的影响对比，显示出复杂山水格局对区域网络连通造成阻碍，易使网络破碎。武汉都市圈的高中介中心性公路段分布较为分散，相互并不构成较为完整的干道形态，缺乏连贯的区域性交通廊道；成都都市圈的高中介中心性道路以成都为中心，向南北向与东西向发射，形成较为完整的区域交通廊道形态；南京都市圈的高中介中心性道路以南京城区为中心，主要向南北两个方向延伸，但在南部与东部地区中存在阻断。详见第3章常态情景下的都市圈网络韧性评估结果。

3）外部扰动方式

都市圈动态韧性评估结果显示了同一都市圈在面对不同攻击的外部扰动时显示出的韧性特征不同。在基于度值排序的蓄意攻击下，武汉都市圈鲁棒性较高，对应的脆弱性相对不明显，鲁棒性暂时不具备优势。而在基于介数排序的蓄意攻击下，武汉都市圈表现出更强的脆弱性，鲁棒性较为不足。综合来看，都市圈交通网络的鲁棒性和脆弱性呈现一定的相互拮抗关系。

综上所述，都市圈在突发情景下的动态韧性分异明显，这种分异的产生既有都市圈自然地理条件的作用，同时也和都市圈空间发展模式与社会经济水平的差异分不开。因此需要结合都市圈的共性与差异性，探索与讨论一套既有普适性也有针对性的韧性策略。

9.1.3 交通网络韧性优化

通过前文对交通网络的静态韧性指标评估发现，都市圈内部存在局部地区道路设施连接较弱的问题，有的地区甚至存在断头路，网络密度不足、网络传输效率较低。根据都市圈的发展需求，科学合理规划物流交通设施与通勤交通设施，优化区域交通布局，提供便捷的交通接驳和分流设施，避免交通集中和瓶颈区域的形成，降低交通压力和风险。

根据武汉都市圈的现实情况，提出以下具体优化建议。

首先，加强区域交通体系建设，增强交通路网空间结构的完整性。武汉都市圈的交通网络整体发展较为完善，而作为典型的单核心型都市圈，中心城市武汉承担了强大的核心发展动能，以武汉为核心的交通路网建设主要围绕主城与外围地区展开。针对主城内，其骨架道路网已基本建成，应持续推进骨架路网建设，重点加强次支路网的完善，提升区域承载力。针对周边城市，在武鄂黄黄发展轴带的基础上，强化外围产业和区域枢纽衔接，分离轴带核心区域的货运及过境车流。针对外围地区，加快搭建对外联系骨干通道，建设武汉新城及周边骨架道路网络，同时构建快速通道与公路交通的衔接转换系统，提升都市圈核心城市与周边组团之间的要素流通效率。

其次，提高都市圈内部路网空间组织与层级分布的有机性。基于不同规模的交通网络层次，分别进行规划，制订多尺度的路网规划，包括微观的城市内部交通网络、中观的区域性路网、宏观的城市群交通骨干，确保这些规划之间的有机衔接，使得路网更好地适应城市的不同发展层次。通过分层次规划，使不同规模的网络更好地协同工作。丰富路网的空间组织形式，优化单一的方格网道路布局，增加重要等级道路的主要廊道作用，提升辅助道路的数量，并优化交通空间体系，充分发挥高等级道路对于交通系统扰动的吸收量级，提升骨干路网的韧性。

最后，提升都市圈交通应急体系的合理性及其效能。制订完善的交通应急预案，包括突发事件时的快速疏散和交通控制措施，提高系统对紧急情况的应对能力。设计路网时考虑具备一定的弹性以降低因突发事件而导致功能瘫痪的可能性，为能适应城市未来的变化，可采用模块化设计和可调整的交叉口布局，使路网更具有适应性。鼓励并优化多种交通方式的协同运作，包括公共交通、自行车、步行等。通过建设更多的交通枢纽，实现不同交通方式的高效衔接，提高整个系统的运输效率。引入先进的交通监测技术和智能调度系统，实现对交通流的实时监控和调度。通过数据分析，优化交通流，提高网络的运输效能。

9.2 产业网络韧性提升策略

9.2.1 制造业网络结构优化

1. 构建韧性发展模式

武汉都市圈是以武汉为核心，辐射周边城市的区域经济体，是长江中游城市群的重要组成部分。武汉都市圈制造业是区域经济发展的重要支撑，也是国家战略性新兴产业的重要基地。为了提高武汉都市圈制造业的韧性，即在面对各种风险和冲击时能够保持稳定和恢复能力，需要针对网络发展的模式进行韧性优化。

1）建立韧性的制造业层级体系

建立以武汉为核心，鄂黄黄片区为次级核心，其他城市为辐射点的层级体系。充分发挥武汉在科技创新、人才培养、金融服务等方面的引领作用，支持武鄂片区汽车、航空航天等战略性新兴产业领域加快发展，推动其他城市在生物医药、电子信息、装备制造等领域形成特色优势。推进总部经济、共建园区、飞地经济等合作模式。鼓励各类企业在武汉都市圈内实现跨地域布局和资源配置，实现利益共享和风险共担。加快基础设施建设和交通联通。完善高速公路、高铁、机场等交通网络，缩短各城市之间的时空距离，提高物流效率和成本效益。同时，加强能源、水利、环保等基础设施建设和管理，保障制造业生产所需的资源供给。根据前文节点联系总量及层级性分析，总结武汉都市圈四类制造业的核心、次核心与主要节点，见表9.2。

表 9.2　武汉都市圈制造业层级体系划分表

制造业	网络核心	网络次核心	网络主要节点
传统制造业	武汉主城区、东西湖区	鄂城区、黄州区、蔡甸区、黄石市区	江夏区、汉川市、新洲区、黄陂区、大冶市
支柱制造业	武汉主城区	鄂城区、黄州区、蔡甸区、孝南区	黄陂区、黄石市区、大冶市、汉南区、汉川市
新兴制造业	武汉主城区、新洲区	蔡甸区、鄂城区、东西湖区、黄州区	黄石市区、仙桃市、孝南区、梁子湖区
综合制造业	武汉主城区、东西湖区	鄂城区、黄州区、蔡甸区、新洲区、江夏区	黄石市区、孝南区、黄陂区、汉川市、大冶市

资料来源：伍岳（2023）。

2）建立韧性的职能分工体系

韧性的职能分工整合是指在功能层面上，根据各城市和企业的产业特色和优势资源，形成互补性、协调性、高效性的产业发展模式，形成"一主三副四廊道"的制造业格局，其中一主是武汉主城核心区，三副蔡甸区、东西湖区和武汉新城中心，四廊道是传统制造廊道、新兴制造廊道、支柱制造廊道和健康制造廊道。传统制造业是武汉都市圈经济发展的基础和支撑，支柱制造业是武汉都市圈经济增长的引擎和动力，新兴制造业是武汉都市圈经济转型升级的突破口和先导，健康制造业是武汉都市圈低碳转型品牌竞争力。具体而言，传统制造廊道主要位于天仙方向，要优化传统制造业结构和布局，提高传统制造业的竞争力和效益，需要加快淘汰落后产能，推进技术改造和产品升级，并通过区域间的资源配置和要素流动，实现传统制造业在空间上的优化布局。支柱制造廊道主要位于汉孝方向，要培育支柱制造业集群和品牌，提升支柱制造业的核心竞争力和影响力，加大科技创新投入，打造一批具有国际水平的重大项目和平台，并通过建立区域内外的合作机制，形成一批具有特色和优势的支柱制造业集群和品牌。新兴制造业位于武鄂黄黄方向，要培育新兴制造业领域和方向，抢占新兴制造业发展机遇并引领未来趋势，紧跟国家战略需求，并结合地方实际条件，在关键技术领域取得突破，并在重点应用领域开展示范推广。

3）建立韧性的科技创新体系

韧性的科技创新体系是指在知识层面上，根据各城市和企业的科技水平和创新需求，形成多元化、开放式、协作式的科技创新网络。建立以武汉为中心，其他城市为节点的科技创新体系。充分利用武汉在高校、科研院所、国家重点实验室、国家工程中心等方面的优势资源，构建以基础研究为主导的科技创新平台，并通过项目合作、人才培养、成果转化等方式，辐射带动其他城市参与科技创新活动。搭建以企业为主体，政府和社会为支撑的科技创新机制。强化企业在科技创新中的主导地位和自主权利，并通过税收

优惠、财政补贴、金融扶持等方式，激励企业增加研发投入和产出。同时，加强政府在规划引导、法规制定、监督评估等方面的作用，并发挥社会组织和公众在科普宣传、舆论监督等方面的作用。促进以市场为导向，需求为驱动的科技创新过程。加强对市场需求和用户反馈的调查分析，并将其作为科技研发和产品设计开发的重要依据。同时，推动产学研用各方之间的有效沟通和协调，并通过建立奖惩机制或约束机制等方式，保证科技成果与市场需求相匹配。加快建设光谷科技创新大走廊，强化产业集群跨区共建、科技成果跨区转化、资源共享跨区协同。通过加强科研机构、高校、企业等创新主体之间的合作交流，促进科技成果转移转化应用，提高科技创新水平和效率。

2. 优化产业网络结构

1）常态情景下的网络结构优化

在常态情景下，应当加强武汉都市圈内部的区域协调发展机制，促进各个城市之间在资源共享、政策协同、项目联动、规划统筹等方面的合作与沟通，实现区域整体效益最大化。武汉都市圈制造业网络的层级性和异配性都呈现下降趋势。这意味着区域内部的差异和互补正在减小，区域内部的分工和协作正在减弱。这些特征反映了区域制造业发展的现状和趋势。网络的层级性是指网络中节点之间在功能上存在差异和等级划分，高层级性意味着区域内部存在明显的核心城市和边缘城市，核心城市对于整个网络起到主导作用。网络的异配性是指网络中节点之间在功能上存在互补和协调关系，高异配性意味着区域内部存在多样化和专业化的城市类型，各类城市之间形成有效的联系和合作。发挥武汉市在信息技术、制造业经济和交通基础设施等方面的领导作用，带动周边城市提升自身发展水平和竞争力，增强网络中心节点的稳定性和扩散能力。支持边缘节点城市加快发展步伐，增加其与其他节点之间的联系频率和深度，提高其在网络中的地位和作用，减少网络异配性特征。增加武汉都市圈制造业网络与外部区域之间的开放度，拓展其与国内外其他重要经济区域之间的合作空间和渠道，提高其在全球制造业链中的参与度和影响力。

2）中断情景下的网络结构优化

在中断情景下，应当加强制造业网络节点之间信息共享和数据互联互通，提高信息传输效率和准确度。促进核心城市一般制造业向周边城市有序转移，逐步形成以高端装备、新材料、新能源等战略性新兴制造业为主导、以汽车、电子信息等支柱制造业为支撑、以生物医药、健康服务等健康制造业为补充、以数字经济为引领的制造业结构。加强武汉都市圈内部的交通和物流基础设施建设，提高物流运输效率和成本效益，降低网络中断风险。建立武汉都市圈内部的制造业协同机制，推动制造业链、供应链、创新链等多维度的合作与联动，形成世界级的制造业集群。加强武汉都市圈内部的人才培养和流动机制，提高制造业网络的创新能力和竞争力，增加网络中断恢复能力。

9.2.2 制造业网络片区优化

为了适应都市圈网络局部的区域结构和发展模式，需要根据次区域的特点和需求，制订有差别的发展策略。同时应充分利用核心节点城市的带动作用和影响力，协调好片区间分工合作关系，最终提升都市圈网络片区的韧性和协调性。

1. 武鄂黄黄片区

武鄂黄黄片区是武汉都市圈的核心区，包括武汉、鄂州、黄石、黄冈四个城市，具有较强的经济实力、人口规模、交通便利和制造业集聚优势。参考现有武汉新城规划及武鄂黄黄规划建设纲要大纲，综合结果进一步提出对武鄂黄黄片区的制造业规划空间优化建议。

在常态场景下有以下建议。①优化制造业的空间分布，形成合理的制造业集聚和制造业分散，避免制造业过度集中或过度分散，实现制造业规模效应和外部性效应的平衡。具体而言，可以根据各城市和区域的资源禀赋、市场需求、交通条件等因素，确定各类制造业的优势领域和发展方向，形成以武汉新城为中心，以光谷片区和葛华片区为两翼，以龙泉山、滨湖半岛、红莲湖、花山、梧桐湖等特色功能片区为支撑的制造业发展格局。在此基础上，可以进一步划分不同层次的制造业集聚区和分散区，如国家级、省级、市级、县级等，形成多层次、多维度、多功能的制造业网络结构。②增强制造业的空间联系，形成紧密的制造业链条和制造业网络，促进制造业间的协同效应和互补效应，提高制造业的效率和质量。可以通过建设高速公路、高铁、地铁等重要交通系统，提高武鄂黄黄片区内各城市和区域之间的交通一体化发展水平，实现都市圈"3045"时空联系目标（邻近组团中心之间 30 分钟可达，汉口、汉阳和武昌三组团至鄂黄黄组团，武汉新城至天河机场 45 分钟可达），提高路径联系韧性优化。同时，可以通过建立健全制造业协会、产学研合作平台、供应链管理系统等机制，加强各类制造业之间的信息沟通、技术交流、资源共享、市场协作等方面的合作关系，提高制造业链条韧性。

在中断场景下有以下建议。①应保障制造业的空间分布，形成足够的制造业冗余度和替代性，避免制造业过度依赖或过度孤立，实现制造业安全性和稳定性。具体而言，可以根据各类制造业面临的不同风险和挑战，确定各类制造业的关键节点和关键路径，并制订相应的应急预案和风险评估机制，提升抗灾减灾能力。例如，在面对自然灾害、公共卫生事件、网络攻击等突发事件时，可以通过调整制造业布局、转移制造业资源、启动备用方案等方式，保障关键节点和关键路径在突发事件发生时能够快速恢复或转移，减少人员伤亡和财产损失，维持城市运行秩序。②应恢复制造业的空间联系，形成强大的制造业支持力和恢复力，避免制造业断裂或萎缩，实现制造业可持续性和发展性。具体而言，可以通过加强政府引导、社会支持、市场调节等多方面的协调配合，加快恢复各类制造业之间的交通联系、合作关系、市场需求等方面的正常运行，提高制造业网络结构的韧性优化。在面对国际贸易摩擦、供应链中断、市场需求下降等不利因素时，可以通过开拓新的贸易伙伴、建立新的供应链、创造新的市场需求等方式，增强制造业的国际竞争力和影响力，促进制造业的转型升级和创新发展。

2. 汉孝片区

汉孝片区位于武汉都市圈北部，具有较好的制造业基础和发展潜力，参考现有孝感规划以及武汉临空经济区发展规划，综合分析结果进一步提出对汉孝片区的制造业规划空间优化建议。

在常态场景中，要打造以孝感为中心的1小时经济圈，形成与武汉互补互动的城市功能布局，构建"一主两副"的空间格局。培育北、中、南三大对接武汉发展轴，实现高效便捷的交通联系。实现城市功能与先进制造业对接，以电子信息、汽车零部件、生物医药等为主导产业，打造高端制造业园区和产业集聚区。加强次区域内部各城市之间的合作竞争，在空间布局、功能定位、制造业布局等方面实现优势互补，在标准制定、信息共享、监督评估等方面实现共同进步，成为武汉城市圈的核心组群和核心制造业基地。

在中断场景下，构建以孝感为枢纽的多向联动交通网络，增加与周边地区在物流、信息流、人流等方面的联系强度；提高传输性和多样性，加快孝感北站综合交通枢纽建设；推进孝感机场改扩建工程；开展孝感—郑州跨省合作示范区规划编制；培育特色制造业集群；挖掘文化遗产价值等；提高武汉孝感片区的应急响应能力和灾后恢复能力，减少自然灾害或人为事故对城市运行和居民生活造成的影响。

3. 武咸片区

武咸片区位于武汉都市圈南部山水相依之地，具有丰富而独特的自然资源、生态环境、民俗风情和旅游资源，参考现有武咸协同规划及武咸地区自然资源分布情况，综合分析结果进一步提出对武咸片区的制造业规划空间优化建议。

在常态情景下，构建"一主两副，两带多节点"的空间发展格局，以咸安城区为主体带动嘉鱼县并进发展，重点发展咸安-嘉鱼城镇密集带。提升内部空间质量，重点发展咸安新城与嘉鱼新城，打造具有特色和竞争力的制造业基地和生活服务中心。城镇内部重点建设生物医药制造业新城，提升大健康产业的技术水平和附加值。

在中断情景下，提高传输性和多样性，即优化以咸宁为节点的生态安全网络，增强与周边地区在生态保护、灾害防治、应急救援等方面的协作能力；重点保护区域"两廊两带多湖多节点"的生态格局；建立健全风险防范和应急管理机制，加强对自然灾害、公共卫生事件等突发情况的预警和处置能力增强基础设施建设和维护管理水平，引导合理分布人口密度和土地利用强度；发挥各区域各制造业各群体之间的协同效应，增强整体抵御风险的能力。

4. 武天仙片区

武天仙片区是武汉都市圈四化同步发展示范区，未来宜发展现代农业为基础的食品轻工制造业，具有较大的土地空间、人口规模、经济发展潜力，参考现有武天仙协同规划及蔡甸区空间规划，进一步提出对武天仙片区的制造业规划空间优化建议。

在常态情景下，提高层级性和匹配性，即构建双核心的现代制造业体系，形成与武汉互动互补的城市功能布局；加强内部空间的联系，建设高石碑制造业园、岳口制造业园、毛嘴镇制造业园、仙北工业园等，重点打造天仙潜跨界合作区域，实现同城化建设。加快仙桃机场建设，提升机场的运营能力和服务水平；推进仙桃—荆州跨省合作示范区规划编制，促进两地在产业协同、基础设施、生态环境等方面的深度合作；培育特色制造业集群，即以食品加工、生物医药、新材料等为重点领域，打造具有国际竞争力的产业链和创新平台；挖掘文化遗产价值，即利用仙桃历史悠久的文化资源和特色景观，打造文化旅游品牌和产业基地。

在中断情景下，提高传输性和多样性，即建设以仙桃为枢纽的多元化交通网络，增加与周边地区在物流、信息流、人流等方面的联系强度；加强交通体系建设，依托随岳高速及天仙赤高速，联系洪湖和天仙潜城镇密集区，向南对接咸赤嘉次区域和长株潭城市群，向北对接襄十随城市群，建设天仙洪发展轴；提高武天仙片区的应急响应能力和灾后恢复能力，建立健全应急预案和机制，提升应急指挥和协调能力，加强基础设施的防灾抗灾能力，提升供水供电供气等系统的安全性和稳定性，减少自然灾害或人为事故对城市运行和居民生活造成的影响。

9.2.3 制造业网络节点优化

1. 优化主导节点功能

优化主导节点功能，就是要充分发挥其在制造业网络中的引领作用，推动制造业链条的延伸和升级，增强制造业竞争力和创新能力，可以从以下几个方面进行优化和改进。

1）加强武汉作为核心城市的引领作用

武汉是我国中部最大的城市，也是武汉都市圈制造业网络的核心节点，拥有强大的科技创新能力和制造业基础，特别是在光芯屏端网、汽车制造和服务、大健康和生物技术等重点支柱制造业方面具有明显优势。因此，需要加强武汉在这些制造业领域的创新引领和示范带动作用，推动制造业技术水平提升，形成更高附加值的产品和服务，扩大对外开放合作，提高国际竞争力。

2）发挥黄石、孝感等次级主导节点城市制造业的支撑作用

黄石、孝感等城市是武汉都市圈制造业网络中具有较强实力和影响力的节点，拥有

一批传统制造业企业和新兴制造业企业，在钢铁、化工、机械等行业具有较高地位。因此，需要发挥这些城市在传统制造业方面的稳定支撑作用，同时加快转型升级步伐，推进与武汉核心制造业的对接与融合，形成更紧密有效的制造业链条。培育主导节点城市中的重点企业，发挥示范引领作用。除了城市之间的制造业网络，还应该关注城市内部的制造业网络，通过培育重点企业，使其在城市内部形成主导节点，带动其他企业的发展。

3）提升其他周边城市在制造业网络中的参与度和贡献度

其他周边城市如鄂州、黄冈、咸宁等虽然在制造业方面相对薄弱，但也各有比较优势，在食品加工、纺织服装、建材家居等行业具有一定规模。因此，需要提升这些城市在制造业网络中的参与度和贡献度，通过加强与核心节点及其他节点之间的交流合作，借鉴先进经验做法，提高自身发展水平，并寻找自身特色优势所在。

2. 减少脆弱节点风险

减少脆弱节点风险，就是要通过加大政策支持和资源投入，提高其在制造业网络中的地位和作用，增强其抵御风险和应对变化的能力，为了提高武汉都市圈制造业网络结构韧性，可以从以下几个方面进行优化和改进。

1）加强重点城市与华容区等脆弱节点之间的联系

重点城市是制造业网络中最重要的节点，它们具有较高的网络中心性和聚类性。因此，在中断情景下，重点城市之间的联系可能会受到较大影响，导致网络效率下降和路径减少。为了避免这种情况，应该加强重点城市之间的基础设施建设和维护，并建立应急预案和协调机制。同时，要提高脆弱节点在制造业网络中的作用。脆弱节点是制造业网络中数量最多但影响力最小的节点，它们具有较低的网络中心性和聚类性。因此，在中断情景下，脆弱节点之间或与其他类型节点之间的联系可能会被忽视或削弱。为了改善这种情况，应该提高脆弱节点的制造业投资和创新能力，促进脆弱节点与重点城市和其他类型节点的合作和交流，提高脆弱节点的网络多样性和传输性。

2）优化制造业网络的结构布局

制造业网络的结构布局是影响网络结构韧性的重要因素，它决定了网络中不同类型节点之间的相对位置和连接方式。为了优化制造业网络的结构布局，应该根据不同类别制造业的特点和需求，合理规划和调整网络中节点的分布和连接。对于传统制造业，可以考虑将其分散在不同区域，以减少单一区域受灾风险；对于新兴制造业，可以考虑将其集中在某些区域，以形成制造业集群效应；对于支柱制造业，可以考虑将其均衡分布在各个区域，以保证供应链稳定。

3）增强制造业网络的自适应能力

制造业网络是一个动态变化的系统，在面临各种中断情景时，需要具有自适应能力，即能够根据实际情况调整自身结构和功能，以减少损失并恢复正常状态。为了增强制造业网络的自适应能力，应该建立和完善制造业网络的监测和预警机制，及时发现和处理网络中的异常情况，提高网络的应急响应能力；同时，应该加强制造业网络的创新和学习能力，不断更新和优化网络中的技术、产品、服务等要素，提高网络的竞争力和抗风险能力。

4）建立制造业网络的协调机制

制造业网络是由多个主体组成的复杂系统，在中断情景下，需要各个主体之间进行有效的协调和合作，以实现资源共享、信息交流、风险分担等目标。为了建立制造业网络的协调机制，应该明确各个主体在网络中的角色和责任，建立合理的激励约束机制，促进各个主体之间的信任和合作；同时，应该利用现代信息技术手段，构建高效便捷的通信平台，实现各个主体之间的信息互通和数据共享。

9.3 空间韧性提升策略

9.3.1 空间韧性评估

都市圈作为城市地域空间形态演化的高级形式，已成为新型城镇化的重要空间载体。与此同时，高度城镇化的都市圈所面临的由各类突发风险和慢性压力带来的韧性问题也更为严峻。如何通过空间要素的协调配置来缓冲和消解风险，增强都市圈韧性，保障都市圈安全可持续发展，成为共同关注的问题。土地利用系统作为城市空间的重要组成部分，是社会经济系统发展需求和自然生态条件相互作用的反映，土地利用格局是社会-生态系统内在过程的外在表征（Alberti, 2005）。因此，土地利用在一定程度上能够反映空间韧性水平。本小节从土地利用维度解析都市圈空间韧性，并以武汉都市圈为例，评估其核心圈层、过渡圈层和外围圈层的空间韧性特征并提出差异化的优化策略。

1. 都市圈圈层识别

本小节在武汉都市圈范围的基础上，以区县为研究单元，参考王建军等（2022）、罗成书（2017）、韩刚等（2014）的都市圈划定方法，采用城市引力模型测算经济距离、引力和场强，并结合城镇人口密度进行都市圈圈层识别。

经济距离、引力和场强计算。其中，经济距离、引力和场强计算公式参考韩刚等（2014）对长春都市圈的划定研究，得到各城市的经济距离、引力和场强向量值，基于前人对经济距离、引力和场强的划分研究，并结合武汉都市圈实际情况，确定向量判断标准

（表 9.3），并根据向量判断标准明确各城市所属圈层（表 9.4、图 9.4）。

表 9.3 经济距离、引力和场强向量判断标准

经济距离/km		0~40	40~80	80~100	>100
		1	2	3	4
引力	区间	>150	50~150	10~50	0~10
	判断标准	1	2	3	4
场强	区间	>0.2	0.1~0.2	0.05~0.1	<0.05
	判断标准	1	2	3	4

表 9.4 基于城市引力的圈层划分

区域	经济距离/km	引力	场强	判别向量	所属圈层
武汉市主城区	—	—	—	—	
鄂州市华容区	13.93	838.25	0.365 6	1，1，1	
鄂州市鄂城区	23.03	743.00	0.323 7	1，1，1	核心圈层
东西湖区	30.27	751.12	0.327 2	1，1，1	
黄石市区	31.12	526.50	0.229 4	1，1，1	
黄冈市黄州区	26.16	288.95	0.125 9	1，1，2	
孝感市孝南区	30.59	427.84	0.186 4	1，1，2	
仙桃市	34.46	456.58	0.198 9	1，1，2	
大冶市	40.66	237.68	0.103 5	2，1，2	
新洲区	40.79	280.05	0.122 0	2，1，2	过渡圈层
黄陂区	41.50	332.09	0.144 7	2，1，2	
江夏区	45.73	283.78	0.123 6	2，1，2	
咸宁市咸安区	40.97	176.13	0.076 7	2，1，3	
汉南区	44.63	165.74	0.072 2	2，1，3	
蔡甸区	61.51	78.75	0.034 3	2，2，4	
汉川市	65.38	98.52	0.043 4	2，2，4	
鄂州市梁子湖区	62.43	12.23	0.005 3	2，3，4	
嘉鱼县	78.85	23.45	0.010 2	2，3，4	外围圈层
团风县	88.75	8.71	0.004 2	3，4，4	
洪湖市	122.77	14.22	0.006 2	4，3，4	

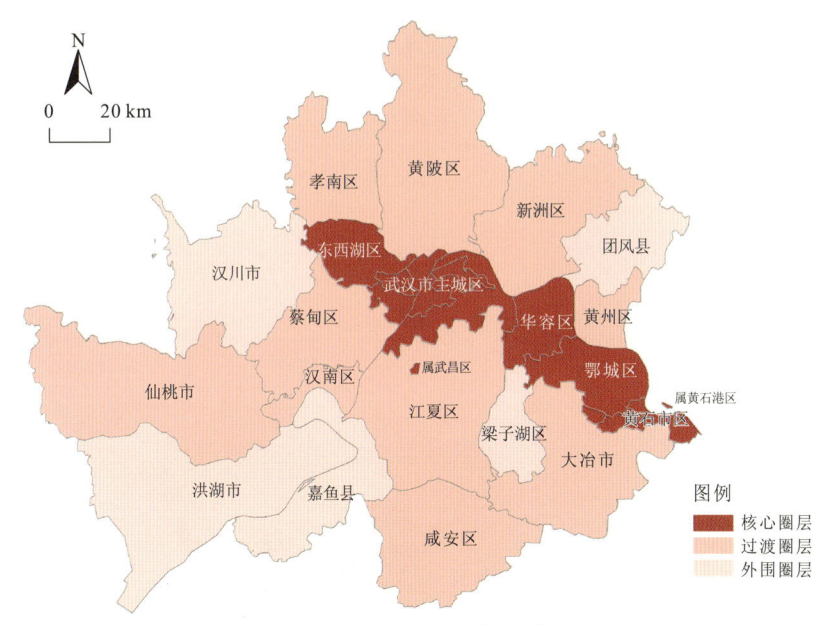

图9.4 基于城市引力的圈层识别

城镇人口密度。城镇人口密度是研究都市圈空间范围的重要参考指标之一（刘云中 等，2020）。以区县七普常住城镇人口数据和建成区面积，计算得到城镇人口密度，如图9.5所示。

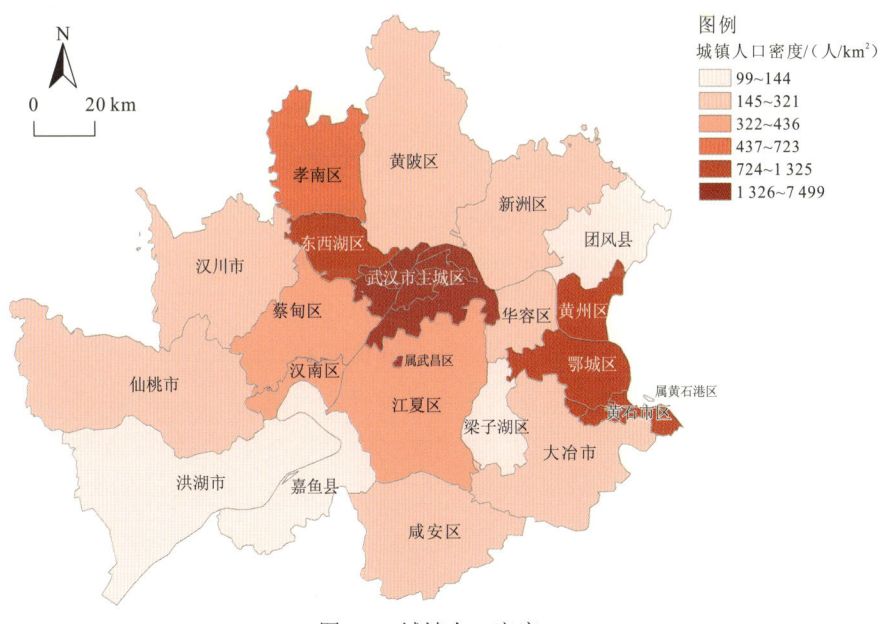

图9.5 城镇人口密度

基于城市引力模型测算和城镇人口密度指标，并综合武汉都市圈规划相关内容，综合划定武汉都市圈核心圈层、过渡圈层和外围圈层（图9.6）。其中核心圈层为武汉市主城区、鄂城区、华容区、黄州区和黄石市区。过渡圈层包括江夏区、蔡甸区、汉南区、东西湖区、黄陂区、新洲区、孝南区和团风县；外围圈层包括梁子湖区、咸安区、大冶市、嘉鱼县、洪湖市、仙桃市和汉川市。在圈层识别过程中，考虑区域面积和数据获取，将武汉主城区 7 个区合并为武汉市区，将黄石市下陆区、铁山区、西塞山区、黄石港区合并为黄石市区。

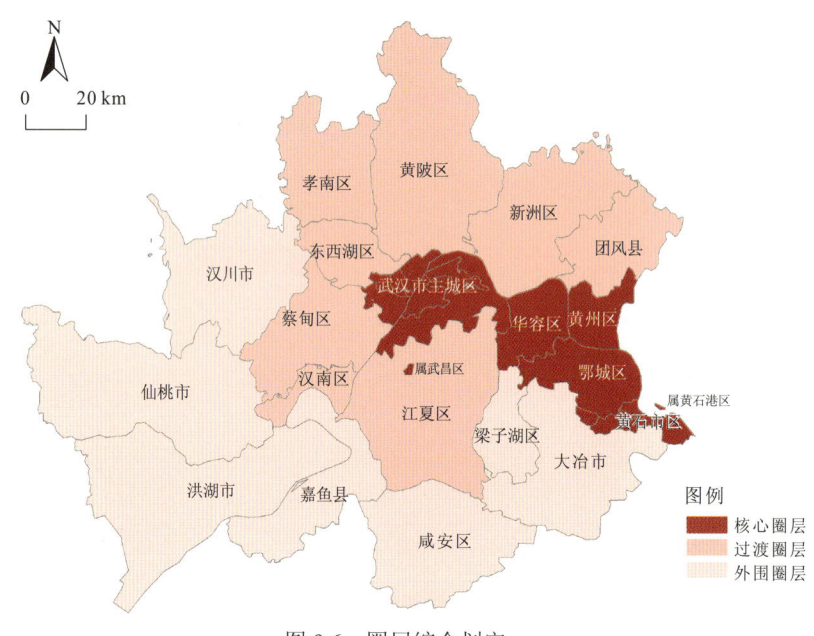

图 9.6 圈层综合划定

2. 空间韧性评估框架

从土地利用维度构建都市圈空间韧性框架。土地利用系统的类型数量、布局形态等结构性特征反映了与自然生态系统的关系，影响着城市空间抵抗干扰和干扰后恢复的能力；土地利用系统的供给能力、服务水平等功能性特征反映了与社会经济系统的关系，影响城市空间对干扰的响应恢复和适应能力。在城市空间韧性属性中，与土地利用紧密相关的基本属性表现为多样性、连通性、多功能性、冗余性、可达性和渗透性等（王佳文，2022；陈碧琳 等，2021；刘志敏 等，2018），这些韧性属性对资源消耗、生态系统保护、城市热岛效应和社会公平等方面产生影响。土地利用类型数量、空间结构和功能所具有的多样性、连通性、鲁棒性和冗余性等特征对保持系统基本功能不变并能够恢复和适应能力具有重要影响。

都市圈的形成机理和空间组织特征决定了都市圈土地利用的空间差异，表现出显著的圈层特征，这与城市、城市群等地域空间形态有所不同（冯垚，2006；董晓峰 等，2005）。从圈层结构角度探索都市圈空间韧性能力及其圈层差异，对优化都市圈土地利用、提升都市圈空间韧性和推进都市圈一体化建设具有重要意义。

1）圈层韧性目标解析

核心圈层是高度密集的城镇化地区，人口密度大，以生产性服务业、居住和公共服务功能为主。武汉都市圈核心圈层主要用地包括水域、住宅用地、交通运输用地和公共管理与公共服务用地等，用地布局呈现建设用地集中连片、生态用地破碎化斑块镶嵌分布的特征。核心圈层因其高度集聚的经济要素和人口，面临的风险类型更多、空间集聚性更强，对服务用地功能的冗余和快速响应能力也有着更高要求；高密度的建成空间、连续不透水地面增强了城市内涝、环境退化、高温加剧和公共卫生事件蔓延的风险。因此，将连通性和冗余性作为都市圈核心圈层的主要韧性目标。连通性是空间韧性的关键属性，体现了基本服务的可达性和物质交换、能量流动的便利程度。建成空间与水体、林地等非建设用地的合理组织有利于形成良好的生态景观格局，适当的物理联通使得城市系统组件具备吸收冲击和扰动后恢复重组的能力。冗余性是指具有相似功能组件的可用性，确保局部能力受损时系统功能仍能依靠其他组件正常运行。在土地利用系统中，适宜建设空间的冗余能够保障城市生态系统的健康和可持续。土地利用功能的冗余尤其是医疗、公共服务设施等功能的冗余能够保障部分设施失效时，高度集聚的城市人口对服务功能的基本需求，有利于增强城市空间面临风险时的响应和恢复能力。

过渡圈层尚未形成高度连片的建成空间，以核心城市的都市边缘区、新城及周边城市建成区为主，城镇化发展迅速，土地利用变化较为剧烈。过渡圈层建成空间呈斑块状分布，建设用地与非建设用地交错分布。作为土地开发利用较为活跃的区域，其建设用地低效、碎片化特征显著。因此将稳定性和高效性作为过渡圈层的主要韧性目标。鲁棒性是指系统承受不利条件、抵抗干扰的能力。在土地利用系统中表现为土地利用形态的抗干扰能力。过渡圈层碎片化的建设用地形态，破坏了耕地、生态用地的完整性也增加了要素流动的成本。土地利用的高效性影响土地利用韧性，低效的土地利用在空间上表现为土地利用面积占比高产出低的特点，这种低效蔓延的土地利用模式削弱了过渡圈层对风险的快速响应能力，降低了建成空间与生态空间的连通性。

外围圈层以耕地、生态用地等非建设用地的连续分布为主，城乡建设用地占比较低，呈斑块和点状分布。外围圈层用地的非均衡分布使得区域人口更可能面临基础设施不足、交通通达性不足等问题，面对冲击时的响应能力较差。同时点状的土地开发建设一定程度上影响生态空间的结构和布局，降低了生态、农业用地的供给能力和供给效率。因此，将可达性和稳定性作为都市圈外围圈层的主要韧性目标。可达性影响城市面临冲击时的恢复力。对于外围圈层较为分散的建设空间而言，医疗、教育等公共服务设施的可达程度极大地影响区域应对冲击的响应能力；同时道路的连通度也影响着人流、信息和物资的流通和运输效率。稳定性反映了各土地利用类型稳定提供生态系统服务功能的能力。土地利用变化带来的景观结构和功能的变化在生态层面表现为生态系统服务的变化。

2）评估指标体系

基于系统性、针对性、可比性原则，结合武汉都市圈实际，考虑数据的可得性、可空间量化性等因素,选取 11 个评价指标构建武汉都市圈空间韧性评估指标体系(表 9.5)。借助 ArcGIS 渔网工具建立研究区地表网格,将武汉都市圈各圈层划分为 1 km×1 km 的网格作为评价单元。

表 9.5　都市圈空间韧性评估指标体系

圈层	韧性目标	指标	指标解释
核心圈层	多样性	土地利用类型多样化指数	反映土地利用的多样化水平（+）
	连通性	形态连通度	反映建设用地与生态空间的连通程度（+）
	冗余性	土地开发强度	反映土地利用规模的冗余程度（−）
		基础医疗设施密度	反映基本医疗服务功能冗余程度（+）
过渡圈层	多样性	土地利用类型多样化指数	反映土地利用的多样化水平（+）
	鲁棒性	建设用地破碎度	反映建设用地的形态破碎程度（−）
	高效性	工业地均产值	反映土地利用的高效程度（+）
外围圈层	多样性	土地利用类型多样化指数	反映土地利用的多样化水平（+）
	稳定性	土地利用生态服务功能指数	反映土地利用类型提供生态系统服务功能的水平（+）
	可达性	医疗机构可达性	反映医疗服务功能的可达程度（+）
		路网密度	反映道路网络的连通水平（+）

评估所需数据主要包括土地利用数据、路网矢量数据、医疗设施兴趣点（point of interest,POI）数据和社会经济数据,数据时效性为 2020 年。其中,土地利用数据来源于中国年度土地覆盖数据集（China Land Cover Dataset,CLCD）和武汉都市圈三调数据;路网矢量数据来源于全国地理信息资源目录服务系统 1∶25 万全国基础地理数据库;医疗设施 POI 数据由高德地图爬取;工业总产值等社会经济数据来源于各市 2020 年统计年鉴。

对数据进行标准化处理并计算各圈层各项指标的权重,最后指标结果的加权叠加,得到核心圈层、过渡圈层、外围圈层空间韧性综合指数,公式为

$$F = \sum_{j=1}^{m} \omega_j \times p_{ij} \quad (i=1,2,\cdots,n,\ j=1,2,\cdots,m) \tag{9.1}$$

式中:F 为栅格的空间韧性综合指数,数值越韧性水平越高;ω_j 为第 j 指标的权重;p_{ij} 为栅格 i 第 j 指标的标准化值;n 为栅格数;m 为各圈层指标数。

9.3.2　空间韧性特征

1. 核心圈层韧性呈现强核集聚

从核心圈层各指标的评估结果来看,核心圈层土地利用多样性整体较高,土地利用

类型较为多样化。以武汉中心城区和鄂城区北部最高，部分低值区域主要分布青山区北部、洪山区西南部、华容区、黄州区北部和西塞山区。建设用地形态连通度方面，江岸区、江汉区、硚口区、武昌区、洪山区南部和青山区中部等武汉中心城区核心区域以及华容区北部，建设用地与生态景观的连通性较差，这些区域由于产业发展，建设用地的填充式扩张逐渐侵蚀蓝绿景观空间，降低了土地利用的形态连通度。黄州区和黄石市区建设用地形态连通程度较高，建设用地斑块与生态景观斑块的空间组织良好。土地开发强度方面，高强度开发区域围绕武汉中心城区、鄂城区、黄州区和黄石市区沿长江块状分布。基础医疗设施密度呈现出显著的单核心特征，硚口区、江汉区和武昌区密度最高，基础医疗资源丰富，鄂城区、下陆区和黄石港区表现出较低密度的集中区域，核心圈层边缘区域设施分布密度极低。

核心圈层空间韧性评估结果如图9.7所示，空间韧性分布呈现出强核心集聚特征，核心圈层西部韧性水平高，中部和东部韧性较低。其中，韧性水平高值区域集中在硚口区、江汉区、武昌区、汉阳区北部，这些区域虽土地开发强度较高，但因其多样化的土地利用和高密度的医疗设施分布，增强了区域的风险适应能力。鄂城区北部、下陆区、黄石港区和铁山区空间韧性水平较高。低值区在核心圈层中部和南部形成集聚，主要包括洪山区东部、华容区、黄州区和鄂城区西部。

2. 过渡圈层韧性区际差异显著

过渡圈层土地利用多样性水平较低的区域主要分布在该圈层外围地区，包括黄陂区西北部、新洲区东部、蔡甸区南部和汉南区。建设用地破碎度高值区呈现出沿核心圈层内边缘环状分布的特征，该区域处于核心城市的建成区边缘的蔓延地区，建设用地破碎程度较高。从工业地均产值来看，汉南区和孝南区的工业地均产值最高，该区域规上工业企业、产业园区集聚程度高。此外东西湖区、新洲区、黄陂区工业地均工业产值较高。

过渡圈层空间韧性评估结果如图9.8所示，空间韧性呈现出局部块状集聚特征，地区间韧性差异显著。过渡圈层西部、南部空间韧性水平较高，主要包括汉南区、孝南区和江夏区南部和黄陂区东北部。蔡甸区、新洲区、团风县和黄陂区南部韧性相对较低。

3. 外围圈层韧性呈现多点扩散

外围圈层土地利用多样化程度整体较高，汉川市中部、嘉鱼县北部和洪湖市土地利用多样性水平较低。土地利用的生态服务水平较高的区域主要分布在咸安区、大冶市北部和南部以及洪湖市，该区域林地和水体分布较广，生态服务功能稳定。医疗机构可达性围绕各区县的城区呈块状分布，其中仙桃市、嘉鱼县、咸安区和大冶市医疗机构可达性整体较高，城区周边乡村地区由于卫生院及以上医疗设施分布较少、路网通达性不足等原因，其医疗机构可达性较差。外围圈层路网密度呈现出东南高西北低的特征，嘉鱼县、咸安区和大冶市路网密度最高，汉川市、仙桃市道路网络呈现出核心局部高密度、周边区域稀疏的特征。

(a) 土地利用类型多样化指数

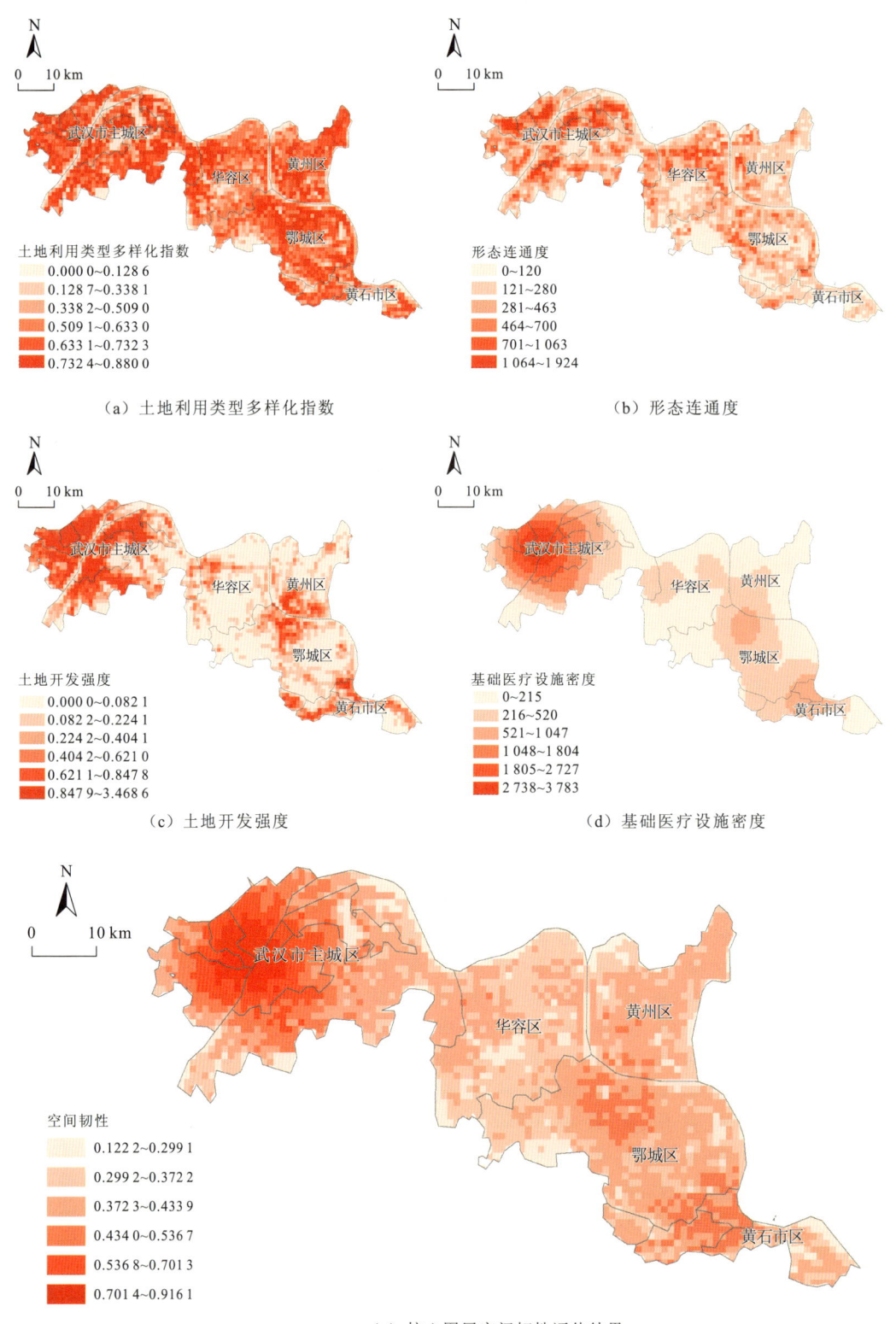

(b) 形态连通度

(c) 土地开发强度

(d) 基础医疗设施密度

(e) 核心圈层空间韧性评估结果

图 9.7 核心圈层空间韧性评估

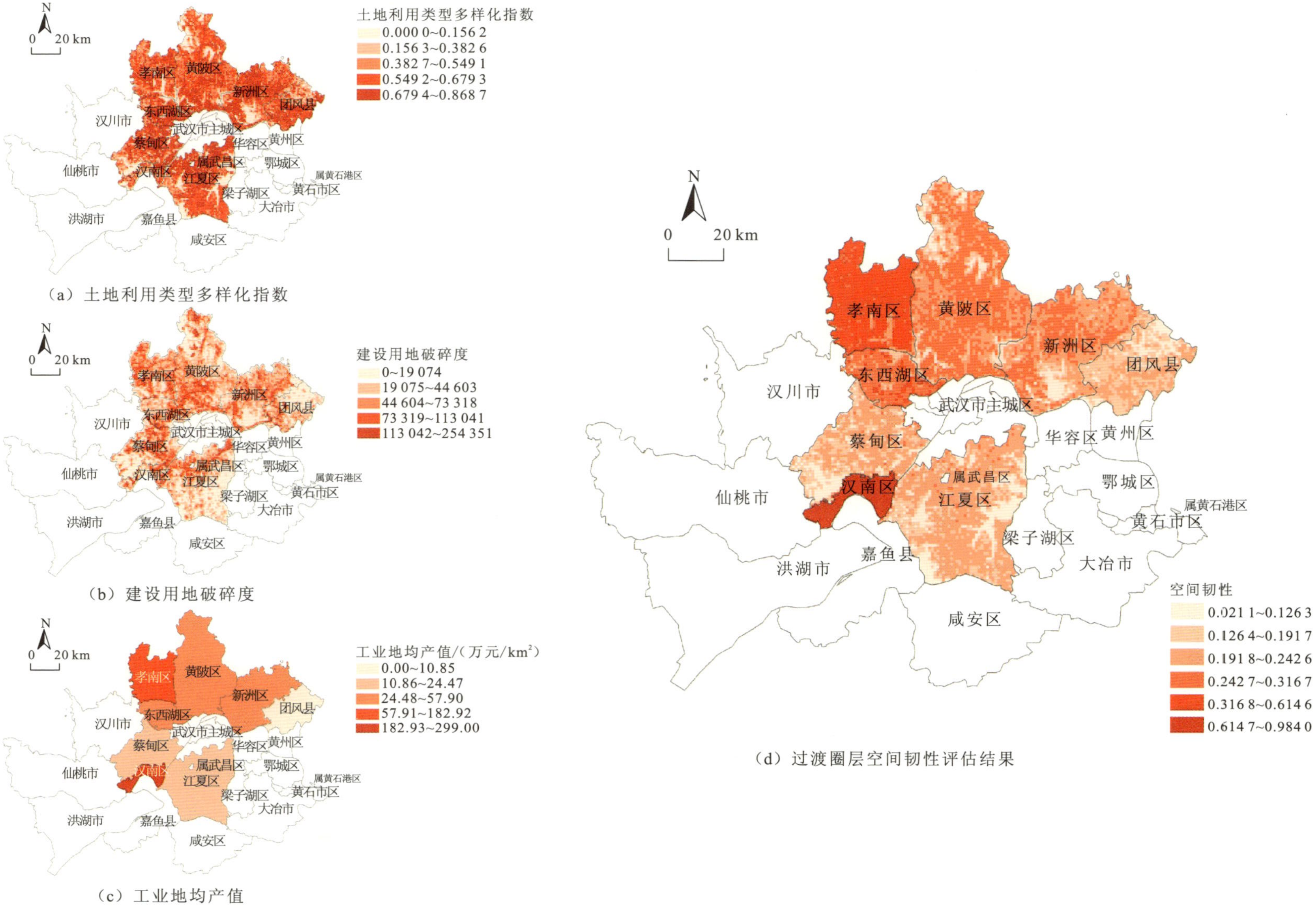

（a）土地利用类型多样化指数

（b）建设用地破碎度

（c）工业地均产值

（d）过渡圈层空间韧性评估结果

图9.8 过渡圈层空间韧性评估

外围圈层空间韧性评估结果如图 9.9 所示，韧性分布呈现出多点扩散特征，外围圈层的中心和边缘区域韧性水平差异较大，韧性极低和韧性较高区域分化显著，各区县核心区、集中建成区空间韧性水平较高，边缘地区韧性水平低。空间韧性低值的集聚区主要包括大冶市北部、洪湖市和汉川市北部。

9.3.3 空间韧性优化

1. 圈层空间韧性总体优化

1）优化"源-汇"连通格局

对核心圈层而言，一方面，优化提升建设用地与生态空间的耦合关系，增强核心圈层形态连通性。顺应生态空间格局，形成山水城林交融的城市形态。首先是严格管控核心圈层水体、林地等生态用地。根据"源-汇"景观理论，灰色景观所产生的环境负效应需要蓝绿景观来消纳，核心圈层高密度的建成环境所产生的生态负效应需要一定规模的生态空间进行缓冲和消解。其次是增强建设用地与生态用地的连通程度，通过优化湖泊斑块—河流廊道—绿地系统等蓝绿设施布局，形成多尺度连通的蓝绿网络；依托核心圈层大小湖泊和水系建设带状公园，增加生态景观斑块面积和密度。重点优化区域包括江岸区、江汉区、硚口区、武昌区、洪山区南部和青山区中部等武汉中心城区核心区域以及华容区北部。另一方面，提升城市服务设施尤其是社区级医疗设施的冗余性和布局均衡性，形成模块化、高效可达的公共服务体系。关注核心圈层边缘地区和非重点开发地区，提升整体设施配置的下限，公共服务设施的配置在实现空间全覆盖的同时应测度设施的人口覆盖情况。以社区生活圈为基本单元，优化公共管理与公共服务设施用地和居住用地的空间组织关系。重点优化区域包括洪山区西南部和东北部、华容区、鄂城区西部、黄州区域北部和西塞山区东部等。

2）加强建设用地紧凑布局

对过渡圈层而言，首先是加强建设用地紧凑布局，过渡圈层中临近核心圈层地区，土地利用变化剧烈，用地低效蔓延，形态破碎化显著。在整体层面上，实行点轴开发土地利用模式，加强城镇空间布局的紧凑性，保障过渡圈层大面积的生态空间。用地布局方面，严守城镇开发边界，控制新增建设用地无序蔓延；对城镇内零星和闲置地进行归并、整理；加强乡村土地整理，科学划定农村居民点扩展边界，加强中心村建设，逐步缩并分散、零星居民点，减少农村建设用地盲目扩张。重点优化区域包括过渡圈层内环地区如江夏区北部、蔡甸区东北部、黄陂区南部等。另一方面，促进土地多元集约利用。增强土地利用多样性。合理布局新城、新区产业用地与居住用地、服务用地，在推进过渡圈层产业专门化的同时，增强服务功能多元化，提升区域的风险适应能力。推进工业用地集约高效利用。科学规划工业用地，以园区、项目引导工业用地集中集聚；通过技术改进，倡导"叠加式"发展，鼓励企业提高用地效率。实施存量用地挖潜，开展土地

第 9 章 武汉都市圈韧性提升策略

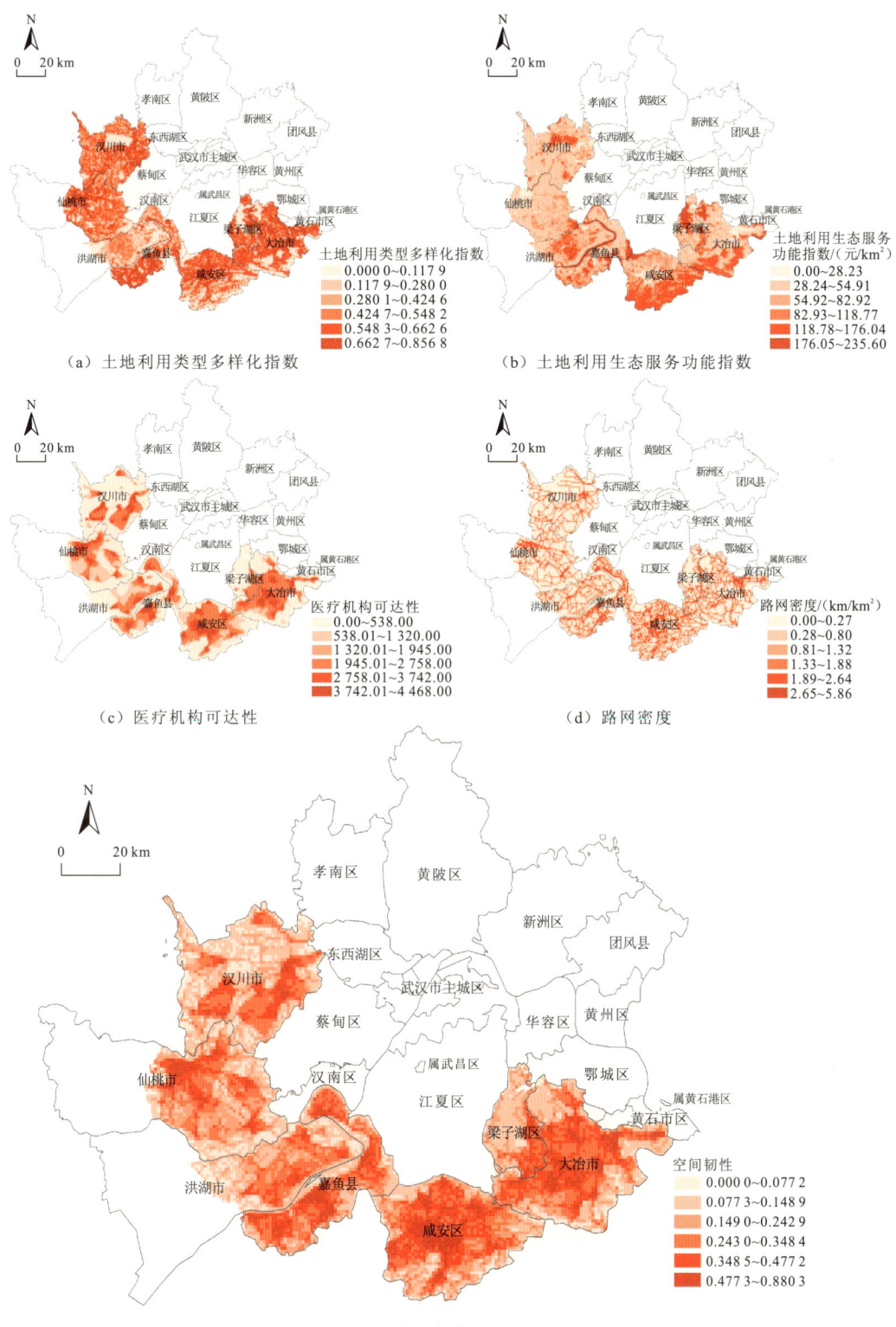

(a) 土地利用类型多样化指数

(b) 土地利用生态服务功能指数

(c) 医疗机构可达性

(d) 路网密度

(e) 外围圈层空间韧性评估结果

图 9.9 外围圈层空间韧性评估

置换，设置产业与投资门槛，进行产业结构调整，实现节约集约用地。重点优化地区包括蔡甸区、江夏区和团风县等。

3）稳固用地生态服务功能

在外围圈层，首先保障生态空间规模和功能，维持生态系统服务价值稳定。建设用地的快速扩张侵占耕地、水域、林地面积，以及生态用地功能的不合理转型，降低了生态系统的供给、调节和支持功能水平。首先，严守生态红线和基本农田保护红线，保障生态和农业空间底线，严格控制建设用地侵占其他生态空间和农业空间，对生态内已有建设用地应合理腾退，保障其完整性和系统性。其次，严格管控水域、林地等用地的功能转化。重点优化区域包括大冶市东北部、咸安区中部和汉川市东部。再次，提升基本公共服务设施可达性，增强县域公共服务用地保障，优化乡村基础公共服务设施的均衡和协调布局。依托县域生活圈的划分，从全域统筹的角度出发，结合城乡人口分布，合理布局基本公共服务设施。此外，优化外围圈层汉川市、仙桃市的局部路网密度，新增设施选址应充分结合道路网络布局，以保障外围圈层城乡居民的公共服务设施可达性。重点优化区域包括大冶市北部、洪湖市东部。

2. 适灾空间重构优化

以武汉都市圈为例，本小节将外围圈层韧性较高的地区作为适灾空间（图9.10），并从土地利用、生态和交通网络三方面提出都市圈适灾空间重构优化策略。

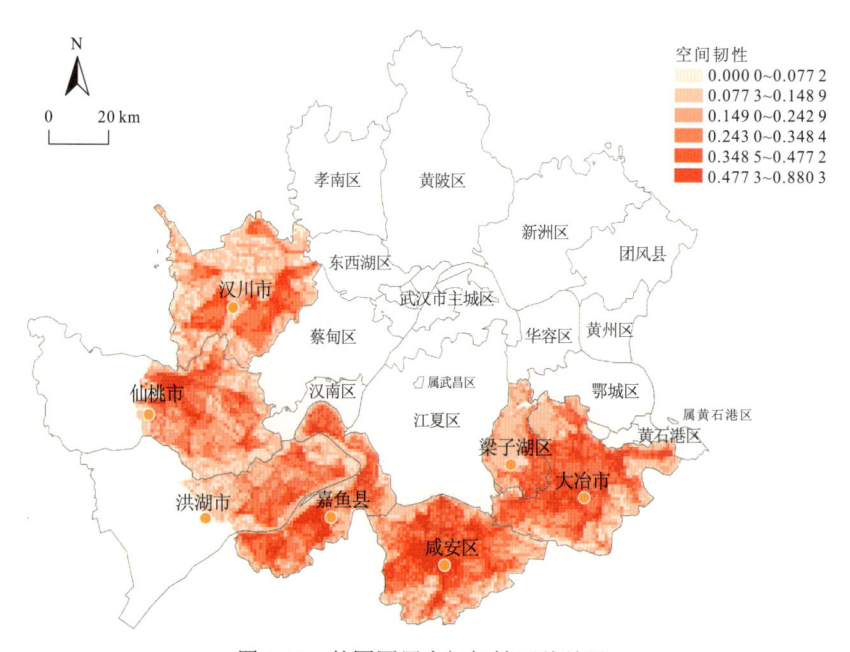

图9.10 外围圈层空间韧性评估结果

1）创新土地混合利用的方式

针对城市发展和应对外来扰动的问题，都市圈中各城市应采取内涵式发展，注重外围城市内部功能的深化和提升，提升城市发展的效益。对于不可避免的扩张式发展，应注重城市与周边地区的联系合作，实现地区之间的协同发展。除此之外，应重视土地混合利用，加强存量低效土地的更新与再利用，完善整体的功能布局。最后，应采取多维混合发展、配建式混合和市场化混合等措施，促进城市功能的创新和提升，实现城市发展与运营的高效和可持续性。同时，借助垂直方向的建筑功能混合和适灾空间的建设，提高城市适应不同环境和应对突发事件的能力，实现社会、环境和经济的协同发展。

2）提高城市间的生态连通性

对于各县市的核心区，由于其路网密度和土地利用多样性较高，所以综合韧性相对较高，适灾能力也较强。但都市圈外围适灾空间分布不成体系，各县市外侧韧性极低，主要是因为随着城市规模的扩张，城市外围的生态服务功能遭到破坏，同时土地利用效率和路网密度低，进而造成外部空间韧性水平的下降。都市圈应顺应整体的生态空间格局，在各县市核心区韧性水平的同时，提高城市外部空间的生态连通性，提高生态服务功能，主动营造建设用地与生态用地的高度耦合关系，利用自然调节功能来提升适灾能力。

3）完善层级鲜明的道路交通网络

高密度的道路交通网络具有更好的灵活性和冗余性，能够更好地适应和应对灾害影响，从而提升城市韧性水平。过往研究发现，道路网络的密度、形态与层级同时影响城市网络的韧性水平（颜文涛 等，2023）。都市圈应建设多尺度、多维度、多要素叠加的城市道路网络系统，建设具有高通行能力的多层级主干路体系，提升城市整体的结构抗毁能力。在城市中心适当提升道路网密度，在衔接段强化次干路和支路与跨层级连接，保障各类服务要素的功能适应能力。

3. 灰地空间综合调整

选取过渡圈层中韧性较高和韧性适宜区域作为弹性空间中的灰地空间（图9.11），并从用地布局、管控标准和建设用地供给三方面提出都市圈灰地空间综合调整策略。

1）增强用地布局的弹性

科学合理的用地布局是城市有序运行的重要保障，目前都市圈中弹性空间格局有待优化。为解决这一问题，关键在于改变规划观念，对于韧性较低的地区应增强用地布局的弹性，完善灰地的用地布局，同时提升灰地在用地结构中的比例，采用"数量弹性"和"布局弹性"的双重调控手段设置弹性空间。长期来说，由于客观条件的不断变化，对用地布局的调整和更新应该依托实际发展要求动态进行，使规划在面对持续变化能做出及时的反应。

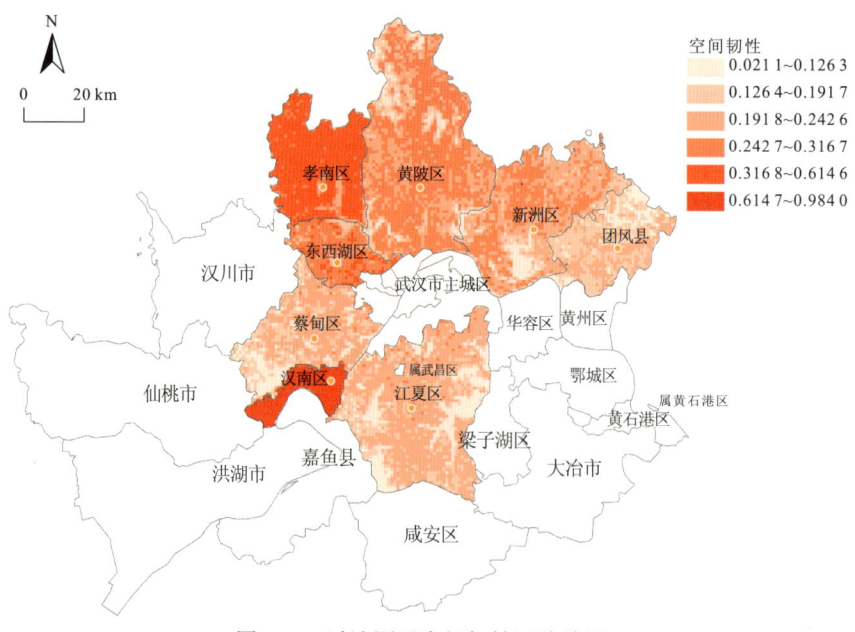

图 9.11 过渡圈层空间韧性评估结果

2）完善弹性空间的控制标准

对于弹性空间的规划应该实现土地资源的灵活有序配置，通过控制和引导相结合的手段弥补市场失灵带来的负面影响。具体而言，对于灰地空间应引导其向着有利于实现政府政策目标的方向发展，同时进行弹性管理，优先满足综合效益突出且符合社会经济发展目标的项目需求，保障城市的经济韧性，除此之外，也要设置一定的开发控制标准，防止城市用地的重复使用和不切实际地提高用地标准现象的发生。

3）弹性调节区域建设用地供给

当前都市圈内建设用地的扩张大多以粗放式的外延扩张为主，为防止建设用地的过度扩张占用生态用地和农业用地，应通过灰地空间的安排调节建设用地供给，在满足需求的同时避免建设用地规划与现行经济人口发展规模脱节。此外，随着经济发展需要，应根据社会经济发展情况调节建设用地的供给数量和空间位置，保障建设用地的弹性特性，实现都市圈内建设用地合理扩展与生态空间及农业空间保护之间的平衡。

4. 白地空间有序调控

选取核心圈层中韧性较高和韧性适宜区域作为弹性空间中的白地空间（图9.12），并从供给水平、空间形式和转换规则三方面提出都市圈白地空间有序调控策略。

第9章 武汉都市圈韧性提升策略

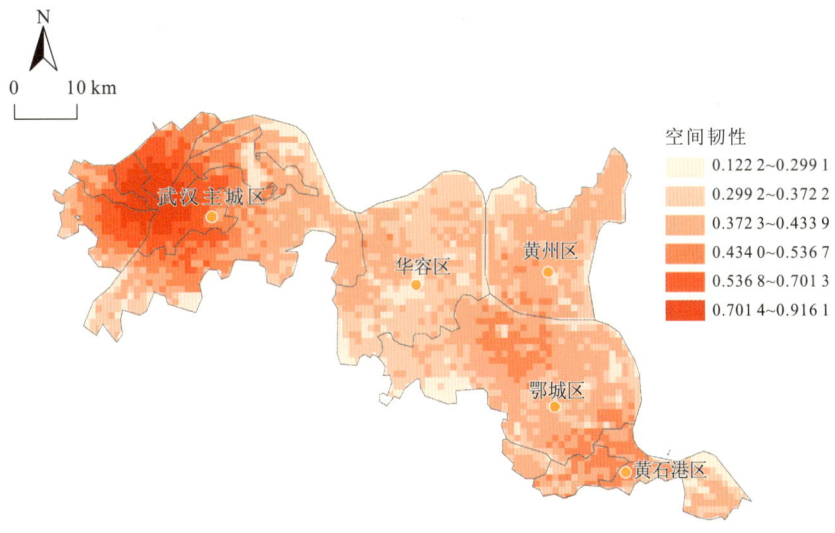

图 9.12 核心圈层韧性评估结果

1）提升白地供给数量和质量

目前城市中缺乏对于城市弹性的考虑，面对外来扰动时，临时寻找的其他场地受到包括空间形式、尺度要求及功能转换规则的限制，往往难以发挥弹性空间的作用。所以在都市圈核心区的弹性空间建设中不仅需要提升白地的供给数量，还要保障空间质量，对土地利用价值高的白地应将其防灾减灾功能结合经济社会效益通盘考虑，保障城市各中心的稳定性。除此之外，在建筑设计中应结合设施韧性做出充分的考虑。

2）构建弹性的白地空间形式

城市内部的白地空间的存在形式多以绿地、广场等开放空间为主，在此类空间中通过设计通透性的空间边界、设置较多开口等方式在保证内外空间分隔的情况下，又同时保证了内外功能转换的需求。除此之外，在空间属性设计上应该多设置为线性流动或多向开放空间，保障白地空间与周边空间和道路的多维联系，从而满足平灾转换功能的动态平衡和灵活切换（余强，2022）。

3）构建弹性转化的白地功能系统

在空间规划时，应该采取因地制宜的策略，构建兼顾战略储备价值和日常服务功能的弹性空间网络体系，综合考虑空间信息和人流分流等因素，更高效地调配城市资源，实现从被动改造到主动应对的转化，通过分类分级配置来实现弹性空间的供需平衡。此外，应考虑核心区弹性空间的高价值属性，预先在其周边布局商业服务设施、医疗服务设施、消防设施等配套设施，促进社会经济的稳定发展。

参 考 文 献

安景文,李松林,梁志霞,等,2018. 产业结构视角下京津冀都市圈经济差异测度. 城市问题(9): 48-54.

安树伟,孙文迁,2019. 都市圈内中小城市功能及其提升策略. 改革(5): 48-59.

安树伟,王宇光,2020. 都市圈内中小城市功能提升的体系建构. 经济纵横(8): 2, 33-39.

白俊红,蒋伏心,2015. 协同创新、空间关联与区域创新绩效. 经济研究,50(7): 174-187.

卞坤,张沛,徐境,2011. 都市圈网络化模式:区域空间组织的新范式. 干旱区资源与环境,25(5): 30-34.

蔡浩,金志农,2014. 南昌市城市化进程与城市林业发展协调性分析. 林业资源管理(6): 135-139,152.

蔡建明,郭华,汪德根,2012. 国外弹性城市研究述评. 地理科学进展,31(10): 1245-1255.

蔡宁,吴结兵,殷鸣,2006. 产业集群复杂网络的结构与功能分析. 经济地理(3): 378-382.

曹德,贺正楚,张嘉欣,等,2020. 轨道交通产业全产业链的韧性-脆弱性研究. 经济数学,37(3): 16-26.

柴国荣,李振超,王潇耿,等,2011. 供应链网络下集群企业合作行为的演化分析. 科研管理,32(5): 129-134.

车冠琼,仇保兴,王旭春,2020. 突发公共卫生事件下的城市留白思考. 城市发展研究,27(9): 1-5.

陈恺勤,2021. "流空间"视角下杭州都市圈空间网络结构研究. 杭州:浙江大学.

陈碧琳,孙一民,李颖龙,2021. 中微观韧性城市形态适应性转型研究:以深圳蛇口工业区为例. 城市发展研究,28(6): 2, 45, 101-111.

陈驰,彭翀,袁佳利,等,2023. 突发公共卫生事件下的乡村韧性评价与提升策略:以湖南省湘阴县为例. 上海城市规划(2): 23-28.

陈浩然,彭翀,林樱子,2023. 应对突发公共卫生事件的社区韧性评估与差异化提升策略:基于武汉市4个新旧社区的考察. 上海城市规划(1): 25-32.

陈鸿宇,郭超,2006. "广佛都市圈"的形成和发展动因分析:对广州、佛山产业结构变动的实证研究. 广东经济(1): 19-23.

陈建华,2018. 统一的管理组织有利于抑制都市圈城市蔓延吗?:基于长三角都市圈和珠三角都市圈的比较研究. 上海经济研究,30(7): 54-64.

陈利,朱喜钢,李小虎,2016. 基于产业结构视角的云南省县域经济差异研究. 地理科学,36(3): 384-392.

陈亮,贺正楚,2019. 产业转移的承接特征及产业转移的承接力评价:以湖南为例. 社会科学家(12): 60-69.

陈梦雨,彭翀,张梦洁,2023. 武汉都市圈"光芯屏端网"产业集群协同创新网络特征及规划响应. 规划师,39(7): 32-39.

陈培彬,王丹凤,钟旻桦,等,2021. 农村突发公共卫生事件应急管理能力评价. 统计与决策,37(15): 156-160.

陈锐,王宁宁,赵宇,等,2014. 基于改进重力模型的省际流动人口的复杂网络分析. 中国人口·资源与环境, 24(10): 104-113.

陈世栋, 袁奇峰, 2017. 都市生态圈层结构及韧性演进: 理论框架与广州实证. 规划师, 33(8): 25-30.

陈伟, 刘卫东, 柯文前, 等, 2017. 基于公路客流的中国城市网络结构与空间组织模式. 地理学报, 72(2): 224-241.

陈小卉, 2003. 都市圈发展阶段及其规划重点探讨. 城市规划, 27(6): 55-57.

陈小卉, 胡剑双, 2019. 新中国成立以来江苏城镇化和城乡规划的回顾与展望. 规划师, 35(19): 25-31.

陈修颖, 2003. 区域空间结构重组: 理论基础、动力机制及其实现. 经济地理, 23(4): 445-450.

陈修颖, 2003. 区域空间结构重组理论初探. 地理与地理信息科学(2): 65-69.

陈秀芝, 彭颖, 康琦, 等, 2021. 长三角地区卫生资源集聚度评价分析. 中国卫生经济, 7(3): 37-39.

陈昱, 师谦友, 王曼, 等, 2013. 西安都市农业空间格局及产业-地域模式研究. 农业现代化研究, 34(2): 221-225.

程云龙, 刘小鹏, 刘泓翔, 等, 2011. 都市圈空间界定方法的应用研究: 以成都都市圈为例. 城市发展研究, 18(8): 64-67, 81.

戴伟, 孙一民, 韩迈尔, 等, 2017. 气候变化下的三角洲城市韧性规划研究. 城市规划, 41(12): 26-34.

丁荣余, 钱志新, 2004. 江苏产业集群的演进与发展对策. 东南大学学报(哲学社会科学版), 6(6): 33-37, 125-126.

董晓峰, 史育龙, 张志强, 等, 2005. 都市圈理论发展研究. 地球科学进展, 20(10): 1067-1074.

董晓婉, 徐煜辉, 李湘梅, 2022. 乡村社区韧性研究综述与应用方向探究. 国际城市规划, 37(3): 73-80.

董艳春, 徐治立, 2017. 中美创新战略规划政策工具比较研究. 科技进步与对策, 34(7): 100-104.

范晨璟, 田莉, 申世广, 等, 2018. 1990—2015 年间苏锡常都市圈城镇与绿色生态空间景观格局演变分析. 现代城市研究, 33(11): 13-19.

范晓鹏, 庞鹏飞, 2021. 基于多源数据的西安都市圈空间范围识别. 西安建筑科技大学学报(自然科学版), 53(2): 254-264.

方创琳, 2009. 城市群空间范围识别标准的研究进展与基本判断. 城市规划学刊(4): 1-6.

方煜, 徐雨璇, 孙文勇, 等, 2022. 都市圈一体化规划: 深圳实践与思考. 城市规划学刊(5): 99-106.

冯垚, 2006. 城市群理论与都市圈理论比较. 理论探索(3): 96-98.

付晓宁, 孙伟, 2021. 南京都市圈创新合作网络的时空演化研究. 科技与经济, 34(5): 36-40.

付德强, 陈子豪, 蹇洁, 等, 2019. 应急联动区域下选址分配协同优化模型研究. 数学的实践与认识, 49(6): 30-41.

傅娟, 耿德伟, 杨道玲, 2020. 中国五大都市圈同城化的发展审视及对策研究. 区域经济评论(6): 101-110.

傅丽华, 彭耀辉, 谢美, 等, 2020. 山区县国土空间规划协同的弹性空间测度: 以湖南省茶陵县为例. 地理科学进展, 39(7): 1085-1094.

傅强, 顾朝林, 2017. 基于 CL-PIOP 方法的青岛市生态网络结构要素评价. 生态学报, 37(5): 1729-1739.

傅巧灵, 游涛, 李媛媛, 等, 2021. 京津冀地区普惠金融政策对城乡收入差距的影响研究. 中国软科学(S1): 148-156.

高洪玮, 2022. 推动产业链创新链融合发展: 理论内涵、现实进展与对策建议. 当代经济管理, 44(5): 73-80.

高汝熹, 罗明义, 1998. 城市圈域经济论. 昆明: 云南大学出版社.

葛春晖, 张振广, 2018. 经济地理视角下武汉城市圈协同发展思考. 规划师, 34(9): 37-43.

龚勤林, 刘慈音, 2015. 基于三维分析框架视角的区域创新政策体系评价: 以成都市"1+10"创新政策体系为例. 软科学, 29(9): 14-18.

顾朝林, 庞海峰, 2008. 基于重力模型的中国城市体系空间联系与层域划分. 地理研究, 27(1): 1-12.

官钰, 李泽新, 杨琬铮, 2020. 乡村生活圈范围测度方法与优化策略探索: 以雅安市汉源县为例. 规划师, 36(24): 21-27.

郭爱君, 冯琦媛, 2009. 兰州都市圈空间界定方法研究. 甘肃社会科学(6): 137-140.

郭卫东, 钟业喜, 冯兴华, 2022. 基于脆弱性视角的中国高铁城市网络韧性研究. 地理研究, 41(5): 1371-1387.

郭文尧, 刘维刚, 2021. 现代化都市圈建设的问题、国际借鉴及发展路径. 经济问题(8): 104-109.

郭先登, 2017. 大国区域经济发展空间新格局下城市群基本发展样态与趋势研究. 经济与管理评论, 33(5): 136-145.

郭燕青, 何地, 2017. "主体-技术"协同视角下的战略性新兴产业创新网络分类研究: 以新能源汽车产业为例. 工业技术经济, 36(4): 146-152.

国务院发展研究中心课题组, 马建堂, 张军扩, 等, 2020. 充分发挥"超大规模性"优势 推动我国经济实现从"超大"到"超强"的转变. 管理世界, 36(1): 1-7, 44, 229.

韩刚, 袁家冬, 2014. 论长春都市圈的地域范围与空间结构. 地理科学, 34(10): 1202-1209.

韩建军, 曾辉, 2020. 基于节点关系的城市供水网络关键区域识别. 水电能源科学, 38(1): 119-122, 98.

韩林飞, 肖春瑶, 2020. 突发公共卫生事件下适灾韧性的城市群协同防灾规划研究. 城乡规划(6): 72-82.

韩明珑, 何丹, 高鹏, 2021. 长江经济带城际生产性服务业网络联系的边界效应及多维机制. 经济地理, 41(3): 126-135.

何郁冰, 2012. 产学研协同创新的理论模式. 科学学研究, 30(2): 165-174.

贺艳华, 唐承丽, 周国华, 等, 2014. 基于地理学视角的快速城市化地区空间冲突测度: 以长株潭城市群地区为例. 自然资源学报, 29(10): 1660-1674.

胡波, 王姗, 喻涛, 2015. 协同发展视角下的首都特大城市地区分圈层空间布局策略. 城市规划学刊(5): 68-74.

胡建, 2012. 现代设施农业现状与发展趋势分析. 农机化研究, 34(7): 245-248.

胡树光, 2019. 区域经济韧性: 支持产业结构多样性的新思想. 区域经济评论(1): 143-149.

化星琳, 彭翀, 张梦洁, 2023. 长江经济带都市圈公路网络韧性特征分异研究. 长江流域资源与环境, 32(10): 2006-2017.

黄萃, 任弢, 张剑, 2015. 政策文献量化研究: 公共政策研究的新方向. 公共管理学报, 12(2): 129-137,

158-159.

黄俊, 李军, 周恒, 2018. 国家中心城市职能评价体系建构: 以武汉市为例. 现代城市研究, 33(5): 55-64.

黄亚平, 吴挺可, 2021. 我国都市圈研究的综合述评与展望. 华中建筑, 39(4): 6-10.

季凯文, 刘飞仁, 郭苑, 2016. 基于双维两阶段筛选模型的区域产业集群识别与选择研究: 以江西省工业行业为例. 科技管理研究, 36(5): 133-136, 148.

姜长云, 2020. 培育发展现代化都市圈的若干理论和政策问题. 区域经济评论(1): 111-116.

蒋辉, 2022. 中国农业经济韧性的空间网络效应分析. 贵州社会科学(8): 151-159.

蒋辉, 张驰, 蒋和平, 2022. 中国农业经济韧性对农业高质量发展的影响效应与机制研究. 农业经济与管理(1): 20-32.

经雅梦, 殷杰, 叶明武, 等, 2018. 河流洪涝对城市公共安全应急响应能力的影响研究: 以上海市外环以内中心城区为例. 地理科学, 38(11): 1924-1932.

景国胜, 2017. 广佛都市圈视角下的轨道交通发展思考. 城市交通, 15(1): 38-42, 89.

康雨薇, 张玲, 杨晓春, 等, 2021. 深圳市产业创新类城市更新对创新主体的培育水平研究. 规划师, 37(24): 13-20.

科尔曼, 2008. 社会理论的基础. 邓方, 译. 北京: 社会科学文献出版社.

柯善咨, 赵曜, 2014. 产业结构、城市规模与中国城市生产率. 经济研究, 49(4): 76-88, 115.

黎继子, 刘春玲, 蔡根女, 2005. 全球价值链与中国地方产业集群的供应链式整合: 以苏浙粤纺织服装产业集群为例. 中国工业经济(2): 118-125.

李志刚, 2007. 基于网络结构的产业集群创新机制和创新绩效研究. 合肥: 中国科学技术大学.

李阳, 党兴华, 2013. 中部地区都市圈创新网络空间优化路径研究. 经济问题(2): 90-93.

李爱民, 2019. 我国城乡融合发展的进程、问题与路径. 宏观经济管理(2): 35-42.

李博雅, 肖金成, 马燕坤, 2020. 城市群协同发展与城市间合作研究. 经济研究参考(4): 32-40.

李灿, 张凤荣, 朱泰峰, 等, 2013. 大城市边缘区景观破碎化空间异质性: 以北京市顺义区为例. 生态学报, 33(17): 5363-5374.

李承清, 2020. 福州市国土空间总体规划医疗卫生应对疫情措施. 福建建筑(11): 1-3, 94.

李凡, 章东明, 刘沛罡, 等, 2016. 技术创新政策比较研究框架构建及应用: 基于金砖国家政策文本的分析. 科学学与科学技术管理, 37(3): 3-12.

李飞, 曾福生, 2016. 基于空间杜宾模型的农业基础设施空间溢出效应. 经济地理, 36(6): 142-147.

李国英, 2019. 构建都市圈时代"核心城市+特色小镇"的发展新格局. 区域经济评论(6): 117-125.

李红波, 2020. 韧性理论视角下乡村聚落研究启示. 地理科学, 40(4): 556-562.

李珺, 战建华, 2017. 中国新能源汽车产业的政策变迁与政策工具选择. 中国人口·资源与环境, 27(10): 198-208.

李久林, 滕璐, 马昊楠, 等, 2022. 安徽省农业经济韧性的空间异质性及其影响因素. 华东经济管理, 36(11): 75-84.

李丽, 陈佳波, 李朝鲜, 等, 2020. 中国服务业发展政策的测量、协同与演变: 基于1996—2018年政策数据的研究. 中国软科学(7): 42-51.

李丽, 徐佳, 2020. 中国文旅产业融合发展水平测度及其驱动因素分析. 统计与决策, 36(20): 49-52.

李莉, 左玉强, 2021. 省级国土空间规划传导体系构建及运行机制研究. 上海城市规划(3): 42-47.

李鹏举, 2018. 长三角城市群层级体系演化分析. 杭州: 浙江财经大学.

李琪, 2020. 高质量发展阶段城镇化建设的重点及策略. 社会科学战线(11): 251-256.

李青, 黄亮雄, 2015. 中国的产业结构调整与全球经济失衡治理. 国际经贸探索, 31(1): 39-51.

李世冉, 邓宏兵, 张康康, 2020. 武汉都市圈城镇化与生态文明建设耦合度及其影响因素研究. 西部论坛, 30(3): 78-92.

李帅帅, 董芹芹, 2020. 新时代我国健身休闲产业: 发展现实、要素变革与推进路径. 体育研究与教育, 35(4): 29-34.

李帅帅, 范郢, 沈体雁, 2020. 基于知识图谱的产业集群研究进展评述与展望. 地域研究与开发, 39(3): 6-12.

李卫江, 蒋湧, 温家洪, 等, 2016. 地震灾害情景下产业空间网络风险评估: 以日本丰田汽车为例. 地理学报, 71(8): 1384-1399.

李卫江, 温家洪, 李仙德, 2018. 产业网络灾害经济损失评估研究进展. 地理科学进展, 37(3): 330-341.

李香云, 2019. 城乡供水一体化发展战略模式探讨. 水利发展研究, 19(12): 9-12.

李小云, 杨培良, 乐美棚, 2021. 基于生活圈的欠发达地区乡村公共服务设施配置研究. 中外建筑(12): 72-77.

李晓策, 郑思俊, 张浪, 2020. 国土空间规划背景下上海生态空间规划实施传导体系构建. 园林(7): 2-7.

李鑫, 严思齐, 肖长江, 2016. 不确定条件下土地资源空间优化的弹性空间划定. 农业工程学报, 32(16): 241-247.

李旭阳, 王利, 杜鹏, 2023. 基于GIS的应急避难场所空间布局及可达性研究. 科技创新与应用, 13(16): 110-112, 117.

李亚, 翟国方, 2017, 我国城市灾害韧性评估及其提升策略研究. 规划师, 33(8): 5-11.

李妍钰, 2021. 基于生态安全格局的城乡空间优化策略研究: 以四川省甘孜州为例. 成都: 西南交通大学.

李云燕, 2014. 西南山地城市空间适灾理论与方法研究. 重庆: 重庆大学.

李哲睿, 甄峰, 傅行行, 2019. 基于企业股权关联的城市网络研究: 以长三角地区为例. 地理科学, 39(11): 1763-1770.

廖创场, 李晓明, 洪武扬, 等, 2023. 交通流空间视角下粤港澳大湾区网络结构多维测度. 地理研究, 42(2): 550-562.

列锐明, 2021. 国土空间规划新时代的公共服务体系配置思路. 智能城市, 7(1): 8-13.

林德明, 赵姗姗, 2018. 基于政策工具的知识产权政策演化研究. 中国软科学(6): 15-24.

林群, 江捷, 2017. 时空紧约束的大都市圈轨道交通规划研究. 城市交通, 15(1): 31-37.

林樱子, 彭翀, 沈体雁, 2022. 风险常态化背景下现代化都市圈韧性网络构建路径研究. 城市问题(8): 36-41, 103.

刘青霞, 王邦, 2021. 网络弹性与恢复机制的研究综述. 信息安全学报, 6(4): 44-59.

刘丙章, 高建华, 李国梁, 2016. 中原经济区复杂产业网络结构特征及演化. 人文地理, 31(2): 99-105, 112.

刘承良, 李江敏, 张红, 2007. 武汉都市圈经济社会要素流的空间分析. 人文地理, 22(6): 30-36, 51.

刘生龙, 胡鞍钢, 2011. 交通基础设施与中国区域经济一体化. 经济研究, 46(3): 72-82.

刘希宇, 高浩歌, 扈茗, 2020. 培育型都市圈发展规划编制方法探索: 以福州都市圈为例. 规划师, 36(4): 13-20.

刘枭, 黄桂英, 2014. 都市圈研究回顾与展望. 经济研究参考(61): 77-83.

刘小钊, 吴弋, 张彧, 等, 2018. 新型城镇化背景下基于复合功能的苏锡常都市圈绿化系统构建. 现代城市研究(11): 8-12, 19.

刘心怡, 2020. 粤港澳大湾区城市创新网络结构与分工研究. 地理科学, 40(6): 874-881.

刘雪华, 孙大鹏, 2022. 政策工具视角下我国城镇化政策文本量化研究: 基于 2014—2020 年的国家政策文本. 吉林大学社会科学学报, 62(2): 211-222, 240.

刘艳, 2014. 生产性服务进口与高技术制成品出口复杂度: 基于跨国面板数据的实证分析. 产业经济研究(4): 84-93.

刘云中, 刘嘉杰, 2020. 中国重要都市圈的发展特征研究. 区域经济评论(4): 82-88.

刘振滨, 郑逸芳, 2018. 农业科技协同创新动力要素体系及运行模式研究. 科学管理研究, 36(1): 73-76.

刘志敏, 修春亮, 宋伟, 2018. 城市空间韧性研究进展. 城市建筑(35): 16-18.

刘志谦, 宋瑞, 2010. 基于复杂网络理论的广州轨道交通网络可靠性研究. 交通运输系统工程与信息, 10(5): 194-200.

卢涛, 王英, 孟庆, 等, 2020. 应对突发公共卫生事件的大型应急医疗设施规划思考. 规划师, 36(5): 89-93.

鲁达非, 江曼琦, 2019. 市场机制作用下的产业园升级策略选择: 以天津开发区为例. 郑州大学学报(哲学社会科学版), 52(1): 38-44.

鲁钰雯, 翟国方, 2022. 城市空间韧性理论及实践的研究进展与展望. 上海城市规划(6): 1-7.

罗成书, 程玉申, 2017. 杭州都市圈空间结构与演进机理. 城市发展研究, 24(6): 30-38.

罗黎平, 2018. 协同治理视角下的产业集群韧性提升研究. 求索(6): 43-50.

罗艳华, 李平星, 2022. 弹性空间研究的知识图谱分析与重点方向展望. 热带地理, 42(4): 533-543.

罗震东, 何鹤鸣, 耿磊, 2011. 基于客运交通流的长江三角洲功能多中心结构研究. 城市规划学刊(2): 16-23.

吕可文, 苗长虹, 王静, 等, 2018. 协同演化与集群成长: 河南禹州钧瓷产业集群的案例分析. 地理研究, 37(7): 1320-1333.

吕蕊, 石培基, 2019. 基于 ESS 模型的河西走廊农业产业集群识别和评价. 地域研究与开发, 38(3): 165-169, 175.

马交国, 张卫国, 宋昆, 2020. 行政区划调整导向下济南都市圈区域协调发展策略. 规划师, 36(4): 5-12.

马星, 原明清, 王朝宇, 2021. 公共服务设施专项规划编制思维与策略. 规划师, 37(3): 72-77.

马续补, 李洋, 秦春秀, 等, 2020. 基于三维分析框架的公共信息资源开放政策体系研究. 管理评论, 32(8): 143-154.

马璇, 郑德高, 张振广, 等, 2019. 基于新经济企业关联网络的长三角功能空间格局再认识. 城市规划学刊(3): 58-65.

马燕坤, 肖金成, 2020. 都市区、都市圈与城市群的概念界定及其比较分析. 经济与管理, 34(1): 18-26.

马振涛, 2021. 关于都市圈发展演变规律的三个基本认识. 决策咨询(5): 34-37, 41.

毛琦梁, 董锁成, 黄永斌, 等, 2014. 首都圈产业分布变化及其空间溢出效应分析：基于制造业从业人数的实证研究. 地理研究, 33(5): 899-914.

毛琦梁, 王菲, 李俊, 2014. 新经济地理、比较优势与中国制造业空间格局演变：基于空间面板数据模型的分析. 产业经济研究(2): 21-31.

孟祥芳, 汪波, 2014. 基于弹性相关因素分析的集群可持续发展研究. 科学学与科学技术管理, 35(8): 49-56.

牟燕, 何有琴, 程艳敏, 等, 2015. 城市群医疗卫生协同发展现状及主要措施研究. 中国卫生事业管理, 32: 887-889, 910.

宁越敏, 1985. 关于城市体系系统特征的探讨. 城市问题(3): 7-11.

钮心毅, 王垚, 刘嘉伟, 等, 2018. 基于跨城功能联系的上海都市圈空间结构研究. 城市规划学刊(5): 80-87.

欧阳慧, 李沛霖, 2020. 东京都市圈生活功能建设经验及对中国的启示. 区域经济评论(3): 99-105.

潘娟, 2022. 基于改进引力模型的空间联系格局与协同发展研究：以南京都市圈和苏锡常都市圈为例. 现代商贸工业, 43(22): 40-42.

潘瑜鑫, 杨忍, 林元城, 2023. 中国农业生产空间资源环境承载力和适宜性演化及其耦合机制. 中国土地科学, 37(1): 20-31.

彭翀, 伍岳, 张梦洁, 等. 2023. 我国都市圈政策演进与多维耦合特征研究：基于2000—2022年政策文本计量分析. 规划师(4): 11-18.

彭翀, 陈思宇, 王宝强, 2019. 中断模拟下城市群网络结构韧性研究：以长江中游城市群客运网络为例. 经济地理, 39(8): 68-76.

彭翀, 李月雯, 王才强, 2020. 突发公共卫生事件下"多层级联动"的城市韧性提升策略. 现代城市研究(9): 40-46.

彭翀, 林樱子, 顾朝林, 2018. 长江中游城市网络结构韧性评估及其优化策略. 地理研究, 37(6): 1193-1207.

彭翀, 袁敏航, 顾朝林, 等, 2015. 区域弹性的理论与实践研究进展. 城市规划学刊(1): 84-92.

秦子博, 玄锦, 黄柳菁, 等, 2023. 基于MSPA和MCR模型的海岛型城市生态网络构建：以福建省平潭岛为例. 水土保持研究, 30(2): 303-311.

任飞, 2016. 完善区域纵向医联体建设的思考：基于制度理性选择框架. 中国卫生政策研究, 2(10): 1-5.

任婕, 2022. 上海五大新城的道路网络特征解析与韧性测度. 城市规划, 46(9): 82-92.

桑秋, 修春亮, 2003. 都市圈政策浅析. 城市发展研究, 10(4): 55-59.

申世广, 刘小钊, 范晨璟, 2018. 基于生态安全格局的苏锡常都市圈绿化系统空间布局研究. 现代城市研究, 33(11): 20-25.

沈迟, 倪砼, 2020. 战略留白, 城市治理的平衡之道. 环境经济(11): 61-63.

沈体雁, 李志斌, 凌英凯, 等, 2021. 中国国家标准产业集群的识别与特征分析. 经济地理, 41(9): 103-114.

师莹, 惠怡安, 王天宇, 等, 2021. 设施需求导向下的黄土丘陵沟壑区乡村生活圈划定研究. 小城镇建设, 39(4): 5-13.

宋敏, 程希飞, 李才能, 2021. 韧性乡村规划中公共卫生事件应对指标构建研究. 安徽农业大学学报(社会科学版), 30(1): 7-13.

宋志军, 刘黎明, 2015. 目前我国都市农业空间格局上的"逆现代化"现象刍议. 江西财经大学学报(6): 95-101.

苏屹, 曹铮, 2023. 京津冀区域协同创新网络演化及影响因素研究. 科研管理, 44(3): 43-55.

孙春晓, 裴小忠, 刘程军, 等, 2021. 中国城市物流创新的空间网络特征及驱动机制. 地理研究, 40(5): 1354-1371.

孙斌栋, 王旭辉, 蔡寅寅, 2015. 特大城市多中心空间结构的经济绩效: 中国实证研究. 城市规划, 39(8): 39-45.

孙承平, 2021. 我国都市圈高质量发展研究. 城市(12): 3-11.

孙久文, 张翱, 周正祥, 2020. 城市轨道交通促进城市化进程研究. 中国软科学(6): 96-111.

孙瑞, 金晓斌, 赵庆利, 等, 2020. 集成"质量-格局-功能"的中国耕地整治潜力综合分区. 农业工程学报, 36(7): 264-275.

孙绍骋, 2001. 灾害评估研究内容与方法探讨. 地理科学进展, 20(2): 122-130.

谭俊涛, 赵宏波, 刘文新, 等, 2020. 中国区域经济韧性特征与影响因素分析. 地理科学, 40(2): 173-181.

谭雪兰, 于思远, 欧阳巧玲, 等, 2017. 快速城市化区域农村空心化测度与影响因素研究: 以长株潭地区为例. 地理研究, 36(4): 684-694.

谭宇文, 袁宇昕, 张翔, 2020. 基于创新网络理论的宁波甬江科创大走廊规划探讨. 规划师, 36(3): 79-85.

唐锦玥, 张维阳, 王逸飞, 2020. 长三角城际日常人口移动网络的格局与影响机制. 地理研究, 39(5): 1166-1181.

唐子来, 李涛, 2014. 长三角地区和长江中游地区的城市体系比较研究: 基于企业关联网络的分析方法. 城市规划学刊(2): 24-31.

唐子来, 赵渺希, 2010. 经济全球化视角下长三角区域的城市体系演化: 关联网络和价值区段的分析方法. 城市规划学刊(1): 29-34.

陶希东, 2008. 中国跨界都市圈规划的体制重建与政策创新. 城市规划, 32(8): 36-43.

陶希东, 2020. 中国建设现代化都市圈面临的问题及创新策略. 城市问题(1): 98-102.

滕五晓, 王清, 夏剑霞, 2010. 危机应对的区域应急联动模式研究. 社会科学(7): 63-68, 189.

田晶, 武晓环, 林镠鹏, 等, 2016. 城市道路网的度相关性及其与网络鲁棒性的关系研究. 武汉大学学报(信息科学版), 41(5): 672-678.

田深圳, 李守伟, 李雪铭, 2020. 我国滨海城市网络时空格局研究: 基于 2012—2019 年百度指数数据. 城市问题(8): 14-21.

田琳, 2021. 生产性服务业分工视角下的上海都市圈产业空间组织演进. 城市规划学刊(3): 104-111.

田孟, 2017. 农村医疗卫生政策落实的困境、原因与对策: 以 F 县新农合政策和基本公共卫生政策为例. 中国卫生政策研究, 3(4): 65-70.

田文祝, 周一星, 1991. 中国城市体系的工业职能结构. 地理研究, 10(1): 12-23.

田依林, 杨青, 2008. 基于 AHP-DELPHI 法的城市灾害应急能力评价指标体系模型设计. 武汉理工大学学报(交通科学与工程版), 32(1): 168-171.

田志龙, 陈丽玲, 顾佳林, 2019. 我国政府创新政策的内涵与作用机制: 基于政策文本的内容分析. 中国软科学(2): 11-22.

万晶晶, 麻海洲, 刘志杰, 等, 2020. 都市圈中心城市近郊县交通发展策略研究. 交通与运输, 36(S2): 233-238.

汪传江, 2019. 中国城市间投资网络的结构特征与演化分析: 基于企业并购视角. 工业技术经济, 38(2): 87-96.

汪光焘, 李芬, 刘翔, 等, 2021. 新发展阶段的城镇化新格局研究: 现代化都市圈概念与识别界定标准. 城市规划学刊(2): 15-24.

汪光焘, 叶青, 李芬, 等, 2019. 培育现代化都市圈的若干思考. 城市规划学刊(5): 14-23.

汪明峰, 宁越敏, 胡萍, 2007. 中国城市的互联网发展类型与空间差异. 城市规划, 31(10): 16-22.

王姣娥, 杜德林, 金凤君, 2019. 多元交通流视角下的空间级联系统比较与地理空间约束. 地理学报, 74(12): 2482-2494.

王垚, 朱美琳, 王勇, 等, 2021. 全球功能要素流动视角下长三角城市群空间组织特征与规划响应. 规划师, 37(17): 59-67.

王成, 代蕊莲, 陈静, 等, 2022. 乡村人居环境系统韧性的演变规律及其提升路径: 以国家城乡融合发展试验区重庆西部片区为例. 自然资源学报, 37(3): 645-661.

王成金, 陈沛然, 王姣娥, 等, 2020. 中国-丝路国家基础设施连通性评估方法与格局. 地理研究, 39(12): 2685-2704.

王佳文, 2022. 深圳城市土地开发阈值和空间韧性研究. 北京: 中国环境科学研究院.

王建光, 2015. 我国应急产业发展动力机制模型研究. 中国安全生产科学技术, 11(3): 47-52.

王建军, 周小天, 2022. 面向国土空间规划的都市圈划定方法研究. 城市问题(1): 4-14.

王姣娥, 景悦, 2017. 中国城市网络等级结构特征及组织模式: 基于铁路和航空流的比较. 地理学报, 72(8): 1508-1519.

王丽艳, 段中倩, 宋顺锋, 2020. 区域城市视域下都市圈发展路径及对策研究: 以天津都市圈为例. 城市发展研究, 27(7): 106-112.

王孟和, 2020. 突发公共安全卫生事件视角下国土空间规划再认识: 新型冠状病毒疫情引发的规划思考. 城市住宅, 6(5): 83-84, 97.

王明, 郑念, 2019. 城市群内部协同的圈层分化问题研究: 基于"环长株潭城市群"的分析. 中国科技论坛(8): 87-94.

王姗, 2017. 成渝城市群层级体系研究. 徐州: 江苏师范大学.

王伟, 李牧耘, 魏运喆, 等, 2020. 政策链视角下国土空间规划实施配套政策设计与创新思考: 基于既有主体功能区政策文本分析. 城市发展研究, 27(7): 40-48.

王伟, 张常明, 王梦茹, 2018. 中国三大城市群产业投资网络演化研究. 城市发展研究, 25(11): 2, 118-124, 161.

王炜, 刘茂, 王丽, 2010. 基于马尔科夫决策过程的应急资源调度方案的动态优化. 南开大学学报(自然科学版), 43(3): 18-23.

王兴鹏, 吕淑然, 2016. 基于知识协同的跨区域突发事件应急协作体系研究. 科技管理研究, 36(8): 216-221.

王应贵, 娄世艳, 2018. 东京都市圈人口变迁、产业布局与结构调整. 现代日本经济(3): 27-37.

王政, 徐颖, 2020. 培育发展现代化都市圈的路径与措施. 宏观经济管理(9): 21-22, 25.

王智勇, 杨体星, 刘合林, 等, 2018. 城市密集区空间协同发展策略研究: 以武汉城市圈为例. 规划师, 34(4): 20-26.

王中德, 2010. 西南山地城市公共空间规划设计的适应性理论与方法研究. 重庆: 重庆大学.

王子琳, 李志刚, 方世明, 2022. 基于遗传算法和图论法的生态安全格局构建与优化: 以武汉市为例. 地理科学, 42(10): 1685-1694.

王子强, 祁鹿年, 2017. 弹性用地思想导向下的用地功能更新研究: 以苏州工业园区为例. 现代城市研究, 32(2): 114-119.

魏博, 刘敏, 张浩, 等, 2010. 城市应急避难场所规划布局初探. 西北大学学报(自然科学版), 40(6): 1069-1074.

魏国恩, 孙平军, 张振克, 2021. 都市圈内核体系的综合比较研究: 以长江中游城市群三大都市圈为例. 长江流域资源与环境, 30(3): 554-564.

魏冶, 修春亮, 2020. 城市网络韧性的概念与分析框架探析. 地理科学进展, 39(3): 488-502.

温士苇, 2018. 产业地产主导产业选择研究. 哈尔滨: 哈尔滨工业大学.

吴超, 王其东, 李珊, 2018. 基于可达性分析的应急避难场所空间布局研究: 以广州市为例. 城市规划, 42(4): 107-112, 124.

吴迪, 王诺, 于安琪, 等, 2018. "丝路"海运网络的脆弱性及风险控制研究. 地理学报, 73(6): 1133-1148.

吴康, 方创琳, 赵渺希, 2015. 中国城市网络的空间组织及其复杂性结构特征. 地理研究, 34(4): 711-728.

吴鹏, 2020. 基于随机森林模型的上市公司信用评价研究: 以我国新基建行业上市公司为例. 杭州: 浙江财经大学.

吴鹏, 王琦, 霍红, 等, 2024. 韧性城市运营管理: 新兴研究热点及其进展. 中国管理科学(5): 1-28.

吴挺可, 王智勇, 黄亚平, 等, 2020. 武汉城市圈的圈层聚散特征与引导策略研究. 规划师, 36(4): 21-28.

吴宇彤, 彭翀, 2025. 灾害风险传导下"设施-功能"复合城市网络韧性评估. 地理科学进展, 44(1): 185-198.

吴志强, 陆天赞, 2015. 引力和网络: 长三角创新城市群落的空间组织特征分析. 城市规划学刊(2): 31-39.

伍岳, 2023. 武汉都市圈城市制造业网络结构韧性评估与优化策略. 武汉: 华中科技大学.

武文霞, 吴超, 李孜军, 2017. 城市群应急资源共享的基础性问题研究. 灾害学, 32(4): 230-234.

向乔玉, 吕斌, 2014. 产城融合背景下产业园区模块空间建设体系规划引导. 规划师, 30(6): 17-24.

肖金成, 2021. 关于新发展阶段都市圈理论与规划的思考. 学术前沿(4): 4-9, 75.

肖金成, 马燕坤, 张雪领, 2019. 都市圈科学界定与都市圈规划研究. 经济纵横(11): 2, 32-41.

谢守红, 2008. 都市区、都市圈和都市带的概念界定与比较分析. 城市问题(6): 19-23.

解佳龙, 李雯, 雷殷, 2019. 国家自主创新示范区科技人才政策文本计量研究: 以京汉沪三大自创区为例(2009—2018年). 中国软科学(4): 88-97.

辛怡, 何宁, 刘金华, 2015. 京津冀一体化背景下区域卫生资源配置分析. 中国卫生事业管理, 32(6): 443-445.

邢荔函, 景汇泉, 2019. 京津冀一体化下的区域卫生资源公平性研究. 医学教育管理, 5(1): 43-47.

熊丽芳, 甄峰, 王波, 等, 2013. 基于百度指数的长三角核心区城市网络特征研究. 经济地理, 33(7): 67-73.

徐江, 邵亦文, 2015. 韧性城市: 应对城市危机的新思路. 国际城市规划, 30(2): 1-3.

徐晶, 杨昔, 2020. 国土空间规划传导体系与实施机制探讨. 中国土地(8): 21-24.

徐漫辰, 2019. 适灾韧性理念下的社区灾害脆弱性实证研究. 规划师, 35(5): 94-98.

徐耀阳, 李刚, 崔胜辉, 等, 2018. 韧性科学的回顾与展望: 从生态理论到城市实践. 生态学报, 38(15): 5297-5304.

徐毅松, 廖志强, 张尚武, 等, 2017. 上海市城市空间格局优化的战略思考. 城市规划学刊(S1): 20-30.

许劼, 张伊娜, 2021. 基于跨城人流布局的都市圈识别与空间网络模式研究: 以长三角核心区为例. 城市问题(8): 24-35.

许玉韬, 张龙耀, 2020. 农业供应链金融的数字化转型: 理论与中国案例. 农业经济问题, 41(4): 72-81.

薛东前, 姚士谋, 李波, 2000. 我国省会城市职能类型的分离与职能优化配置. 地理科学进展, 19(2): 150-154.

薛俊菲, 顾朝林, 孙加凤, 2006. 都市圈空间成长的过程及其动力因素. 城市规划, 30(3): 53-56.

薛永康, 2020. "目标-工具"分析框架下长三角一体化政策供给研究. 南京: 南京大学.

闫广华, 2016. 沈阳都市圈的范围及城镇空间分布的分形研究. 地理科学, 36(11): 1736-1742.

颜文涛, 李子豪, 付磊, 2023. 基于"形态—网络—功能"的城市韧性评估方法: 以十堰市中心城区为例. 上海城市规划(1): 1-8.

颜文涛, 卢江林, 李子豪, 等, 2021. 城市街道网络的韧性测度与空间解析: 五大全球城市比较研究. 国际城市规划, 36(5): 1-12, 137.

杨浚, 边雪, 2019. 从规划编制到实施监督的贯通与协同: 兼论北京国土空间规划体系的构建. 北京规划建设(4): 10-14.

杨涛, 邰俊成, 2010. 铁路高速化时代的都市圈轨道交通线网战略研究: 以南京都市圈轨道交通线网战略方案研究为例. 现代城市研究, 25(6): 25-29.

杨卫丽, 李同昇, 2011. 西安都市圈都市农业发展及空间格局研究. 经济地理, 31(1): 123-128.

杨文斌, 韩世文, 张敬军, 等, 2004. 地震应急避难场所的规划建设与城市防灾. 自然灾害学报, 13(1): 126-131.

杨吾扬, 1989. 区位论原理: 产业、城市和区域的区位经济分析. 兰州: 甘肃人民出版社.

杨亚琴, 王丹, 2005. 国际大都市现代服务业集群发展的比较研究: 以纽约、伦敦、东京为例的分析. 世界经济研究(1): 61-66.

杨月元, 2021. "双循环"新发展格局下广西边境口岸落地加工产业集群识别和评价研究: 基于区位商法和 BIS 模型. 经济论坛(11): 80-86.

杨振山, 蔡建明, 2006. 都市农业发展的功能定位体系研究. 中国人口·资源与环境(5): 29-34.

姚永玲, 朱甜, 2020. 都市圈多维界定及其空间匹配关系研究: 以京津冀地区为例. 城市发展研究, 27(7): 113-120.

叶堂林, 毛若冲, 2019. 京津冀科技创新与产业结构升级耦合. 首都经济贸易大学学报, 21(6): 68-79.

尹海伟, 孔繁花, 祈毅, 等, 2011. 湖南省城市群生态网络构建与优化. 生态学报, 31(10): 2863-2874.

尹奇, 吴次芳, 罗罡辉, 2006. 土地利用的弹性规划研究. 农业工程学报, 22(1): 65-68.

尹稚, 叶裕民, 卢庆强, 等, 2019. 培育发展现代化都市圈. 区域经济评论(4): 103-113.

于苏俊, 张继, 夏永秋, 2006. 基于遗传算法的可持续土地利用动态规划. 长江流域资源与环境, 15(2): 180-184.

于涛方, 甄峰, 吴泓, 2007. 长江经济带区域结构: "核心—边缘"视角. 城市规划学刊(3): 41-48.

于伟, 张鹏, 2019. 中国农业发展韧性时空分异特征及影响因素研究. 地理与地理信息科学, 35(1): 102-108.

于洋, 吴茸茸, 谭新, 等, 2020. 平疫结合的城市韧性社区建设与规划应对. 规划师, 36(6): 94-97.

余翰武, 伍国正, 柳浒, 2008. 城市生命线系统安全保障对策探析. 中国安全科学学报, 18(5): 18-22.

余伟, 陈强, 陈华, 2016. 不同环境政策工具对技术创新的影响分析: 基于 2004—2011 年我国省级面板数据的实证研究. 管理评论, 28(1): 53-61.

余强, 2022. 北京中心城区交通公共空间平疫转换可行性研究. 北京: 北京建筑大学.

俞国军, 贺灿飞, 朱晟君, 2020. 产业集群韧性: 技术创新、关系治理与市场多元化. 地理研究, 39(6): 1343-1356.

禹丹丹, 徐会杰, 姚娟娟, 等, 2019. 国外都市圈轨道交通互联互通运营对我国的启示. 综合运输, 41(5): 115-120.

负兆恒, 潘锡杨, 夏保华, 2016. 创新型都市圈协同创新体系理论框架研究. 城市发展研究, 23(1): 34-39.
袁志刚, 绍挺, 2010. 土地制度与中国城市结构、产业结构选择. 经济学动态(12): 28-35.
原毅军, 陈喆, 2019. 环境规制、绿色技术创新与中国制造业转型升级. 科学学研究, 37(10): 1902-1911.
曾鹏, 朱柳慧, 蔡良娃, 2019. 基于三生空间网络的京津冀地区镇域乡村振兴路径. 规划师, 35(15): 60-66.
曾源源, 朱锦锋, 2022. 国土空间规划体系传导的理论认知与优化路径. 规划师, 38(10): 139-146.
翟国方, 2019. 构建现代化都市圈体系的重要意义及实现路径. 人民论坛(19): 58-59.
张宝建, 孙国强, 裴梦丹, 等, 2015. 网络能力、网络结构与创业绩效: 基于中国孵化产业的实证研究. 南开管理评论, 18(2): 39-50.
张超, 孔静静, 2016. 关联基础设施系统相互作用模型与脆弱性分析. 系统管理学报, 25(5): 922-929.
张超, 官建成, 2020. 基于政策文本内容分析的政策体系演进研究: 以中国创新创业政策体系为例. 管理评论, 32(5): 138-150.
张复明, 郭文炯, 1999. 城市职能体系的若干理论思考. 经济地理, 19(3): 20-24, 31.
张光远, 张帆, 刘泳博, 2021. 成渝地区城际铁路网络特性与脆弱性分析. 铁道运输与经济, 43(7): 36-42.
张翰卿, 戴慎志, 2007. 美国的城市综合防灾规划及其启示. 国际城市规划(4): 58-64.
张惠璇, 刘青, 李贵才, 2017. "刚性·弹性·韧性": 深圳市创新型产业的空间规划演进与思考. 国际城市规划, 32(3): 130-136.
张继平, 乔青, 刘春兰, 等, 2017. 基于最小累积阻力模型的北京市生态用地规划研究. 生态学报, 37(19): 6313-6321.
张京祥, 邹军, 吴启焰, 等, 2001. 论都市圈地域空间的组织. 城市规划(5): 19-23.
张磊, 2019. 都市圈空间结构演变的制度逻辑与启示: 以东京都市圈为例. 城市规划学刊(1): 74-81.
张明, 王国斌, 唐亚维, 等, 2014. 城市圈医疗服务共享模型构建及探讨. 中国医院, 18(2): 17-19.
张明斗, 惠利伟, 2022. 中国农业经济韧性的空间差异与影响因素识别. 世界农业(1): 36-50.
张明媛, 袁永博, 周晶, 2008. 城市灾害相对承载力分析与模型的建立. 自然灾害学报, 17(5): 136-141.
张琪, 卢进东, 巢佳玲, 2021. 生态空间规划与传导管控体系的构建: 以武汉为例. 中国土地(8): 37-39.
张尚武, 1999. 长江三角洲地区城镇空间形态协调发展研究. 城市规划汇刊(3): 32-35, 60.
张威涛, 韩林飞, 2022. 从"韧性"向"复杂适应系统": 城市空间适灾的新"视界". 城市发展研究, 29(11): 106-111.
张伟, 2003. 都市圈的概念、特征及其规划探讨. 城市规划(6): 47-50.
张岩, 戚巍, 魏玖长, 等, 2012. 经济发展方式转变与区域弹性构建: 基于 DEA 理论的评估方法研究. 中国科技论坛(1): 81-88.
张毅, 张红, 毕宝德, 2016. 农地的"三权分置"及改革问题: 政策轨迹、文本分析与产权重构. 中国软科学(3): 13-23.
张永欢, 2022. 城市适灾韧性评估及影响因素分析: 以中国三大城市群为例. 太原: 太原理工大学.
张宇硕, 赵林, 吴殿廷, 等, 2018. 京津冀都市圈建设用地格局与变化特征研究. 世界地理研究, 27(1):

60-71.

张远景, 柳清, 刘海礁, 2015. 城市生态用地空间连接度评价: 以哈尔滨为例. 城市发展研究, 22(9): 2, 15-22.

张正德, 张珏靓, 李树平, 等, 2018. 城乡一体化供水特点与实践. 给水排水, 54(12): 17-20.

章美玲, 2005. 城市绿地防灾减灾功能探讨. 长沙: 中南林学院.

赵昊天, 陈继春, 覃亮, 等, 2022. 基于 MSPA-MCR 的攀枝花市生态空间网络构建及优化研究. 四川林业科技, 43(5): 18-26.

赵金龙, 黄弘, 朱红青, 等, 2019. 我国城市群突发事件应急协同机制研究. 灾害学, 34(2): 178-181.

赵钧建, 严金明, 2010. 基于弹性规划理念的城乡建设用地需求预测. 统计与决策(1): 41-43.

赵林度, 2009. 城市群协同应急决策生成理论研究. 东南大学学报(哲学社会科学版), 11(1): 49-55, 124.

赵渺希, 黎智枫, 钟烨, 等, 2016. 中国城市群多中心网络的拓扑结构. 地理科学进展, 35(3): 376-388.

赵渺希, 师浩辰, 王慧芹, 2021. 大都市区功能性多中心的产业集聚检验: 以珠三角企业网络为例. 地理研究, 40(12): 3437-3454.

赵渺希, 唐子来, 2010. 基于网络关联的长三角区域腹地划分. 经济地理, 30(3): 371-376.

赵佩佩, 刘彦, 杨驹, 2021. 杭州创新空间集聚规律与布局模式研究. 规划师, 37(5): 67-73.

赵涛, 张智, 梁上坤, 2020. 数字经济、创业活跃度与高质量发展: 来自中国城市的经验证据. 管理世界, 36(10): 65-76.

赵湘, 2021. 重庆市医疗卫生资源配置优化研究. 重庆: 重庆工商大学.

赵筱媛, 苏竣, 2007. 基于政策工具的公共科技政策分析框架研究. 科学学研究, 25(1): 52-56.

郑德高, 朱郁郁, 陈阳, 等, 2017. 上海大都市圈的圈层结构与功能网络研究. 城市规划学刊(2): 63-71.

郑江淮, 陈喆, 冉征, 2023. 创新集群的"中心—外围结构": 技术互补与经济增长收敛性研究. 数量经济技术经济研究, 40(1): 66-86.

郑明海, 2017. 市县跨区域医疗联合体实践研究: 以象山县红十字台胞医院为例. 宁波: 宁波大学.

中国工程科技发展战略研究院, 2023. 2023 中国战略性新兴产业发展报告. 北京: 科技出版社.

钟琪, 戚巍, 2010. 基于态势管理的区域弹性评估模型. 经济管理, 32(8): 32-37.

周爱华, 张景秋, 张远索, 等, 2016. GIS 下的北京城区应急避难场所空间布局与可达性研究. 测绘通报(1): 111-114.

周春山, 叶昌东, 2013. 中国城市空间结构研究评述. 地理科学进展, 32(7): 1030-1038.

周恒, 黄俊, 2021. 国家中心城市职能评价体系构建. 城市建筑, 18(20): 16-18, 163.

周军, 2016. 我国都市圈创新主体的空间集聚评价及引导研究. 城市发展研究, 23(1): 40-48.

周起业, 刘再兴, 祝诚, 等, 1989. 区域经济学. 北京: 中国人民大学出版社.

周文竹, 汪琦, 王楠, 2021. 交通视角下防御单元的适应性规划策略: 基于突发公共卫生安全事件的思考. 城市交通, 19(6): 71-80, 90.

周云龙, 2013. 复杂网络平均路径长度的研究. 合肥: 合肥工业大学.

朱查松, 王德, 罗震东, 2014. 中心性与控制力: 长三角城市网络结构的组织特征及演化: 企业联系的视角. 城市规划学刊(4): 24-30.

朱桂龙, 杨小婉, 江志鹏, 2018. 层面-目标-工具三维框架下我国协同创新政策变迁研究. 科技进步与对策, 35(13): 110-117.

朱鹏, 2017. AT 工业园区主导产业选择与发展研究. 重庆: 重庆理工大学.

朱巍, 陈慧慧, 2020. 国内创新体系发展趋势及湖北"十四五"创新体系建设战略. 科技中国(2): 86-88.

朱晓宇, 2022. 平疫结合型社区生活圈构建与规划对策研究: 以武汉市中心城区为例. 武汉: 华中科技大学.

Alberti M, 2005. The effects of urban patterns on ecosystem function. International Regional Science Review, 28(2): 168-192.

Alberti M, Marzluff J M, Shulenberger E, et al., 2003. Integrating humans into ecology: Opportunities and challenges for studying urban ecosystems. BioScience, 53(12): 1169-1179.

Alfieri L, Bisselink B, Dottori F, et al., 2017. Global projections of river flood risk in a warmer world. Earth's Future, 5(2): 171-182.

Batten D F, 1995. Network cities: Creative urban agglomerations for the 21st century. Urban Studies, 32(2): 313-327.

Bruneau M, Chang S E, Eguchi R T, et al., 2003. A framework to quantitatively assess and enhance the seismic resilience of communities. Earthquake Spectra, 19(4): 733-752.

Burt R S, 1982. Toward a structural theory of action. New York: Academic Press.

Castells M, 1989. The informational city: Information technology, economic restructuring and the urban-regional progress. Oxford: Blackwell.

Crespo J, Suire R, Vicente J, 2014. Lock-in or lock-out? How structural properties of knowledge networks affect regional resilience. Journal of Economic Geography, 14(1): 199-219.

Dottori F, Salamon P, Bianchi A, et al., 2016. Development and evaluation of a framework for global flood hazard mapping. Advances in Water Resources, 94: 87-102.

Granovetter M S, 1973. The strength of weak ties. American Journal of Sociology, 78(6): 1360-1380.

Gunderson L H, Holling C S, 2002. Panarchy: Understanding transformations in human and natural systems. Washington: Island Press.

Haggett P, 1965. Locational analysis in human geography. Oxford: Oxford University Press.

Helbing D, 2013. Globally networked risks and how to respond. Nature, 497(7447): 51-59.

Henry D, Ramirez-Marquez J E, 2012. Generic metrics and quantitative approaches for system resilience as a function of time. Reliability Engineering and System Safety, 99: 114-122.

Kasmalkar I G, Serafin K A, Miao Y F, et al, 2020. When floods hit the road: Resilience to flood-related traffic disruption in the San Francisco Bay Area and beyond. Science Advances, 6(32): 2423.

Kiminami L, Button K, Nijkamp P, 2006. Public facilities planning. Cheltenham: Edward Elgar Publishing.

Latham A, Layton J, 2022. Social infrastructure: Why it matters and how urban geographers might study it. Urban Geography, 43(5): 659-668.

Li G J, Kou C H, Wen F H, 2021. The dynamic development process of urban resilience: From the perspective of interaction and feedback. Cities, 114: 103206.

Liao K H, 2012. A theory on urban resilience to floods: A basis for alternative planning practices. Ecology and Society, 17(4): 48.

Liu W Q, Shan M, Zhang S, et al, 2022. Resilience in infrastructure systems: A comprehensive review. Buildings, 12(6): 759.

MacLean K, Cuthill M, Ross H, 2013. Six attributes of social resilience. Journal of Environmental Planning and Management, 57(1): 144-156.

Maguire B, Hagan P, 2007. Disasters and communities: Understanding social resilience. The Australian Journal of Emergency Management, 22(2): 16-20.

Martin R, 2012. Regional economic resilience, hysteresis and recessionary shocks. Journal of Economic Geography, 12(1): 1-32.

Meijers E, 2005. Polycentric urban regions and the quest for synergy: Is a network of cities more than the sum of the parts?. Urban Studies, 42(4): 765-781.

Newman M E J, 2003. Mixing patterns in networks. Physical Review E, 67(2): 026126.

Pendall R, Foster K A, Cowell M, 2010. Resilience and regions: building understanding of the metaphor. Cambridge Journal of Regions, Economy and Society, 3(1): 71-84.

Reed D A, Kapur K C, Christie R D, 2009. Methodology for assessing the resilience of networked infrastructure. IEEE Systems Journal, 3(2): 174-180.

Sharifi A, Yamagata Y, 2018. Resilience-oriented urban planning//Yamagata Y, Sharifi A. Lecture Notes in Energy. Cham: Springer International Publishing: 3-27.

Simmie J, Martin R, 2010. The economic resilience of regions: Towards an evolutionary approach. Cambridge Journal of Regions, Economy and Society, 3(1): 27-43.

Trigg M A, Birch C E, Neal J C, et al., 2016. The credibility challenge for global fluvial flood risk analysis. Environmental Research Letters, 11(9): 094014.

Turok I, Bailey N, 2004. Twin track cities? Competitiveness and cohesion in Glasgow and Edinburgh. Progress in Planning, 62(3): 135-204.

Vugrin E D, Warren D E, Ehlen M A, et al., 2010. A framework for assessing the resilience of infrastructure and economic systems//Gopalakrishnan K, Peeta S, Sustainable and Resilient Critical Infrastructure Systems. Berlin, Heidelberg: Springer: 77-116.

Wang J Q, 2015. Resilience of self-organised and top-down planned cities-A case study on London and Beijing street network. PLoS One, 10(12): e0141736.

Yin J, Yu D P, Yin Z N, et al., 2016. Evaluating the impact and risk of pluvial flash flood on intra-urban road network: A case study in the city center of Shanghai, China. Journal of Hydrology, 537: 138-145.